아름다운 생활공간을 위한
화·훼·장·식

FLORAL AND PLANT DESIGN
for beautiful living spaces

본 책은 화훼장식가로 나아가기 위한 대학 초보자들에게 화훼장식의 포괄적인 이해를 위한 내용이 수록되어 있는 교재이다. 보다 구체적인 지식과 기술의 습득은 이 교재의 화훼장식에 대한 전체적인 이해를 바탕으로 다음 단계에서 이루어지게 된다. 본 교재는 1부에서 화훼장식이 무엇인지, 2부에서 화훼장식을 위한 소재, 3부에서 화훼장식을 위한 디자인, 4부와 5부에서 절화장식과 분식물장식의 기본 기술을 이해하게 되며, 6부에서 실제 이루어지고 있는 다양한 용도의 화훼장식, 7부에서 화훼장식가의 직업적인 활동이 이루어지는 산업체 현황에 대한 전반적인 내용으로 구성되어 있다.

아름다운 생활공간을 위한
화·훼·장·식
FLORAL AND PLANT DESIGN
for beautiful living spaces

손관화 지음

 중앙생활사

Introduction

현재 국내의 화훼장식(花卉裝飾, floral and plant design)은 광범위한 분야에서 이용되고 있음에도 불구하고 화훼장식 전체에 대한 논리적이고 체계적인 설명이 이루어져 있지 않다. 이것은 화훼장식의 명확한 의미와 범위에 대한 인식의 부족과 절화와 분식물의 이용이 분리된 채 발전되어 온 국내의 배경 때문이라고 볼 수 있다.

본 책은 화훼장식가로 나아가기 위한 대학 초보자들에게 화훼장식의 포괄적인 이해를 위한 내용이 수록되어 있는 교재이다. 보다 구체적인 지식과 기술의 습득은 이 교재의 화훼장식에 대한 전체적인 이해를 바탕으로 다음 단계에서 이루어지게 된다. 본 교재는 1부에서 화훼장식이 무엇인지, 2부에서 화훼장식을 위한 소재, 3부에서 화훼장식을 위한 디자인, 4부와 5부에서 절화장식과 분식물장식의 기본 기술을 이해하게 되며, 6부에서 실제 이루어지고 있는 다양한 용도의 화훼장식, 7부에서 화훼장식가의 직업적인 활동이 이루어지는 산업체 현황에 대한 전반적인 내용으로 구성되어 있다.

특히 절화장식의 기술과 디자인은 많은 전문가들의 정열적인 활동으로 개성있는 양식이 정립된 수많은 참고문헌이 있으나, 절화와 분식물의 비율이 5:5가 되는 국내 화훼생산액을 고려해 볼 경우 분식물장식의 기술과 디자인에 대한 전문적인 문헌은 미약한 편이다. 본 화훼장식 교재는 절화와 분식물장식의 이용상의 특성과 그 장단점에 대한 체계적인 설명으로 구성되었으며, 화훼식물을 이용한 아름다운 생활공간을 창조하는 전문 직업인을 위하여 철저하게 실용적인 목적으로 구성되었다.

가장 중점을 둔 부분은 화훼장식 전반적인 내용의 이해를 위한 전체 구성으로서 그 세부적인 내용은 일반적으로 알려진 내용일 수도 있으며, 각 장마다 적당한 분량으로 요약하여 정리하였기 때문에 부족한 부분이 있을 수도 있다. 국내 현황을 기준으로 외국의 일반적인 화훼장식 내용을 많이 포함시켰으며 최근의 현황을 소개하려고 노력하였다. 화훼장식 관련 산업은 빠르게 변화하는 유행산업인 점을 고려하여 부족한 부분은 계속 수정해 나갈 생각이며 여러 사람들에게 도움이 되는 교재가 되기를 바랄 뿐이다.

이 교재의 출판을 도와주신 중앙생활사의 김용주 대표님을 비롯하여 내용을 실을 수 있도록 허락하신 이상희 선생님, 허북구 선생님, 이종석 교수님, 이영무 교수님, 권혜진 선생님 등 여러분께 감사드린다.

손 관 화

Contents

FLORAL AND PLANT DESIGN
for beautiful living spaces

○ 1부 화훼장식이란?
    1. 화훼장식의 뜻과 범위 / 11
    2. 화훼장식의 분류 / 13
    3. 화훼장식의 역사 / 24
    4. 화훼장식의 기능과 활용 / 34

○ 2부 화훼장식 소재
    5. 화훼장식 소재 / 41
    6. 화훼장식 식물소재의 취급 및 손질방법 / 60
    7. 화훼장식을 위한 작업시설과 기기 / 71

○ 3부 화훼장식 디자인
    8. 화훼장식 디자인 과정 / 78
    9. 화훼장식 디자인 요소와 원리 / 89

○ 4부 절화장식의 기본 기술
    10. 절화 줄기의 고정방법 / 104
    11. 꽃꽂이 / 111
    12. 꽃다발, 리스, 갈란드, 형상물, 콜라주 / 129
    13. 건조소재를 이용한 장식 / 137

○ 5부 분식장식의 기본 기술
    14. 실내용 분식물장식 / 145
    15. 실외용 분식물장식 / 161

○ 6부 화훼장식의 실제
    16. 계절별, 월별, 용도별 화훼장식 / 167
    17. 결혼식용, 장례용 화훼장식 / 177
    18. 실내정원 / 184

○ 7부 화훼장식 관련 산업
    19. 화훼생산과 유통 / 190
    20. 화훼가공 / 203
    21. 소매 화원 / 216
    22. 화훼장식 교육 / 226

○ 참고문헌

1부 화훼장식이란?

1. 화훼장식의 뜻과 범위   11

2. 화훼장식의 분류   13
2-1. 절화장식의 분류
  2-1-1. 절화의 상태에 의한 분류
  2-1-2. 형태적 특성에 의한 분류
  2-1-3. 용도에 의한 분류   14
  2-1-4. 표현양식에 의한 분류
  2-1-5. 줄기배열에 의한 분류   15
  2-1-6. 구성형식에 의한 분류   16
2-2. 분식물장식의 분류   18
  2-2-1. 실내장식
  (1) 규모에 따른 분류   19
  (2) 용도에 따른 분류
  (3) 표현양식에 따른 분류
  (4) 형태적 특성에 따른 분류
  2-2-2. 실외장식   22
  (1) 창가정원   23
  (2) 현관 앞 정원
  (3) 발코니 혹은 베란다정원
  (4) 테라스, 패티오 정원
  (5) 옥상정원

3. 화훼장식의 역사   24
3-1. 절화장식의 역사
  3-1-1. 한국의 절화장식   25
  3-1-2. 외국의 절화장식   28
3-2. 분식물장식의 역사   31
  3-2-1. 한국의 분식물장식
  3-2-2. 외국의 분식물장식   33

4. 화훼장식의 기능과 활용   34
4-1. 화훼장식의 기능
  4-1-1. 장식적 기능
  4-1-2. 건축적 기능
  4-1-3. 심리적 기능   35
  4-1-4. 환경적 기능
  4-1-5. 교육적 기능   36
  4-1-6. 치료적 기능
  4-1-7. 경제적 기능   37
4-2. 화훼장식의 활용
  4-2-1. 화훼장식가   38
  4-2-2. 실내조경가   39
  4-2-3. 화훼장식 교육자
  4-2-4. 화훼생산자
  4-2-5. 화훼유통업자   40
  4-2-6. 화훼장식소재 판매업자
  4-2-7. 화훼가공업자
  4-2-8. 원예치료사

2부 화훼장식 소재

5. 화훼장식 소재   41
5-1. 화훼장식 식물소재
  5-1-1. 식물학적 분류
  5-1-2. 생태학적 조건에 따른 분류   42
  5-1-3. 원예학적 분류   43
  5-1-4. 용도에 따른 분류   50
5-2. 화훼장식 식물 외 소재   54
  5-2-1. 용기
  5-2-2. 구조물을 위한 소재   55
  5-2-3. 인조식물
  5-2-4. 절화장식의 장식물   56
  5-2-5. 분식물장식의 첨경소재   57

6. 화훼장식 식물소재의 취급 및 손질방법   60
6-1. 소매화원에서의 절화의 취급방법
  6-1-1. 운송
  6-1-2. 도착후 관리
  6-1-3. 물   62
  6-1-4. 절화보존제 처리   63
  6-1-5. 냉장보관   65
6-2. 채취한 절화의 취급과 보관   66
6-3. 완성된 절화장식물의 관리   67
6-4. 분식물의 관리
  6-4-1. 운송   68
  6-4-2. 소매화원에서의 취급방법   69
  6-4-3. 가정에서의 관리방법   70

7. 화훼장식을 위한 작업시설과 기기   71
7-1. 절화장식을 위한 작업시설과 기기
7-2. 분식물장식을 위한 작업시설과 기기   75

3부 화훼장식 디자인

8. 화훼장식 디자인 과정   78
8-1. 절화장식을 위한 디자인 과정   79
  8-1-1. 주제의 결정
  8-1-2. 공간의 특성 조사분석
  8-1-3. 구체적인 구상과 스케치
  8-1-4. 도면 및 서류 작성   80
  8-1-5. 연습
  8-1-6. 소재의 구입과 준비
  8-1-7. 장식물의 제작과 포장, 운반 및 설치   81
  8-1-8. 평가   82
8-2. 분식물장식과 실내정원 조성을 디자인과정

8-2-1. 디자인 목적의 설정
8-2-2. 조사분석
8-2-3. 기본구상 84
8-2-4. 기본계획 85
8-2-5. 세부설계도면과 서류 준비 87
8-2-6. 재료구입
8-2-7. 시공
8-2-8. 검토 88

9. 화훼장식 디자인 요소와 원리 89

9-1. 디자인 요소
  9-1-1. 선
  9-1-2. 형태 90
  9-1-3. 공간 92
  9-1-4. 깊이
  9-1-5. 색
  9-1-6. 질감 95
  9-1-7. 향기 96
9-2. 디자인 원리 97
  9-2-1. 조화
  9-2-2. 통일
  9-2-3. 균형 98
  9-2-4. 규모 100
  9-2-5. 비
  9-2-6. 강조 101
  9-2-7. 리듬 102
  9-2-8. 단순 103

4부 절화장식의 기본 기술

10. 절화 줄기의 고정방법 104

10-1. 용기에 꽂음
10-2. 플로랄 폼 이용 105
10-3. 침봉 106
10-4. 철망 이용
10-5. 줄기를 얽거나 격자를 만듦 107
10-6. 워터 튜버와 유리관 이용 108
10-7. 끈, 실, 철사, 테이프 등으로 묶거나 핀이나 꽃으로 찔러 줌
10-8. 돌, 구슬, 나뭇가지 등의 지지물을 이용하거나 다른 물체에 기댐 109
10-9. 줄기를 엮음
10-10. 접착제 이용
10-11. 철사 꽂기 110

11. 꽃꽂이 111

11-1. 꽃꽂이의 형태
  11-1-1. 줄기배열에 따른 꽃꽂이의 형태
  11-1-2. 구성형식에 따른 꽃꽂이의 형태 117
  11-1-3. 표현양식에 따른 꽃꽂이의 형태 119
11-2. 꽃꽂이의 형태, 크기, 표현양식에 영향을 미치는 요인 124
11-3. 용기 125
11-4. 식물소재의 손질법 126
11-5. 꽃꽂이의 다양한 표현기법 127

12. 꽃다발, 리스, 갈란드, 형상물, 콜라주 129

12-1. 꽃다발
  12-1-1. 핸드 타이드 부케 130
  12-1-2. 철사줄기를 가진 꽃다발 131
  12-1-3. 플로랄 폼에 꽂은 꽃다발 132
12-2. 리스
12-3. 갈란드 133
12-4. 형상물 134
12-5. 콜라주 135
12-6. 기타 절화를 이용한 장식물 136

13. 건조소재를 이용한 장식 137

13-1. 건조소재의 종류
13-2. 건조방법과 기타 가공처리 140
13-3. 건조소재의 보존 방법
13-4. 건조소재를 이용한 장식
  13-4-1. 꽃꽂이, 꽃다발, 리스, 갈란드, 형상물, 콜라주 141
  13-4-2. 대형 조형물 142
  13-4-3. 압화를 이용한 장식
  13-4-4. 포푸리 장식 143

5부 분식물장식의 기본 기술

14. 실내용 분식물장식 145

14-1. 용기 146
14-2. 토양 147
14-3. 분식물장식의 기본 방법 148
14-4. 용기내 식물의 배치와 구성방법 149
14-5. 분식물장식의 유형 150
  14-5-1. 다양한 분식물장식 151
  14-5-2. 디쉬가든
  14-5-3. 테라리움, 비바리움, 아쿠아리움
  14-5-4. 걸이분 153
  14-5-5. 토피아리
  14-5-6. 착생식물 붙이기 154
  14-5-7. 수경재배
14-6. 분식물의 실내공간 배치 155
14-7. 실내공간의 식물 생육환경과 관리방법 156
  14-7-1. 광 157

FLORAL AND PLANT DESIGN
for beautiful living spaces

14-7-2. 온도	158
14-7-3. 수분	
14-7-4. 공기	159
14-7-5. 비료	
14-7-6. 병충해	160
14-7-7. 기타 관리	

15. 실외용 분식물장식 — 161
- 15-1. 분재 — 162
- 15-2. 분경 — 163
- 15-3. 분식 토피아리 — 164
- 15-4. 분화
- 15-5. 분식 허브 — 165
- 15-6. 다양한 분식물

6부 화훼장식의 실제

16. 계절별, 월별, 용도별 화훼장식 — 167
- 16-1. 계절별, 월별 특정한 날의 화훼장식
- 16-2. 용도별 화훼장식 — 168
  - 16-2-1. 생활공간용 — 170
  - 16-2-2. 축하용 — 173
  - 16-2-3. 행사용 — 174
  - 16-2-4. 상업적인 디스플레이용
  - 16-2-5. 작품전시회용 — 175

17. 결혼식용, 장례용 화훼장식 — 177
- 17-1. 결혼식용 화훼장식
  - 17-1-1. 신부 꽃다발 — 178
  - 17-1-2. 신부의 머리장식과 몸장식 — 179
  - 17-1-3. 코사지 — 180
  - 17-1-4. 신랑의 부토니어

17-1-5. 결혼식장 장식	
17-1-6. 연회장 장식	181
17-1-7. 자동차 장식	182
17-2. 장례용 화훼장식	

18. 실내정원 — 184
- 18-1. 플랜터 — 185
- 18-2. 실내정원에 적합한 식물의 형태 — 186
- 18-3. 실내정원 디자인 — 187
- 18-4. 실내정원의 시공 — 188
- 18-5. 실내정원의 관리 — 189

7부 화훼장식 관련산업

19. 화훼생산과 유통 — 190
- 19-1. 세계의 화훼산업
- 19-2. 한국의 화훼산업 — 194
- 19-3. 수확 — 195
- 19-4. 포장 — 197
- 19-5. 운송 — 199
- 19-6. 유통

20. 화훼가공 — 203
- 20-1. 생화 염색
- 20-2. 건조소재 생산 — 204
  - 20-2-1. 자연건조
  - 20-2-2. 열풍건조 — 205
  - 20-2-3. 동결건조
  - 20-2-4. 글리세린 흡수후 건조 — 206
  - 20-2-5. 매몰건조 — 207
  - 20-2-6. 누름건조 — 208
  - 20-2-7. 망사잎 제작
  - 20-2-8. 표백

20-2-9. 염색	209
20-2-10. 박피	
20-2-11. 피막처리	210
20-2-12. 변형	
20-2-13. 포푸리 제조	
20-3. 화훼가공식품 생산	211
20-4. 화훼가공 화장용품 생산	212
20-5. 꽃과 허브류를 이용한 염색	213
20-6. 정유 추출	214

21. 소매 화원 — 216
- 21-1. 화원의 유형
- 21-2. 화원의 위치 — 218
- 21-3. 화원의 공간 배치 — 220
- 21-4. 구매와 가격 책정 — 222
- 21-5. 디자인
- 21-6. 판매
- 21-7. 배달 — 223
- 21-8. 통신배달 서비스
- 21-9. 판매촉진 관리 — 224
- 21-10. 고객 관리
- 21-11. 직원 관리
- 21-12. 상품과 자금 관리 — 225

22. 화훼장식 교육 — 226
- 22-1. 한국의 화훼장식 교육
- 22-2. 일본의 화훼장식 교육 — 228
- 22-3. 미국의 화훼장식 교육
- 22-4. 독일의 화훼장식 교육 — 229
- 22-5. 영국의 화훼장식 교육 — 230
- 22-6. 관련 자격증
- 22-7. 각종 경연대회 — 231

참고문헌

1부 화훼장식이란?

화훼장식은 인간생활에서 일상적으로 이용되고 있으면서도 그 의미와 범위가 명확하게 이해되지 못하고 있다. 화훼장식가로 나아가기 위한 첫 단계로서 1부에서는 화훼장식이 무엇인지, 어느 정도의 범위를 포함하는지, 오늘날 이러한 화훼장식은 어떠한 역사적 과정을 거쳐 이루어졌는지, 그리고 화훼장식이 인간생활에 기여하는 바는 무엇인지를 살펴보자.

1. 화훼장식의 뜻과 범위

화훼(花卉)는 관상을 대상으로 하는 초본식물과 목본식물을 총괄하는 식물을 말하며, 화훼식물은 이용 목적에 따라 절화(切花, cut flowers), 분식물(盆植物, potted plants), 그리고 정원식물(庭園植物, garden plants)로 나뉘어져 생산되고 이용된다.

화훼장식(花卉裝飾, floral and plant design)은 화훼식물을 주 소재(素材)로 인간의 창의력과 표현능력을 이용하여 공간의 기능과 미적 효율성을 높여주는 장식물을 제작하거나 설치하고 유지, 관리하는 기술을 말한다. 이러한 화훼식물의 장식공간은 실내공간과 실외공간으로 나눌 수 있으며, 실내장식일 경우 절화장식, 분식물장식, 실내정원 등의 형식으로 이루어지며(그림 1-1, 2), 실외장식은 분식물을 이용한 장식과 토양에 직접 화훼식물을 심어 이루어지는 정원이 포함된다(그림 1-3).

그림 1-1. 절화를 이용한 실내장식.

넓은 범위의 화훼장식은 화훼식물을 이용한 실외공간 장식을 포함할 수 있으나 이것은 규모가 커지면서 장식적인 목적 외 다양한 환경문제를 개선하기 위하여, 토양, 기상, 측량, 설계 등의 광범위한 지식을 필요로 하므로 조경분야에서 다루게 된다. 좁은 범위의 화훼장식은 절화와 분식물을 이용한 실내공간 장식과 분식물을 이용한 실외장식으로 한정하였다.

국내에는 화훼장식과 유사한 의미로 많이 이용되는 꽃꽂이, 꽃예술, 화예(華藝, 花藝)디자인, 화훼디자인, 장식원예, 원예장식 등의 용어가 있고 그 시발점에 따라 서로 공통점과 차이점을 가지면서 이용되고 있다. 꽃꽂이, 꽃예술, 화예디자인, 화훼디자인 등은 절화를 이용한 장식이 주류를 이루고 있으며, 용기에 꽃을 꽂는 전통

1부 화훼장식이란?

그림 1-2. 분식물을 이용한 실내장식.
그림 1-3. 정원.

적인 소규모의 장식에서 규모가 커지면서 다양한 조형기법과 디자인 개념의 도입으로 꽃예술, 화예디자인 등의 용어가 사용되기 시작하였다. 원예장식은 원예인들에 의해 만들어진 용어로 채소, 과수, 화훼생산물을 이용한 장식이란 의미에서 나온 용어이다. 화훼장식은 원예 생산물 중, 특히 절화와 분식물, 정원식물을 주 소재로 실내외 공간을 장식하는 의미로서 관상을 목적으로 생산되는 화훼식물의 이용에 관련된 내용을 포함한다.

2. 화훼장식의 분류

　화훼장식은 이용되는 화훼식물의 특성에 따라 절화(切花)장식과 분식물(盆植物)장식으로 나눌 수 있으며, 장식물의 배치공간에 따라 실내장식과 실외장식으로 나눌 수 있다. 줄기가 잘려져 있는 절화는 꽃이 시들 때까지 일시적으로 장식이 이루어지는 반면, 완전한 식물체인 분식물은 일시적으로 이용되기도 하지만, 계속 생장하기 때문에 배치 후 지속적 혹은 영구적으로 유지될 수 있도록 해야 하므로 절화장식과 분식물장식은 상당한 차이를 보인다.
　절화장식은 소규모로 이루어지지만 꽃이 주 소재로서 화려한 색과 섬세한 아름다움을 보이며, 분식물을 이용한 장식은 소규모에서 대형 실내정원까지 다양한 크기와 용도로 이용된다. 이러한 절화와 분식물을 이용한 화훼장식은 매우 다양하게 표현되며 광범위하여 충분한 이해를 위하여 적절한 분류(分類)가 필요하다.

2-1. 절화장식의 분류
　절화장식은 꽃꽂이로 가장 많이 알려져 있으나 오늘날의 절화장식은 꽃꽂이를 비롯하여 다양한 방식으로 이루어지고 있다. 절화장식은 주로 실내공간에서 다양한 용도로 이루어지며 장식기간이 일시적이다. 절화장식을 공간 전체의 구성보다는 개개 장식물을 기준으로, 절화의 상태, 형태적 특성, 용도, 표현양식, 줄기배열, 구성형식의 측면에서 분류해 볼 수 있다.

2-1-1. 절화의 상태에 의한 분류
　절화장식의 절화는 그 상태(狀態)에 따라 생화(生花)와 건조화(乾燥花)로 나눌 수 있으며 조화(造花)까지 포함할 수 있다. 생화의 신선함은 이루 말할 수 없이 아름다우나 지속성이 짧은 단점이 있다. 이러한 단점을 극복한 건조화는 생화와는 다른 아름다움을 지니고 있어 화훼장식에 중요한 역할을 하고 있다. 특히 오늘날 뛰어난 식물 건조와 가공기술은 생화와 거의 비슷한 형태와 색상을 가진 건조화 생산을 가능하게 만들었다. 건조화 이외에도 천, 플라스틱, 유리, 종이 등으로 만들어진 조화가 생화 대용으로 이용되며 그 특성에 따라 다양한 기법과 용도로 장식에 이용되고 있다.

2-1-2. 형태적 특성에 의한 분류
　절화장식물은 선(線)적인 요소인 절화를 다양한 기법으로 배열하여 용도에 맞는 특정한 형태를 만들어낸 것이다. 이러한 조형기법의 특성에 따라 절화장식을 분류해보면 꽃꽂이(flower arrangements), 꽃다발(bouquet), 리스(wreaths, 花環), 갈란드(glalands), 형상물(figure), 콜라주(collage), 압화(押花, pressed flowers)장식, 포푸리(potpourri) 등이 있다(그림 2-1, 2). 이 중 압화장식과 포푸리는 건조소재로 제작되며 그 외 절화장식물은 생화, 건조화, 조화 등 어떤 소재로도 제작될 수 있다. 절화를 조형하지 않고 꽃송이나 꽃잎만으로 이용하기도 한다.
　최근 전시회에서 선보이고 있는 대형 절화장식물은 규모가 큰 구조물에 절화를 부착시켜 배열하지만 결국 절

1부 화훼장식이란?

그림 2-1. 꽃꽂이. (좌: 1999년 하수회 전시회, 우: 2001 IPM, Messe Essen)
그림 2-2. 리스(wreath).

화를 이용하는 조형방법은 위의 범위에서 크게 벗어나지 않는다. 절화를 부소재로 이용하는 예술적인 조형물들이 많이 소개되고 있다.

2-1-3. 용도에 의한 분류

절화장식은 이용 목적에 따라 생활공간 장식용, 축하용, 결혼식과 장례식 등의 행사용, 디스플레이용, 전시회용 등으로 나뉠 수 있다. 어떤 용도(用途)의 절화장식도 꽃꽂이, 꽃다발, 리스 등의 형태가 단독으로 또는 적절히 혼합되어 이용된다. 또한 이들 장식물은 분식물과의 적절한 조화로 이루어진다. 국내 절화장식은 주로 축하용이나 행사용으로 이용되고 있지만 경제수준이 높아질수록 생활공간장식용의 비율이 높아질 것으로 기대된다. 용도에 따른 절화장식은 형태적 특성과 규모에 있어 매우 다양하게 이루어지고 있다.

2-1-4. 표현양식(樣式, style)에 의한 분류

모든 문화는 그 나라의 환경, 인습, 종교 등에 따라 큰 영향을 받으면서 형성되며 인간의 생활과 밀접한 꽃의 장식은 그 나라가 가지고 있는 풍습이나 환경에 따라 독특한 양식의 문화로 정착되고 계승된다. 절화장식의 표현양식을 살펴보았을 때 시대적인 특성에 따라 전통식(traditional style)과 현대

그림 2-3. 한국식 꽃꽂이. (1999년 하수회 전시회)

식(contemporary style)으로, 그리고 국가별 특성에 따라 동양식(oriental style), 서양식(western style), 한국식(Korean style), 유럽식(European style), 일본식(Japanese style) 등으로 나눌 수 있다(그림 2-3, 4).

교통과 정보통신의 발달로 오늘날의 절화장식은 여러 나라의 전통적인 양식이 혼합되어 독특한 현대적인 양식으로 발전하고 있으며, 국내에서도 실용적인 목적의 장식에서 벗어나 예술적인 차원으로 발전되고 있다. 그러나 절화의 유한성이 큰 장애로 남아 있으며 수분을 계속 흡수하여야 하는 생화 차원에서는 규모에 한계가 있다. 규모가 큰 디스플레이용, 전시회 작품용으로는 주 소재가 절화라기보다는 금속, 목재, 유리 등의 구조물에 절화를 곁들이거나 건조소재를 이용하는 조형물로 표현되는 경우가 많다.

최근 국내에서는 현대식 유럽디자인이 도입되어 매우 인기를 끌고 있으며 차후 새로운 한국식 양식이 발전되기를 기대한다.

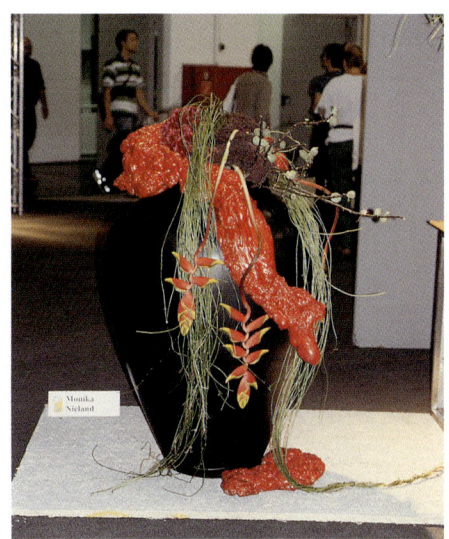

그림 2-4. 유럽식 꽃꽂이. (2000 IFLO, Messe Essen)

2-1-5. 줄기배열에 의한 분류

절화장식물의 조형 특성은 선적인 요소인 절화의 줄기를 적절하게 배열(排列)하여 물의 흡수와 동시에 아름다운 형태가 이루어지도록 해야 한다는 것이다. 절화장식물은 각각의 절화의 줄기가 이웃하는 줄기와 어떠한 관계에 있느냐에 따라 그 형태와 구성이 달라지게 된다. 대부분의 절화장식물의 줄기는 방사선, 병행선, 교차선, 그리고 감는선의 모양으로 배열되며, 줄기를 짧게 잘라 꽃으로만 배열하기도 한다. 현대식 절화장식물은 줄기배열이 복합적으로 이루어지는 경우가 많다.

(1) 방사선 배열(radial arrangement of lines)

방사선(放射線) 배열은 모든 줄기의 선이 한 개의 초점(焦點)에서부터 부채살처럼 다방면으로 전개되거나, 또는 한 점을 향하여 모여오는 것과 같이 구성되는 줄기배열 방법이다. 대부분의 전통적인 양식의 꽃꽂이와 꽃다발은 방사선의 줄기 배열로 이루어져 있다. 방사선의 방향은 모두가 전체의 방향으로 향해야 하는 것으로 생각할 수 있으나 각 식물이 가지고 있는 특징을 살려 움직임에 따라 여러 가지 변형이 가능하다. 방사선은 밖으로 벌어짐, 세 선으로 갈라짐, 흐르는 선, 낙하(落下), 나선(螺線, spiral) 등이 있다(이지언, 1998).

(2) 병행선 배열(parallel arrangement of lines)

병행선(竝行線) 배열은 여러 개의 초점으로부터 나온 줄기의 배열이 모두 같은 방향으로 병행을 이루며 뻗어 있는 것이다. 수직, 수평, 사선의 어떤 방향으로도, 또는 직선과 곡선 등 어떤 형태로도 가능하며 대칭형 또는 비대칭형으로도 구성할 수 있다. 현대식 디자인에서 특히, 자연적인 분위기의 꽃꽂이 구성에서 많이 이루어지고 있다.

(3) **교차선 배열**(crossing or overlapping line arrangement)
　교차선(交叉線) 배열은 여러 개의 초점으로부터 나온 줄기의 선이 제각기 여러 각도의 방향으로 뻗어서 서로 교차하는 상태로 줄기가 배열된 것이다. 교차는 병행의 변형으로 다루어지고 있었으나 최근에는 교차선의 아름다움을 강조한 구성이나 이것의 변형 또는 복합형이 많으므로 병행선에서 분리하여 다루어진다.

(4) **감는선 배열**(winding line arrangement)
　감는선 배열은 1990년대에 교차선 배열에서 발전된 형으로 서로 구부러져서 휘감기는 유연한 선의 흐름으로 이루어진다. 특히 구조적 구성에서 이러한 배열이 많이 이용되고 있다. 구조적 구성 중 골조(骨組) 구성에 많이 쓰이며 덩굴식물의 긴 줄기를 휘감아서 만드는 것이 일반적이며 줄기가 잘 휘는 절화류를 구부러서 이용하기도 한다. 감는선 배열에는 구형으로 감은 모양, 둥글게 돌려놓은 모양, 얼기설기 엮은 모양 등의 여러 가지 변형이 있다.

(5) **줄기 배열이 없는 구성**(free line of arrangement)
　절화의 줄기가 어떤 일정한 규칙없이 배열되어 있거나 줄기를 짧게 잘라 꽃송이나 꽃잎만을 사용하여 구성하는 방식이다. 꽃송이나 꽃잎을 목걸이처럼 엮은 것, 플로랄 콜라주(floral collage)와 같이 편편한 물체에 붙인 것 등의 구성이다 (그림 2-5).

2-1-6. 구성형식에 의한 분류
　구성(構成, composition)이란 개개의 소재들이 얽어 이루어지는 상태를 말하거나 만들어진 전체, 혹은 디자인을 말하기도 한다. 절화를 이용한 장식의 대부분은 절화를 주 소재로 절엽과 그 외 부소재들을 잘 어우러지게 배열하여 만들어지며, 이들 각각의 소재들이 장식물 전체에 어떻게 구성되었는지에 따라 절화장식의 특성은 달라진다. 절화장식을 이러한 구성 방식에 따라 분류해 보면 다음과 같다.

그림 2-5. 줄기 배열선이 없는 구성.
그림 2-6. 장식적 구성.

(1) 장식적 구성(decorative composition)

장식적(裝飾的) 구성은 식물이 자연의 식생에서 보여주고 있는 모습과는 관계없이 디자이너의 의도로 소재를 자유롭게 인위적으로 구성하여 장식성이 높은 형태를 구축하는 구성이다(그림 2-6). 꽃은 서로 겨루듯이 배열되어 있으나 개개의 꽃의 독자적인 매력보다는 전체적으로 풍성한 부피감과 호화롭고 역동적인 효과를 나타내는 형태를 표현하는 구성이다(이지언, 1998). 절화장식에서 가장 먼저 만들어진 구성으로 전형적인 형태는 대칭형의 방사선 줄기배열로서 전통적인 양식이며 지금도 많이 사용되고 있다.

(2) 식생적 구성(vegetative composition)

식생적(植生的) 구성은 식물의 생리, 생태적인 면을 고려하여 식물이 자연상태에서 살아있는 것과 같은 형태로 조형하는 것이다. 그러나 식생적 구성은 디자이너가 해석하는 자연을 장식물 속에 재구축하여 새로운 질서를 표현하는 구성법으로 완전한 자연의 모방은 아니다. 식생적 구성에는 전통 한국식 꽃꽂이가 있으며, 외국의 식생적 구성은 1950년 경 독일의 플로리스트들이 자연에 눈을 뜨기 시작하면서 오래 전부터 이용되어 온 장식적 구성에 대항하여 생겨난 개념이다. 디자이너의 자유로운 의도로 디자인하는 장식적 구성과는 확연하게 대비되는 구성이며 현대적 양식의 기본형태라고 말할 수 있다.

(3) 구조적 구성(structural composition)

구조적(構造的) 구성은 장식적 구성이 발전되어 나타난 새로운 현대적 구성이다. 구조적 구성은 각각의 소재가 가지고 있는 형태, 크기, 색, 재질감(材質感)뿐만 아니라 소재의 배열이 나타내는 표면의 조직이나 구성, 재질감, 즉 구조의 효과를 전면에 부각시키는 구성방법이다. 구조적 구성에서는 다양한 표면을 가진 개개의 꽃이나 잎이 집합되어 형성된 구조가 두드러져 보인다. 소재를 보다 강조하기 위하여 천, 철사, 털실, 깃털, 유리구슬 등 질감이 명확한 인공소재를 식물소재와 조합시키기도 한다.

(4) 형-선적 구성(formal-linear composition)

형-선적(形-線的) 구성은 각 식물의 소재가 가지고 있는 형태와 동적인 특성이 잘 나타나도록 형과 선을 명확히 표현하는 구성이다. 1960년대 중반에 출현하여 1970년대에 성행하였다. 형태와 선의 표현을 위해 넓은 빈 공간을 두어, 선과 공간 처리에 익숙한 전통적인 한국식꽃꽂이와 유사한 점을 가지므로 응용하기가 쉬우나 국내에서는 별로 이용되지 않는 구성 양식이다.

(5) 오브제적 구성(objective composition)

절화장식에 있어서 오브제적 구성은 식물을 종래의 규범으로부터 해방시켜 보편적인 것으로서 다른 소재와 조합하여 그 형이나 색채, 질감의 대비나 조화 등을 비사실적 기법에 의해 순수한 구성미를 가진 형태로 표현하는 것이다. 주체를 반대로 이해한다면 어떤 물체나 작품이 본래의 용도나 기능을 떠나 상징적인 예술로서 꽃이나 식물과 함께 디자인을 구성하는 것이라고 말할 수 있다. 디스플레이용이나 전시회 작품용으로 많이 이용되는 구성양식이다(그림 2-7).

(6) 평면 구성

절화장식은 대부분 입체구성이지만 평면(平面)구성도 가능하다. 그러나 평면구성도 공간적으로는 분명히 깊이가 있으나 극히 사소하기 때문에 따로 깊이로서의 의미를 두지 않는다. 근래 20여년 사이에 새로운 형태의 평면구성이 나타났다. 나무 등으로 만들어진 틀이나 골조 안에다 생화 또는 건조소재를 붙여서 구성하는 것이다. 생화나 건조화를 이용한 플로랄 콜라주(floral collage)와 압화를 이용한 평면구성 등이 있다.

그림 2-7. 오브제적 구성. (좌: 2000년 윤선희 전시회, 우: 나선영)

2-2. 분식물장식의 분류

분식물은 개화기에 일시적으로 이용되기도 하지만, 대부분 지속적이거나 영구적으로 이용되므로, 분식물장식은 배치

그림 2-8. 디스플레이용 분식물장식.

되는 장소의 환경조건이 매우 중요하다. 특히, 실내외 공간의 환경 조건의 차이는 매우 크므로 실내인지 실외인지에 따라 선택되는 식물의 종류와 이용기간, 이용형태, 관리방식 등은 달라지며 분식물장식의 구성형태와 표현양식 또한 달라진다.

2-2-1. 실내장식

분식물은 기본적으로는 용기와 토양, 식물로 이루어진다. 실내공간에 배치되는 분식물장식은 다양한 크기와 형태·색·재질의 용기와 선택되는 식물의 종류·크기·수, 그리고 이용되는 첨경물(添景物)에 따라 다양하게 표현될 수 있다. 또한 이러한 분식물장식은 이들이 배치되는 실내공간의 용도, 시각적인 환경조건, 식물의 생육을 위한 환경조건, 화훼장식가나 의뢰인, 또는 이용자의 취향 등에 따라 다양하게 표현된다. 규모, 용도, 표현양식, 형태적 특성에 따라 분류해 보자.

(1) 규모에 따른 분류

분식물장식은 용기와 식물의 크기, 식물의 수에 따라 소형에서 대형, 단일 배치에서 반복 배치, 그리고 많은 수의 분을 배치하여 이루어진 분정원(盆庭園)과 대형 플랜터(planter)에 식물을 심어 수림(樹林)을 형성한 실내정원까지 다양한 규모(規模)로 이루어진다.

(2) 용도에 따른 분류

실내용 분식물장식은 단독주택, 연립주택, 아파트, 주말주택 등의 주거용 건물이나, 사무실, 학교, 관공서, 박물관, 미술관, 방송국, 병원, 공항, 문화회관, 연구소 등의 업무용 건물, 쇼핑센터, 호텔, 은행, 레스토랑, 커피샵 등의 상업용 건물 내에서 이루어지며 이러한 건물의 용도와 특성에 따라 다양한 방식으로 표현되고 이용된다. 분식물장식은 그 이용 목적에 따라 크게 생활공간 장식용을 기본으로, 축하용, 행사용, 디스플레이용, 전시회용 등의 용도로 나누어볼 수 있다(그림 2-8).

(3) 표현양식에 따른 분류

분식물장식은 절화장식과 마찬가지로 그 나라의 문화적인 특성에 따라 표현되는 양식(樣式, style)이 달라진다. 표현양식은 크게 동양식과 서양식으로 나누어 볼 수 있으나, 한국, 일본, 미국, 유럽 등 각 나라마다 독특한 양식을 찾아볼 수 있다. 우리나라의 분재나 분경과 같이 역사적인 이용도가 오래된 분식물은 주로 자연의 모습을 연상시키는 표현양식을 보이며 이러한 것을 동양적인 양식이라 한다. 최근 국내에 도입되어 실내공간에 많이 이용되는 열대, 아열대식물을 이용한 분식물장식이나, 현대식 건물이 건축되면서 도입된 실내정원은 건물의 양식과 어울리는 정형적인 서양식으로 표현되는 경우가 일반적이다. 그러나 열대식물을 이용하더라도 그 나라의 분식물 생산의 조건이나 선호도에 따라 표현양식은 특색을 보이고 있다. 최근 한국의 분식물장식에 있어서도 유럽식 양식이 도입되고 있다(그림 2-9).

그림 2-9. 유럽식 분식물장식 (포인세티아).

(4) 형태적 특성에 따른 분류

분식물장식은 매우 다양한 형태와 크기, 구성양식으로 이용되며 역사적으로 유행했던 형태에 따라 특정한 이름을 가지고 있는 경우도 있다. 형태적 특성에 따라 다음과 같이 나누어 볼 수 있다.

1부 화훼장식이란?

그림 2-10. 분식물장식 (아프리칸 바이올렛).
그림 2-11. 다양한 형태의 분식물장식 (제라늄).
그림 2-12. 분식물장식.

① 다양한 분식물장식

　분식물장식은 용기의 형태, 크기, 색, 재질, 배수구의 유무에 따라, 그리고 식물의 종류, 크기, 수, 배치 방법에 따라 각양 각색의 크기, 형태와 구성으로 제작될 수 있다(그림 2-10, 11, 12).

② 디쉬가든(dish garden)

　1960년대에 미국에서 유행했던 디쉬가든은 오늘날에도 선호되는 분식물장식으로 접시와 같이 넓고 깊이가 얕은 용기에 키가 작고 생육속도가 느린 열대식물을 심어 작은 정원을 만든 것이다. 고목이나 돌을 잘 배치한 선인장과 다육식물을 이용한 디쉬가든은 관리하기 쉬우며 독특한 분위기를 연출할 수 있다. 디쉬가든은 한국의 전통적인 분경(盆景)과는 표현양식이 다르다.

③ 테라리움(terrarium), 비바리움(vivarium), 아쿠아리움(aquarium)

　테라리움은 밀폐된 유리용기 속에 토양층을 형성하여 식물이 자라도록 만든 것으로 1830년대에 유럽에서 시작되어 매우 유행했던 형태이나, 최근에는 관리를 용이하게 하기 위해 완전 밀폐시키지 않는다. 병 모양의 유리용기에 심은 테라리움은 병정원(bottle garden)이라 불리기도 한다. 비바리움은 테라리움이 변형된 것으로 식물을 심은 유리용기 속에 도마뱀, 뱀, 카멜레온, 이구아나 등의 동물이 함께 생활하도록 만든 것이다. 아쿠아리움은 수족관을 의미하지만 테라리움과 같이 유리용기속에 식물을 심고 연못을 만들어 거북이나 물고기를 넣어서 같이 키우는 것으로 물속에는 시페러스, 워터 레투스(water lettuce), 샐비니아(*Salvinia*)와 같은 수생식물을 넣어준다.

그림 2-13. 페튜니아를 이용한 걸이분.
그림 2-14. 토피아리를 이용한 창가장식.
(Tolley and Mead, 1991.)

④ 걸이분(hanging basket)

걸이분은 바구니를 비롯한 가벼운 용기에 신답서스, 싱고니움, 필로덴드론 옥시카디움, 트라데스칸티아, 아이비, 러브체인, 방울선인장 등과 같은 덩굴식물이나, 조란, 바위취 등과 같이 포복줄기에 어린 식물체가 달리는 식물을 심어 아래로 늘어뜨리면서 매달아 키우는 형태의 분식물이다. 걸이분은 오랜 옛날부터 많이 이용되어 왔던 형태로서 다양한 걸이용 용기가 개발되면서 새로운 양식의 걸이분을 이용한 장식이 많이 이루어지고 있다(그림 2-13).

⑤ 토피아리(topiary)

분식 토피아리는 용기에서 자라는 식물을 동물이나 구형(球形)으로 전정(剪定)하여 형태를 만들거나, 철사나 나뭇가지를 이용하여 만든 틀을 용기에 부착시킨 뒤 푸밀라 고무나무, 아이비, 뮬렌베키아(*Muehlenbeckia*), 세로페지아 등과 같은 덩굴식물을 심어 틀의 형태로 유인하여 키워 그 독특한 형태를 감상하는 분식물이다(그림 2-14).

⑥ 착생식물 붙이기

틸란드시아(*Tillandsia*)속 식물을 비롯한 파인애플과 식물이나 난과 식물과 같은 착생식물(着生植物)은 나뭇가지나 돌에 붙여 용기에 담거나 매달아서 장식에 많이 이용한다.

⑦ 수경재배(水耕栽培)

장식을 목적으로 하는 수경재배(hydroculture)는 토양 대신에 식물을 지지할 수 있는 배지(培地)와 물을 넣어 인위적으로 양분을 공급하면서 식물을 재배하는 방법을 말한다. 천남성과 식물, 닭의장풀과 식물, 조란 등을 비롯한 대부분의 관엽식물은 수경용에 적합하며 시페러스, 워터 레투스(water lettuce)와 같은 수생식물을 이용한 연못까지 포함시킬 수 있다. 물 대신에 전분물질을 채우거나 유리용기에 아름다운 색돌이나 구슬을 넣어 주면 식물을 지지해 주는 역할과 장식적 역할을 동시에 이루게 된다. 특히 초봄에 히야신스나 수선화, 크로커스, 아마릴리스 등의 구근류를 이용한 수경재배가 많이 이루어진다.

그림 2-15. 분식 벤자민 고무나무로 이루어진 실내정원.

⑧ 실내정원(indoor garden)

실내정원(indoor garden)은 분식물을 반복적으로 배치하여 분정원(盆庭園)으로 이루어지기도 하며, 건축물에 부착된 플랜터(planter)에 식물을 심어 플랜터의 크기에 따라 소규모에서 아트리움(atrium)에 조성된 대규모 수림(樹林)까지 다양한 규모로 이루어진다(그림 2-15). 천정이나 벽면 전체가 유리로 건축되는 현대식 건물 내 실내정원은 오늘날 실내공간의 필수적인 요소가 되고 있으며, 이러한 실내정원은 대부분 열대, 아열대 원산의 관엽식물로 구성되고 있다.

2-2-2. 실외장식

건물에 가까이 연결되어 있는 실외공간에 분식물을 이용한 다양한 형태의 정원을 형성할 수 있다. 특히 충분한 공간을 확보할 수 없는 좁은 도시환경에서는 일반적인 정원 외에 창문이나 현관 앞, 발코니(balcony), 베란다(veranda), 그리고 테라스(terrace)나 패티오(patio), 옥상 등의 공간에 분식물을 배치하거나 플랜터에 식물을 심어 정원을 조성하는 경우가 많다.

실외공간에 이용되는 분식물장식은 유리용기나 배수구가 없는 분식물장식만 제외하면 실내용과 비슷한 형태로 이용되며, 특히 한국의 전통적인 분재(盆栽)나 분경(盆景)을 비롯하여 꽃피는 식물이 주 소재인 분화, 분식 토피아리, 분식 허브 등이 많이 이용된다. 실외 공간은 실내와는 다른 식물의 생육환경을 가지고 있으므로 식물의 선택과 관리에 주의해야 한다. 실외 공간의 분식물장식은 대부분 건물에 대한 이미지 부여를 위한 장식적 목적과 이용자의 휴식공간 제공의 목적으로 이루어지는 경우가 많다. 실외공간에서 분식물장식이 많이 이루어지는 정원을 특징에 따라 분류해 보자.

(1) 창가정원(window garden)

광선이 들어오는 창문가의 공간, 즉 선반이나 창틀에 걸이분을 매달거나 분식물을 배치하여 작은 정원을 형성할 수 있다. 일시적일 경우와 지속적으로 유지될 경우에 따라, 또는 실내와 실외인 경우에 따라 이용되는 식물이 달라진다. 분식물은 유리용기를 이용한 테라리움, 비바리움, 아쿠아리움을 제외하곤 실내용 분식물장식과 비슷한 형태로 이루어진다.

(2) 현관 앞 정원

주거용 건물이나 상업용, 업무용 건물의 현관 앞에는 거의 필수적으로 분식물이 배치된다. 이러한 분식물은 아름다운 환경을 조성하여 건물의 이미지 형성에 큰 기여를 한다.

(3) 발코니 혹은 베란다정원

다양한 용도의 건물 발코니와 베란다에 분식물을 배치하거나 플랜터에 소규모 정원을 조성할 수 있다. 발코니와 베란다는 옥외로 돌출되어 있으며 유리벽과 지붕을 둘러 경우에 따라 실내공간으로 이용할 수도 있다. 위치와 방향, 높이에 따라 강우량, 일조량, 기온, 풍향, 풍속 등이 달라지므로 식물의 선정에 주의해야 한다.

(4) 테라스, 패티오 정원

테라스는 휴식과 식사를 위해 주택과 연결되어 있는 타일이나 돌, 목재 등으로 포장되어 있는 실외공간이며 패티오는 주거용 건물의 가까이에 포장된 실외공간이다. 이러한 공간은 휴식과 식사를 위한 가구와 함께 아름다운 분식물이 필수적으로 배치되어 형성된다(그림 2-16).

(5) 옥상정원(屋上庭園, roof garden)

옥상정원은 인간의 즐거움과 환경의 질을 높이기 위해 건물이나 다른 구조물에 의해 땅에서 분리된 공간에 식물을 식재하여 조성된 정원이다. 대형 건물의 넓은 옥상에서부터 주거용 건물의 소규모 테라스까지 다양한 규모를 보이고 있는 옥상정원은 설치된 플랜터에 식물이 식재되거나 분식물을 배치하여 정원을 형성한다.

그림 2-16. 제라늄과 팬지를 이용한 테라스의 걸이분.

3. 화훼장식의 역사

화훼장식의 역사를 고찰하면 화훼장식에 대한 현재의 상황을 이해할 수 있으며, 미래의 전개과정을 예측할 수 있다. 문화는 그 나라의 자연환경과 역사적인 배경, 그리고 민족성에 따라 상이하게 발전되며, 화훼장식은 문화적 차이에 따라 그 양식과 이용방법에 특성을 보이고 있다. 즉, 같은 식물을 소재로 이용하더라도 감각이 다른 인간의 영감과 조형능력이 작용하기 때문에 전혀 다른 표현이 나오게 되는 것이다. 여기에 한국의 문화 속에서 발전되어온 화훼장식의 특성과 그 배경을 살펴 볼 필요가 있다.

한국의 전통적 화훼장식은 한국의 기후 환경으로 인한 식생(植生)과 민족성, 관습, 종교 등에 따라 특색있는 양식으로 발전해 왔다. 이러한 전통적 양식은 교통과 정보통신의 발달로 각 나라의 전통적인 양식과 혼합되고 있으며, 아울러 화훼산업의 발전과 식물에 대한 지식, 조형예술적인 디자인기법의 도입으로 보다 자유롭고 창의적인 현대적 양식으로 발전하고 있다.

한국의 전통적인 화훼장식에서, 절화를 이용한 장식은 용기에 꽂아 책상이나 문갑 위에 배치하는 꽃꽂이가 주류를 이루었으며, 분식물은 실외 공간에 배치된 난, 매화, 국화, 대나무 등의 분재(盆栽)가 애용되었다. 절화장식과 분식물장식을 분리하여 한국을 비롯한 외국의 화훼장식 역사에 대해 살펴보자.

3-1. 절화장식의 역사

한국의 절화장식은 용기에 나뭇가지를 주 소재로 절화를 곁들여주면서 꽂는 꽃꽂이로서 발전해 왔다. 꽃꽂이가 언제부터 시작되었는지에 대한 정확한 역사적인 기록이 없어 확실한 기원을 밝히기는 어렵지만, 문헌이나 벽화, 조형물 등에 나타난 자료들을 참고하면 아주 오랜 옛날부터 이용되어 왔던 것으로 짐작해 볼 수 있다. 꽃꽂이는 식물을 영적(靈的)인 것으로 간주하여 신이 내리는 도체(導體)로 여겨져 온 데서부터 시작되었다고 볼 수 있다. 옛 사람들은 자연 속에 신이 강림하여 머문다고 믿었고 자연의 신성(神性)에 대한 숭배심은 수목숭배사상으로 이어져 수목은 자연과 신, 그리고 인간 사이를 이어주는 화신(化身)으로서 신을 청하는 매개물로 이용되었다. 세월이 흐르면서 신에게 공양하는 제의식(祭儀式)의 매개물로 식물을 용기에 담아 이용하였고 그 식물은 아름다운 꽃으로 바뀌어 갔다(김양희 등, 1991; 고하수, 1993; 황수로, 1993; 이상희, 1998).

이와 같이 꽃꽂이는 자연신앙에서 기원하여, 그 후 불교 전래와 함께 불전헌공화(佛前獻供花)로 도입되면서 표현 영역의 확대로 실질적인 용도 외 감상의 대상으로 이용되어 갔다. 사람들은 꽃을 꺾어 그릇에 담아 가까이 두고 즐기게 되었고 나아가 인간의 영감(靈感)과 조형능력은 꽃의 자연미와 인위적인 창조미를 동시에 추구하게 되면서 꽃꽂이는 화예(花藝)로 발전되어 갔다.

우리의 조상들은 꽃꽂이를 삽화(挿花), 혹은 병화(甁花)라고 하였다. 조선시대로 내려오면서 일지화(一枝花), 문인화(文人花), 기명절지화(器皿折枝花) 등의 전문용어가 생겨났고 또 꽃꽂이는 놓이는 장소나 용기 등에 따라 화준(花樽), 화안(花案), 화가(花架), 당화(堂花) 등으로 불렸다.

한국의 전통적인 꽃꽂이는 첫째, 불전, 신전, 기타 의식에서의 헌공화(獻供花), 둘째, 생활공간의 장식, 셋째, 꽃을 통한 미의 창조로서의 화예, 또는 화도(花道)의 세 갈래 방향에서 발전해 왔으나, 꽃꽂이가 갖는 유한한 물리적 속성과 우리 문화에 대한 일제의 탄압과 왜곡으로 인하여 그 문화가 제대로 전승되지 못하고 명맥이 잠시 끊겨 일반인에게는 잘 알려지지 않았다.

한국의 전통꽃꽂이는 긴 역사를 통하여 시대에 부응하는 격조높은 양식을 낳으면서 미를 추구하는 역할로 발전해 왔으며, 꽃을 생활 주변에 가까이 끌어들인 것은 삼국시대 이전부터였겠지만 본격적으로 다루게 된 것은 삼국시대 중엽부터라고 생각된다. 선인들이 남겨 놓은 문헌이나 그림, 조형물 등의 문화유산을 통해 꽃꽂이의 흐름을 살펴보자. 또한 오늘날의 절화장식에 큰 영향을 미친 유럽과 미국, 일본의 중요한 역사적인 자료도 살펴보자.

3-1-1. 한국의 절화장식

(1) **삼국시대(B.C. 57-668) 및 통일신라시대 (668-935)**

삼국시대와 통일신라시대는 중국을 중심으로 하는 문화권에 들어가는 과정에 있었으며 후기에는 중국의 문화와 그것을 소화시켜 창출해 낸 우리 나름의 독창적인 문화를 이웃 일본지역에 전파하고 있었다. 그 대표적인 예가 불교의 수입, 전달이었고, 특히 백제의 문화가 일본에 많이 전파되었다.

삼국시대 이전의 화훼장식의 흔적은 전혀 없으며 삼국시대나 통일신라시대의 현존하는 자료도 몇 편

그림 3-1. 5-6C 고구려시대의 쌍영총 주실북벽의 부부도.

의 문헌에서 산견되는 단편적인 기록과 일부의 고분벽화 및 극소수의 조형물 정도이다. 한국의 꽃꽂이는 토속적 원시제의(原始祭儀)에서 기원하여 불전공화(佛前供花)를 주체적으로 수용함으로써 하나의 개별예술로 발전되어 갔다고 한다. 따라서 문헌에 남아있는 이 시대의 꽃꽂이에 관한 기록은 직접, 간접으로 불교와 관련있는 것이다. 강서대묘 현실 북벽의 비천상(6-7C)에는 꽃을 흩뿌리는 산화도(散花圖)가 그려져 있다. 고구려 쌍영총(雙楹塚, 5세기) 현실 북쪽 벽의 부부도에는 연꽃을 병 입가에 한줄기로 보이듯 세워 전후와 좌우로 부드러운 곡선이 휘날리듯 좌우대칭으로 꽂은 그림이 보인다(그림 3-1). 또 무용총(舞踊塚)의 벽화에는 전이 밖으로 휘어지고 밑에 달린 높직한 굽은 밖으로 휘어오른 큼직한 그릇들 속에 한 송이의 활짝 핀 연꽃이나 연봉이 담겨 있는 그림이 있다. 안악2호분 동벽의 비천상 그림에서 수반에 꽂힌 연꽃은 선과 공간 처리가 두드러진 자연묘사적 표현을 보여 준다.

통일신라시대의 수막새기와(8-9세기)에는 항아리에 활짝 핀 세 송이 꽃이 꽂혀 있는 그림이 있으며 석굴암의 십일면관음보살상(통일신라 751년)은 연꽃송이를 삼존형식(三尊形式)으로 꽂은 목이 긴 보병(寶甁)을 들고 있다.

1부 화훼장식이란?

그림 3-2. 13-14C 고려시대의 수덕사 대웅전 벽화인 수생화도(水生花圖).

(2) 고려시대(918-1392)

고려시대는 불교문화의 융성으로 사원에서는 장엄하고 다양한 의식이 자주 거행되었고 궁중에서는 화려한 장식문화가 발전함으로써, 꽃꽂이의 표현 영역이 크게 넓혀졌다. 여기에 고려인들이 즐겨 애용했던 화기(花器)로서 고려청자의 출현은 꽃꽂이의 발전에 크게 기여하였을 것으로 짐작된다. 고려시대에는 실용적 목적과 미적 감상의 대상으로서의 꽃꽂이의 분화를 뚜렷이 살필 수 있으며 꽃꽂이가 예술로서 발전하기 시작한 때라고 짐작된다.

고려사나 고려사절요 등의 사서에 궁중의 의식이나 연회의 꽃장식에 관한 기록이나 꽃꽂이에 대한 묘사, 꽃의 종류에 관한 기록들이 나와 있으며 이규보의 동국이상국전집의 시에서도 꽃꽂이의 모습이 묘사되고 있다. 수덕사 대웅전의 수화도(水花圖, 1308년)와 야화도(野花圖)에는 연꽃, 어송화, 수초와 모란, 작약, 맨드라미, 치자, 들국화 등이 수반에 가득 담겨 있는 그림이 있다(그림 3-2). 수월관음도에는 관음보살의 오른손에 들려 있는 정병(淨甁)에 양류(楊柳) 가지가 꽂혀 있으며 발 아래 연꽃 모양의 수반 위에는 꽃이 가득 꽂혀 있는 것을 볼 수 있으며, 해인사 대적광전의 벽화에는 꽃들이 가득 담겨져 있는 꽃바구니 그림을 볼 수 있다. 그림 외에도 금동모란수반화문소호(12-13세기)에는 삼존형식으로 배치된 모란꽃을 볼 수 있으며 해인사에는 둥근 화분에 모란꽃이 풍성하게 담겨진 옥제로 만든 가화(假花, 1184년)가 남아 있다.

꽃꽂이의 형태적인 구성은 고려 초기에는 고구려의 영향을 받아 고식적인 삼존형식이 주류를 이루었으나 후기에 이르면서 자연스럽고 부드러운 반월형삼존형식(半月形三尊形式)으로 변화하였다. 또 꽃꽂이에 사용된 소재도 다양해졌다.

(3) 조선시대(1392-1910)

꽃꽂이는 조선시대에 들어오면서 획기적인 발전을 이루었다. 조선시대에는 꽃꽂이에 관한 전문서적이 저술되고 또 후기에 이르러서는 실학자들에 의하여 과학적인 연구의 대상이 되기도 하였다. 이 시대에는 궁중의례의 꽃장식과 불교의식의 공화에서는 말할 것도 없고 일반 민가의 의례에서도 꽃꽂이가 널리 이루어졌다. 허균의 문집인 성소부부고의 병화인(甁花引), 홍만선의 산림경제에 있는 양화편(養花編), 이규경의 오주연문장전산고라는 백과사전의 당화병화변증설(棠花甁花辨證說), 서유구의 임원십육지 등에는 꽃꽂이에 관한 내용이 실려 있는데, 주로 꽃을 꽂을 때의 기술적인 측면이 대부분이었다. 조선왕조실록, 국조오례의 등에서 꽃꽂이의 생활상에 관한 기록을 찾아 볼 수 있으며 민요나 시에서도 많은 자료를 찾아 볼 수 있다.

그림 3-3. 17C 조선시대 임경업 장군상의 일지화(一枝花).

꽃꽂이그림을 살펴보면 조선 초기에는 병에 꽃가지 한 가지를 꽂아 책상 위에 올려놓은 일지화(一枝花)가 책거리 그림이나 산수화에 많이 보여지고 있다(그림 3-3). 조선 후기에는 일지화에서 발전된 화려한 형식의 기명절지화(器皿折枝花)를 기명절지도(器皿折枝圖)에서 흔하게 찾아 볼 수 있다(그림 3-4). 한국 꽃꽂이의 특징을 살펴보면 우선 소재선택에 매우 신중을 기하였고, 초화보다는 화목 중심이었으며 야생화보다는 재배화가 중심이었다. 또 한 종류를 단순하게 사용하는 경향이 있었다. 화목이 중심이 되어 나뭇가지가 많이 이용된 것은 자연의 모습과 화합의 정신을 화기에 표현하고자 하는 자연주의사상의 존중과 선의 아름다움을 중시하여 선과 공간의 처리에 생략과 단순화를 추구하면서 공간의 기능을 살리고 곡선의 아름다움에 대한 표현을 으뜸으로 삼았기 때문이다. 재배화를 더 중시하고 소재의 종류를 간결하게 사용한 것은 꽃꽂이가 사대부들의 인격도야의 한 길잡이로 이용되면서 외형적이고 시각적인 요소 외에 내면적이며 정신적인 요소를 매우 중시하여 소재의 종류에 따라 여러 가지 종교적, 철학적, 도덕적 의미를 포함하고 있었기 때문이다.

한국의 꽃꽂이는 소재의 종류뿐만 아니라 그 구성형태에 의미가 부여되어 있는 경우가 많다. 조선시대의 꽃꽂이 조형양식은 크게 삼존양식과 일지화양식으로 나뉘어지며 이 두 가지 양식이 여러 양식으로 변형 발전되었다.

그림 3-4. 19C 조선시대 병화도(瓶花圖).

(4) 현대

조선시대 이후 우리 나라의 꽃꽂이는 일본의 민족문화말살정책과 왜곡된 일제사관의 잔재로 잘 전수되지 못하였으나 1960년대 후반부터 실용적인 목적으로 이용되면서 일반인들에게는 화도로서 이용되기 시작하였다. 한국 전통꽃꽂이에 대한 관심도 높아졌으며, 교통과 통신의 발달로 인한 세계화의 추세로 전통적인 꽃꽂이는 각 나라의 전통적 혹은 현대적인 양식과 혼합되어 독특한 양식으로 변화되고 있으며, 화훼산업의 발전과 식물에 대한 지식, 조형예술적인 디자인기법의 도입으로 보다 자유롭고 창의적인 현대적 양식으로 발전하고 있다. 1970년대에 일본을 통하여 전해진 미국의 서양식 디자인(western style)의 도입이래 꽃꽂이뿐만 아니라 다양한 형태의 절화장식물이 이용되고 있으며 최근 현대적인 유럽식 디자인의 도입은 국내 절화장식의 표현 양식에 큰 영향을 미치고 있다. 특히 오늘날은 화도로서의 의미보다는 실용적인 아름다운 생활공간의 화훼장식으로 발전되고 있다.

3-1-2. 외국의 절화장식

각 나라마다의 절화장식 역사를 살펴보는 것은 매우 어렵다. 국내에 알려져 있는 서양사의 흐름에 따라 한국에 영향을 미친 중요한 절화장식의 역사를 살펴 보면 다음과 같다(N.T. Hunter, 1994).

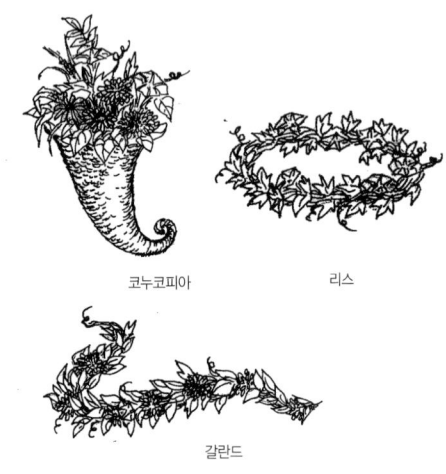

그림 3-5. 그리스시대의 리스와 갈란드, 그리고 코누코피아.

(1) 고대(Antiquity)

이집트, 그리스, 로마로 이어지는 고대의 절화장식에 대한 역사적인 자료들을 간략하게 살펴보면, 이집트에서는 종교적인 용도로 또는 일상생활에서 꽃을 많이 이용하여, 꽃, 잎, 과일 등을 담거나 꽂은 꽃꽂이, 머리에 쓰는 화관(chaplet), 리스(wreath), 갈란드(galand), 꽃으로 만든 칼라(collar) 등의 절화장식물이 일상적으로 이용된 것으로 보인다. 이러한 꽃의 이용은 그리스 시대로 전해졌는데 축제 때는 꽃송이나 꽃잎을 바닥에 뿌렸고, 다양한 형태의 꽃꽂이와 화관, 리스, 그리고 어깨에 걸치는 갈란드가 이용되었다. 뿔 모양의 용기에 꽃을 가득 담은 풍요의 상징인 코누코피아(cornucopia)도 이 시대에 이용되기 시작한 장식물이다(그림 3-5).

로마시대로 내려오면서 리스나 갈란드는 부피가 커지고 화려해졌으며, 향기로운 꽃이 선호되어 축제나 종교적인 행사기간에는 연회 테이블이나 길에 장미꽃잎을 가득 뿌리곤 하였다. 동로마제국의 수도가 비잔틴이었던 비잔틴(Byzantine) 시대에 원추형 나무 모양의 틀에 잎을 가득 붙여 만든 토피아리(topiary)가 유행하게 되어 오늘날까지 이용되고 있다.

(2) 유럽시대(European periods)

절화장식의 양식에 주요한 영향을 미친 유럽시대는 중세(Middle ages), 르네상스(Renaissance), 바로크(Baroque)와 더취 플레미쉬(Dutch-Flemish) 시대, 프렌치 시대(French period), 영국 조지안 시대(English-Georgian period), 그리고 빅토리안 시대(Victorian era)로 나누어 살펴 볼 수 있다.

로마제국의 멸망 이후 카톨릭 교리의 영향이 크게 작용한 중세 유럽(476-1450)에서 꽃은 종교적인 의미를 가진 상징으로서만 이용되었기 때문에 절화장식에 대한 자료는 거의 알려져 있지 않다. 중세 이후 기독교회의 기본사상을 능가하는 새로운 가치관의 탄생과 자연과학이 비약적으로 발전한 르네상스 시대(14-17C)에는 절화장식에도 큰 발전이 있었다. 이 시대에는 수수한 병에 순결을 의미하는 한 송이 백합이 담긴 종교적인 상징을 보여주는 꽃꽂이를 비롯하여, 줄기가 보이지 않을 정도로 꽃을 가득 채운 원추형, 대칭삼각형, 원형으로 만든 꽃꽂이 형태가 일반적으로 이용되었으며, 고대에 유행하던 갈란드나 화관도 이용되었다(그림 3-6).

르네상스를 잇는 바로크 시대(17-18C)에는 귀족뿐만 아니라 중산층에 의해 일상생활에서도 절화장식물이 많이 이용되었다. 꽃꽂이는 직선보다는 곡선이 선호되면서 매우 화려하면서 꽃이 가득 차 넘쳐 흐르는 듯한 비대칭적인 형태가 이용되었다. 특히 이 시대 영국의 화가 윌리엄 호가스(William Hogarth)에 의해 호가디안 선(Hogarthian curve) 또는 S선이라 불리우는 꽃꽂이형태가 만들어졌으며, 유럽 남부의 종교적인 박해를 피해 네덜란드와 벨기에로 옮겨온 화가들의 영향으로 많은 종류의 꽃을 가득 채워 매우 화려하게 타원형으로 꽂은 더취 플레미쉬 양식(Dutch-Flemish styles)의 꽃꽂이가 유행하였다(그림 3-7). 이 시대는 대칭의 타원형 꽃꽂이가 비대칭형으로 바뀌기 시작한 시대였다.

루이 14세로부터 시작되는 프렌치 시대(17-18C)는 궁중문화가 발전한 시대였다. 이 시대의 절화장식은 더취 플레미쉬 양식의 영향권 하에 있었으나 보다 고전적이며 세련되고 우아한 특징을 보였다. 꽃꽂이는 꽃을 가득 채워 크기가 큰 부채모양이나 삼각형으로 만든 형태가 많이 이용되었다.

영국 조지아 I, II, III세가 통치할 시절인 영국 조지안 시대(English-Georgian period, 18C)에는 꽃의 향기에 대

그림 3-6. 줄기가 보이지 않을 정도로 가득 채운 르네상스시대의 대칭형 꽃꽂이.
그림 3-7. 초기 더취-플래미쉬 양식의 특징을 보이는 17C의 꽃꽂이 그림. 꽃은 거의 겹치지 않으며 하나 하나의 특징이 그대로 살아 있다. 줄무늬 튤립을 비롯한 다양한 꽃과 조개, 벌레와의 연출 또한 특징적이다.

한 관심이 매우 높았다. 꽃향기는 전염병을 예방해 주는 것으로 알려져 손에 들고 다니는 향기가 있는 꽃다발(nosegay)이 유행하였고, 후에 머리, 목, 허리, 가슴 등의 몸 장식용으로 이용되기 시작하였다. 꽃꽂이는 정형적이며 대칭적인 형태가 일반적이었으며, 또한 이 시대에는 길고 가는 병(bud vase)에 꽃을 꽂거나, 테이블 중앙의 정형적인 꽃꽂이 장식이 유행하기 시작하였다.

빅토리아 시대(1837-1901)는 영국의 빅토리아여왕이 재임하던 시대로 무거운 색과 형의 장식물로 실내장식을 하는 특징을 보이던 때며, 특히 일상적인 생활에 꽃과 식물을 필수적으로 사용한 시대였다. 식물재배, 꽃의 자연건조나 누름건조, 꽃그림 그리기, 조개·왁스·깃털·구슬·머리털 등으로 조화를 만드는 방법이 교육되었다. 꽃꽂이는 강조점이 없이 여러 종류의 꽃과 잎과 풀들을 가득 모아 촘촘하게 배열하여 원형을 만들었으며 매우 화려하였다. 이 시대에는 물을 담을 수 있는 꽃다발 손잡이(holder)에 담은 꽃다발이 유행하였다. 19C 영국에서 일어난 산업혁명에 의해 형성된 중산층은 생활의 여유로움을 가지게 되었으며 자연과의 격리감을 채우기 위하여 원예, 꽃꽂이 등에 대한 관심을 가지게 되어 붐을 형성하였다. 수많은 관련도서와 전문 기술학교의 탄생으로 영국 스타일이 정립되었다. 화훼 재배기술의 발전과 꽃 가격의 인하, 꽃의 유통 시스템의 확립은 꽃의 구입을 손쉽게 만들었으며 그 결과 19C 후반에 유럽의 절화장식은 비약적인 발전을 이루었다. 색채를 활용하는 특징적인 프랑스 스타일, 구조적인 면을 강조하는 독특한 독일 스타일은 현재까지도 영향력을 미치고 있으며 계속 발전하고 있다.

(3) 미국

미국 초기의 정착자들은 생활에 여유가 없었기 때문에 들풀이나 곡식류 등을 생활 용기에 담아 집안을 장식하곤 하였다. 버지니아의 수도가 윌리암스버그(Williamsburg)였던 시기(1714-1780)에는 꽃을 가득 채워 둥근형이나 부채형으로 만든 식민지 양식(Colonial style)이라 불리는 꽃꽂이 형태가 유행하였다. 이 시대에는 건조화나 건조된 풀들도 이용되었다. 영국 조지안 시대와 같은 1790-1825년의 연방시대(Federal period)는 정치, 사회, 장식분야에도 관심을 갖기 시작한 시기로서 신고전주의양식(Neo-classic style)의 꽃꽂이를 보여주며 영국의 영향에서 탈피하려는 분위기를 엿볼 수 있었다. 꽃꽂이의 형태는 피라밋형이나 부채모양이 일반적으로 이용되었다. 미국의 빅토리안 시대(1845-1900)에는 유럽의 빅토리안 양식이 그대로 이용되고 있었으며 이펀(epergne)이라는 3단 용기를 이용한 꽃꽂이가 유행하였다. 2차대전 이후 유럽식 양식과 동양의 선적인 디자인이 조합된 서양식 스타일(western style)이 만들어졌다.

(4) 일본

일본의 꽃꽂이는 6C 아수카시대에 불교와 함께 전해진 불전꽃꽂이에서 기원을 찾아 볼 수 있다(G.L. McDaniel, 1981). 승려인 이케노보가 자신의 이름을 따 처음으로 만든 꽃꽂이 학교의 설립이래 그 표현과 의미가 조금씩 달라지면서 이케노보, 리카, 쇼카, 나게이레, 모리바나, 자유바나 등의 다양한 형식으로 발전하게 되었다. 이 이케노보라는 명칭은 오늘날 꽃에 생명을 준다는 의미인 이께바나(いけばな)로 일반화되었다.

이러한 일본의 전통적인 꽃꽂이 양식은 1897년 이후 미국에서 도입된 서양식 스타일의 영향을 받아 일본에서 플라워 디자인(flower design)이라 불리는 양식으로 발전하였으며 이 양식은 한국으로 소개되었다. 현재 현대적인 외국 양식과 혼합되면서 일본은 전통적인 양식과 현대적인 양식이 공존하면서 혼합되어 독특한 현대적 일본 양식이 만들어지고 있다.

3-2. 분식물장식의 역사

다양한 국내외 원산의 화훼식물이 이용되고 있는 오늘날의 분식물장식과는 달리, 한국의 전통적인 분식물은 대부분 자생 목본식물이 주종을 이룬 분재(盆栽)나 분경(盆景)이었다. 조선 후기에는 초본식물을 많이 이용하였고 이러한 분재나 분경은 계절에 따라 일시적으로 실내공간을 장식하기도 하였으나 대부분 실외공간에 배치되었다. 한국의 분식물장식에 대한 역사뿐만 아니라 유럽과 미국의 분식물장식의 역사를 살펴보게 되면, 현재 한국은 물론 전세계의 분식물장식에 대한 경향을 이해할 수 있게 된다. 우리나라와 외국의 분식물장식에 대한 역사적인 자료를 살펴보자.

3-2-1. 한국의 분식물장식

(1) 삼국시대와 통일신라시대

분식물장식은 문인 문객들의 문집에 수록된 시에서 그 이용된 흔적을 더듬어 볼 수 있으나 삼국시대와 통일신라시대에 저술된 자료가 없어 정확한 상황을 알 수 없다. 그러나 분식물장식은 정원의 발달과 밀접한 관계를 가지고 있으므로 삼국시대 정원의 역사를 참고해 보면 상당한 수준으로 이루어지고 있었을 것으로 짐작된다.

(2) 고려시대

고려시대에는 분식물을 소재로 한 시를 여러 수 볼 수 있어 분식물장식에 대한 자료를 얻을 수 있다(이상희, 1998). 고려 중기에는 사계화, 석류나무, 대나무, 석창포, 국화, 서상화 등의 식물이 권문세가에서 많이 가꾸어지고 있었으며, 석창포와 같은 초본식물이나 대나무와 같이 창작을 가할 필요가 없는 식물이 분재의 주종을 이루었던 것으로 보인다. 또 분식물의 생김새는 고려 말기의 사계분도(四季盆圖)의 자수병풍에서 그 모습을 볼 수 있다. 고려 후기에는 소나무를 비롯한 매화나무와 대나무가 주종이었으며 인위적으로 수형을 꾸미는 기술도 상당한 수준에 이르렀을 것으로 짐작된다.

(3) 조선시대

조선 초기에 강희안의 양화소록에는 노송을 비롯한 만년송, 오반죽, 매화나무, 석류, 계화, 산다화, 자미화, 철쭉, 귤, 석창포 등에 대한 내용이 수록되어 있다. 어울리는 수형, 심는 법, 분 놓는 법 등이 설명되어 있어 조선 초기에 분식물장식에 대한 기술이 크게 발전하였음을 알 수 있다. 조선 중기에는 홍만선의 산림경제에 분식물의 종류, 가꾸는 방법, 관리시 주의사항이 설명되어 있으며, 박세당의 색경증집에서는 식물의 재배요령과 분토에 이끼를 생겨나게 하는 요령 등이 소개되어 있어 분식물 관상에 대한 참뜻이 정확하게 이해되고 있었음을 알 수 있다.

조선 후기에는 서유구의 임원십육지에 분식물가꾸기에 대한 여러 가지 기술적인 사항이 소개되고 있었다. 분경(盆景)에 대한 이론적인 사항을 기술하고 있는데, 분재와 자연과의 관계 및 분재의 예술성에 대하여 논하고 있고, 분경품제(品第)에서는 분재의 품위를 논해 노송과, 매화, 대나무의 세 가지를 삼우(三友)라 하여 최고로 손꼽았다. 또한 분의 종류에 대한 설명과 분재를 소재로 읊은 한시가 매우 많아 조선 후기에 분재가 크게 성행했다는 사실을 알 수 있다.

고려시대와 조선시대를 통하여 소나무와 매화나무가 주종을 이루었으나(그림 3-8) 조선 후기에 이르러 하나의 분속에 여러 그루의 나무를 모아 심어 산림의 원경을 꾸며내는 방법도 개발되었다. 또 조선 후기에는 분식물로 이용되는 나무의 종류도 다양해지고 초본식물도 적지 않게 가꾸어졌다. 분재를 감상하기 위해 두는 위치는 사랑방의 책상머리나 문갑 위라고 하였으며 이 때의 분재는 난초나 수선화, 매화, 석창포 등이 주류를 이루었다. 또 글방이나 사랑방에서 바로 바라볼 수 있는 위치에 화분을 두어 방에서 바라보고 감상하였고(그림 3-9) 뒷뜰의 화계(花階)에 올려놓고 감상하였다.

(4) 현대의 분식물장식

자생식물을 이용한 전통적인 분경이나 분재는 생활수준과 주거형태의 변화, 외국식물의 도입으로 인하여 이용되는 식물과 표현양식이 변화되었다. 오늘날 실내공간에서 가장 일반적으로 이용되고 있는 식물은 1900년대 초기 조선 말엽 이후에 국내에 도입되기 시작한 열대식물이다. 1970년대 경제발전으로 생활의 여유가 생기고 서양식 건물의 도입으로 인한 주거양식의 변화는 실내 분식물장식에 대한 관심을 불러일으켰다. 1980년대 국내에는 국제행사가 많이 유치되었으며 건축붐도 일어나게 되어 아름다운 실내환경에 대한 관심은 일반 가정에서뿐만 아니라 식당, 사무실, 호텔, 백화점 등 다양한 실내공간에서의 식물장식을 일반화시켰다. 그리하여 크고 작은 분식물로 배치되던 실내공간은 대규모의 실내정원 조성으로까지 발전하게 되었으며, 다양한 디자인의 분식물장식이 이루어지게 되었다. 최근에는 미적인 면뿐만 아니라 산소 공급, 습도 조절 등 여러 가지 실내환경문제

그림 3-8. 조선시대 매화 분재를 장식한 책상이 그려진 책거리 그림.
그림 3-9. 마당에 놓인 분재를 감상하고 있는 모습을 그린 조선시대 정선의 독서여가도.

의 해결, 도시화로 인한 자연에의 그리움의 충족 등의 역할을 가지면서 실내 분식물이나 실내정원은 인간생활의 중요한 부분이 되어가고 있다.

사람들이 선호하는 관상식물은 유행에 따라 바뀌게 되며 사람들은 계속 새로운 식물을 찾게 된다. 1980년대 이후 유행하던 관엽식물이 일반화되고 난 뒤 1990년 후반에는 양란과 허브(herb)가 유행하였으며, 자생식물과 꽃피는 초화류 등으로 점점 선호되는 식물이 다양화되고 있다. 새로운 화훼식물소재의 개발과 디자인 기법의 도입, 그리고 쾌적한 생활환경의 정착화로 분식물장식은 장식의 차원을 넘어 생활의 일부분으로 변화될 것으로 보인다.

3-2-2. 외국의 분식물장식

B.C. 3C경 이집트, 그리스에서 분에 심은 식물을 실내공간에 들여놓아 기르기 시작한 이래, 로마의 온실에는 오렌지를 비롯한 열대식물이 가득 차 있었고 건물 창가의 분식물장식은 매우 일반적이었다. 그러나 5C경 로마의 멸망으로 시작된 중세에는 식용이나 약용 위주의 식물만 재배되었으며 장식적인 목적으로 발전하지 못하였다. 중세 이후 14-17C의 르네상스시대에 아메리카(America), 인도(India), 자바(Java) 등의 대륙이 발견되면서 유럽에는 외국의 새로운 열대식물들이

그림 3-10. 프랑스 베르사이유 궁전의 분정원인 오렌저리(Orangery).

도입되었고 부유층에 의한 온실이 만들어졌다(그림 3-10). 또한 걸이분을 비롯한 다양한 분에 심은 식물로 실내공간을 장식하는 것은 매우 인기있는 일이었으며, 이 때에는 일반인들도 창가에 식물을 장식하기 시작하였다.

19C에 산업혁명이 일어난 이후 생활의 여유가 생긴 도시 중산층을 비롯한 전 계층의 사람들에게 실외뿐만 아니라 실내에서 꽃과 식물을 기르는 것은 대단한 일로 여겨졌다. 1831년 영국에서 오늘날의 테라리움(terrarium)에 해당되는 밀폐된 유리용기 속의 고사리 재배는 1860년까지 크게 유행하였으며 19C말까지 유럽의 실내 분식물장식은 매우 인기있는 일이었다.

20C초 전기의 발명은 실내환경을 밝게 개선하였지만, 중앙 집중난방의 발전으로 고온저습으로 변한 실내환경에서 열대 아열대 관상식물의 관리는 어려워졌으며, 산업구조의 변화와 두 차례 세계대전으로 유럽에서의 실내 분식물장식은 쇠퇴하기 시작하였다. 그 후 1930년경 미국에서 디쉬가든(dish garden)이 유행하면서 실내 분식물에 대한 관심이 다시 높아졌고 1960년대 이후 급속히 발전하였다. 1970년대 미국 가정의 3/4이 실내에 식물을 가지고 있을 정도로 실내 분식물에 대한 관심은 대단하였다. 우리 나라는 1980년 후반 미국의 영향을 받기 시작하였으며 1990년 초에는 실내원에 붐이 형성되었다. 오늘날 미국, 일본 등의 대형 현대식 건물에는 분식물의 배치뿐만 아니라 쾌적한 생활환경의 제공을 위한 대규모 실내정원이 필수적으로 조성되고 있다.

4. 화훼장식의 기능과 활용

화훼장식으로 인하여 아름답고 쾌적한 생활공간이 창출됨과 동시에 건축적, 심리적, 환경적, 교육적, 치료적, 경제적인 다양한 효과를 얻을 수 있다. 또한 화훼장식에 대한 지식과 기술을 가지게 되면 다양한 분야의 직업에 종사할 수 있으며 새로운 직업을 창출할 수 있다.

4-1. 화훼장식의 기능

화훼장식가의 직업적인 측면에서 화훼장식이 가지는 주요 기능에 대한 인식은 화훼장식의 필요성과 수준 높은 생활환경에 대한 충분한 설명을 가능하게 하여 고객의 확보에 좋은 배경 지식이 되며 고객의 요구에 부응할 수 있는 디자인을 제시해 줄 수 있다. 화훼장식이 가지는 기능(機能)은 그 효과만큼 다양하지만 다음과 같이 나누어볼 수 있다.

그림 4-1. 화훼식물의 장식적 기능.

4-1-1. 장식적(裝飾的) 기능

실내외 공간의 화훼식물을 이용한 장식은 아름답고 쾌적한 환경의 연출에 매우 강력한 효과를 보인다. 철근과 콘크리트로 이루어진 건물의 차갑고 딱딱한 공간에 배치된 절화장식물이나 분식물은 꽃과 잎의 아름다운 형태와 색, 향기 그리고 생명력이 넘치는 신선함으로 이루 말할 수 없는 아름다운 분위기를 만들어낸다. 조각물과 같은 멋진 형태를 지닌 분식물로 장식된 공간은 신선함은 물론 식물의 생장으로 인한 변화하는 아름다움, 그리고 규모에 비해 저렴한 경제적인 측면까지 고려할 경우 최고의 장식적 효과를 가진다.

건물 현관 앞의 분식물이나 건물 내부 아트리움(atrium)의 실내정원은 그 공간을 눈에 잘 띄게 하여 건물에 대한 이미지를 매우 인상깊게 만드는 역할을 한다. 이러한 뛰어난 장식적 효과를 가진 화훼장식은 생활공간의 장식뿐만 아니라 무대장식과 디스플레이(display) 등에도 활발하게 이용되고 있으며 그 규모와 이용범위는 점점 커지고 있다 (그림 4-1).

4-1-2. 건축적(建築的) 기능

실내공간에 배치된 녹색의 분식물은 차가운 건축물을 부드럽고 안정된 분위기로 연출하는 장식적인 기능을 가질 뿐만 아니라 공간을 차지하고 있기 때문에 실내공간을 분할하고 동선(動線)을 유도하며, 시계(視界)를 차폐하는 건축물로서의 역할 때문에 이용되는 경우가 많다. 열린 공간(open space)의 개념으로 이루어지는 사무공간에서 칸막이 대신에 식물을 이용하게 될 경우, 은밀한 공간을 형성하기 위한 부분적인 차폐, 통행자들의 방향을 제시해주거나 통행금지의 의미로서 이용되는 울타리 혹은 차단물로서의 식물의 배치 등과 같이 분식물을 이용한 화훼장식은 다양한 건축적인 기능을 가진다.

4-1-3. 심리적(心理的) 기능

세상이 만들어진 이래 식물과 더불어 살아온 인간은 식물과 함께 있을 때 본능적으로 편안한 느낌을 가진다. 이러한 인간의 감정에 대한 학자들의 해석은 각양각색이지만 식물의 존재가 인간에게 미치는 심리적 효과에 대한 다양한 실험 결과, 식물로 인해 스트레스가 해소되고 분노감이 줄어들며, 기분이 좋아지는 등 뚜렷한 감정적인 변화가 있으며, 뇌파 측정에서 α파의 출현량이 많아졌다(손기철, 1997; 손기철 외, 1998). 이러한 식물이 제공하는 심리적인 효과로 인한 화훼장식의 의의는 매우 크다고 볼 수 있으며 특히 자연과 격리된 도시환경에서 꽃과 식물로 이루어진 아름다운 생활공간에서의 진한 감동은 이루 말할 수 없는 삶에 대한 애착과 희망으로 사람들의 정서(情緖)를 순화시키고 풍부하게 만들어 준다.

식물이 있는 공간은 휴식공간으로 제공되거나 특히, 사무공간에 이루어진 화훼장식은 사원들의 스트레스를 줄이고 일의 효율과 창의성을 높여준다(이종섭 등, 1998). 또 화훼장식을 통하여 공동체의 주거환경을 개선시켜 구성원들의 사회정신적 건강과 작업능률을 증진시키고, 경제적, 사회적 조건들을 고양시켜 그 지역의 부정적인 이미지를 변화시킨다. 이러한 효과를 위해 빈민가에 아름다운 화단을 조성하여 생활의 활력을 일으키도록 유도하는 사회단체들의 활동이 있다.

4-1-4. 환경적(環境的) 기능

식물은 잎 뒷면에 있는 기공(氣孔)을 통해 흡수한 이산화탄소(CO_2)와 뿌리에서 흡수한 물(H_2O)을 엽록소에 의해 흡수된 태양에너지를 이용하여 식물의 생장에 필요한 탄수화물($C_6H_{12}O_6$)을 만들며 산소(O_2)를 방출하는 광합성(光合成) 작용을 한다. 또한 식물은 광합성에 비하면 소량이지만 호흡을 통해 산소를 흡수하고 이산화탄소를 방출한다. 광합성과 호흡으로 인한 기공의 개폐시 증산작용(蒸散作用)이 일어나 수분이 방출된다. 이러한 결과 식물은 사람에게 필요한 산소를 공급하고 유해한 이산화탄소를 흡수하여 공기를 정화(淨化)시키며 수분을 방출하여 습도를 조절해 준다(그림 4-2). 또 식물이 이산화탄소를 흡수할 때는 공기 중의 벤젠, 트리클로르에칠렌, 포름알데히드 등의 많은 오염물

그림 4-2. 생활환경을 개선하는 화훼식물장식.

질을 흡수하여 공기를 정화하는 역할을 해 준다.

난방으로 인해 매우 건조한 겨울철 실내공간에 배치된 분식물은 살아있는 자동가습기의 역할을 하며, 증산작용에 의한 기화열(氣化熱)은 주변의 기온을 낮추므로 식물은 온도조절 효과도 보인다. 또한 공기중에 양이온이 많으면 인체에 유해하지만 음이온이 증가하면 자율신경을 진정시키며 불면증을 없애고 신진대사를 촉진시키며 혈액을 정화하고 세포의 기능을 강화하여 얼굴색을 아름답게 하는데, 식물의 광합성이나 증산작용이 왕성한 곳에서는 음이온이 다량 발생한다.

방향성식물이나 방향성 꽃은 휘발성 방향물질을 방출하여 좋은 향을 제공할 뿐만 아니라 그 성분에 따라 스트레스 해소, 진정(鎭靜), 우울증 치료 등의 효과를 보이며 유해한 병균의 발생을 억제시켜 건강에 좋은 쾌적한 환경을 제공해 준다. 이 외에도 실내공간에 배치된 식물은 전자파 차단, 방음 등의 환경을 개선시키는 효과를 제공한다(손기철, 1997).

4-1-5. 교육적(敎育的) 기능

아름다운 화훼장식공간에서의 생활은 미적 감각을 증진시키는 효과를 제공한다. 화훼장식물이나 화훼장식공간을 바라보는 사람들은 세상과 사물을 바라보는데 그들이 사용해 왔던 시각과는 다른 디자이너의 시각에 직면하게 되어 디자이너의 다양한 의도와 표현을 접하여 공유하게 된다(이정민, 1998; 이정민, 2001). 이러한 반응을 통하여 미적 감각의 증진과 아름다운 생활환경에 대한 관심이 유도된다.

또한 지속적으로 유지되는 분식물장식을 위해 관리에 필요한 지식을 습득하게 되며, 이러한 관리 과정을 통하여 육체적인 노력과 함께 식물에 대한 생물학적인 이해와 사랑에 대한 감정적인 성장이 이루어진다. 관리과정에서 발생하는 여러 가지 문제를 전문가를 통하거나 책을 통해서, 또는 경험에 의해 해결하게 되며 이러한 과정을 통하여 문제해결 능력과 식물의 관리능력이 증진된다. 특히 도시환경의 아이들에게 자연학습의 기회가 제공되어 식물의 생장에 대한 이해와 함께 꽃과 식물을 이용한 생활환경에 대한 관심을 증진시킨다.

4-1-6. 치료적(治療的) 기능

식물에 대한 사람들의 심리적인 반응으로 인하여 화훼장식은 정서안정과 같은 정신적인 치료효과를 제공하는 것은 물론, 눈의 피로를 경감시켜주는 효과가 있는 것으로 보고되었다. 피실험자에게 실내에서 하루동안 독서와 잡담 등의 생활 활동을 하면서 30분 간격으로 시각피로나 대뇌피질의 활동수준을 검사한 결과, 도중에 2회 정도 관엽식물을 보게 한 경우는 그렇지 않은 경우에 비해 눈의 피로가 명백히 경감되었다는 연구결과가 있다. 또 종일 컴퓨터 등의 작업에 종사하고 있는 사람들은 눈의 피로, 시력의 저하, 어깨나 팔의 통증, 심신의 피로, 판단력의 저하 등 각종 병증의 테크노스트레스(techno-stress)가 심각해져 사회문제가 되고 있는데, 녹색식물을 보는 것으로 해소시킬 수 있다는 연구결과가 있어 식물은 눈의 피로 및 테크노스트레스를 치유하는 효과가 있는 것으로 증명되고 있다(손기철, 1997).

식물은 살아 있는 생명체로서 절화의 경우 물갈이, 분식물의 경우, 관수, 시비 등의 관리가 필요하다. 그러므로

그림 4-3. 식물은 정서적 안정을 유도한다.

이들 화훼장식물의 관리를 위한 신체적인 움직임은 육체적 건강을 유도하게 되며 식물에 대한 애정어린 보살핌은 정서적 안정을 유도하여 정신적인 건강을 이루어낸다(그림 4-3). 화훼장식물이 갖는 아름다운 꽃과 방향성식물의 향기는 향의 성분에 따라 우울증이나 스트레스를 경감시켜 주는 향기치료의 역할을 한다. 이와 같이 화훼장식은 병원에서 제공할 수 없는 정신적, 육체적 치료 효과를 보이며 삶의 질을 향상시킨다.

4-1-7. 경제적(經濟的) 기능

화훼장식물이 장식된 공간은 아름다울 뿐만 아니라 편안한 이미지를 주며 볼거리를 제공하여 사람들을 불러 모으는 효과를 가진다. 또는 상업공간에서의 화훼장식물의 존재는 사람들로 하여금 그 공간에 대한 긍정적인 이미지를 느끼도록 유도해 주어 간접적인 경제적 효과를 창출시킬 수 있다. 호텔에서 식물이 있는 아트리움이 보이는 방은 가격이 비싼데도 훨씬 선호되며, 커피샵에서 손님들은 화훼장식물이 놓인 테이블을 선호하며 커피샵의 이용객을 증가시켜 매출이 증가하였다. 이러한 경제적 효과로 인하여 상품판매를 촉진시키기 위한 디스플레이 공간에도 화훼장식물의 이용이 증가되고 있다.

4-2. 화훼장식의 활용(活用)

화훼장식의 기능과 영역은 점점 세분화되고 있으며 그에 따른 활용 범위도 넓어지고 있다. 화훼장식에 대한 지식과 기술을 익히면 직업세계의 전문인이 되는 것은 물론이며 취미생활에도 좋은 역할이 기대된다. 가장 쉽게 접근할 수 있는 분야의 직업으로는 화훼장식가, 실내조경가, 화훼장식 교육자, 화훼생산자, 화훼유통업자, 화훼장식소재 판매자, 화훼가공업자, 원예치료사, 상업출판물 작가나 편집인, 연구자 등이 있다.

화훼장식은 바람직한 기능성 때문에 직업으로서의 측면 외에도 취미로서의 유용성을 충분히 가지고 있다. 가족의 건강과 화목, 그리고 생활환경의 개선, 지적능력의 향상, 미적 감각의 향상에 크나큰 역할을 하며, 경우에 따라서는 필요한 장식물의 재료만 구입하여 손수 제작하여 경제적 이익도 얻을 수 있는 매력적인 활동이다. 화훼장식관련 직업을 살펴보자.

4-2-1. 화훼장식가(floral designer 혹은 florist)

화훼장식은 예술적인 속성보다는 강한 실용성을 목적으로 이루어지는 경우가 대부분이다. 화훼장식가(花卉裝飾家)는 플로리스트(florist)로 불리면서 화원의 경영자나 직원으로서 일하는 사람이 가장 많으며 화훼장식 교육을 병행하기도 한다. 화훼장식가는 호텔, 백화점, 무대 등의 다양한 화훼장식공사나 결혼식, 파티(party), 디스플레이(display) 장식 등의 공사를 전문적으로 수주하는 화훼장식업체에서 디자이너로서 활동하거나, 화훼도매상, 화훼상품 제조업체 등에서 근무하거나 프리랜서(free lancer)로 활동하기도 한다.

(1) 소매 화원

화훼장식가에게 있어 가장 주된 고용의 기회는 화원(花園, floral shop)에서 고객에게 장식물을 만들어 제공하는 것이다. 화훼식물 전반에 걸친 장식기술과 식물관리에 대한 충분한 지식을 기본으로 경영능력, 대인기술, 판매기술, 마케팅능력을 갖추어 화원을 직접 경영하거나 관리자, 디자이너 또는 판매원으로 종사할 수 있다. 화원은 소규모로 자영을 할 수 있어 화훼장식가들이 선호하는 업종이다. 큰 화원의 화훼장식가는 일이 분업화되어 있어 디자이너나 관리자로서의 역할이 크지만, 작은 화원의 경우 소재의 구입에서 디자인, 전시, 경영, 시장조사, 판매, 광고에 이르기까지 경영자나 관리자, 디자이너, 판매원, 배달원으로서의 일인다역을 해야 하는 경우가 많으므로 많은 지식이 필요하다. 정규교육을 받은 후 산업체에서의 경험을 통하여 전반적인 지식을 얻을 수 있다.

(2) 화훼장식공사업

대규모 공간의 화훼장식공사를 전문으로 시공하는 업체의 화훼장식가는 디자인의 제시, 건적내역서 작성, 소재 구입, 시공, 관리 등의 업무가 주가 되며 규모에 따라 관리자에서 경영자의 역할을 겸하여 공사 수주, 직원관리 등의 업무를 맡을 수 있다. 소규모의 화훼장식은 화원에서 겸하거나 화훼장식 교육자, 또는 프리랜스들이 맡고 있는 경우가 많으나 국내에서도 규모가 큰 대형 백화점의 공간 장식, 디스플레이 장식 등의 일을 맡는 전문적인 화훼장식공사업체가 나타나고 있다.

(3) 도매상

절화나 분식물, 또는 식물외 소재를 전문적으로 다루는 도매상(都賣商)과 조화나 건조소재를 이용한 디자인과 소재를 전문적으로 다루는 도매상이 있다. 도매상에서 화훼장식가는 디자이너로서 소매인들에게 계절상품의 새로운 디자인을 보여 주어 소재를 구입하도록 한다. 구매담당, 인사관리, 판매 등의 역할을 맡을 수도 있으며 상품전시를 위한 계획, 설치, 유지도 할 수 있어야 한다. 작은 도매상의 경우 소유주가 관리를 하게 되는 반면, 규모가 커지면 경영관리, 구매담당, 시장조사, 홍보 등의 역할이 분리된다.

(4) 상품제조업

화훼상품 제조업자들은 화훼장식가를 고용하여 화훼상품 디자인에 대한 책임을 지도록 한다. 새로운 아이디어의 상품을 만들어내는 것이 가장 중요한 일이며, 상품개발을 위해 디자이너는 화훼장식에 대한 풍부한 경험을 필요로 한다.

(5) 프리랜서(free lancer)

프리랜서 화훼장식가는 다양한 화훼장식공사에 일시적으로 고용되어 일을 할 수 있다. 전업 화훼장식가보다 기술과 창조력이 뛰어나야 하며, 전문적인 디자이너로서 모든 분야에 걸쳐 지식과 경험을 갖추고 있어야 한다. 결혼식 장식을 위한 프리랜서들의 활동이 있다.

4-2-2. 실내조경가(interior landscape designer)

화훼장식가로 표현할 수도 있으나 실내 분식물을 주 소재로 실내공간의 경관을 설계, 시공, 관리하는 사람으로서 대형 실내정원 조성에 중점을 두는 직업인이다. 독자적으로 사업체를 경영하거나 사원으로서 종사할 수 있으며 최근 국내에서는 실내조경을 전문으로 하는 업체와 실내조경을 겸하는 실외 조경업체가 있다. 또는 대형 소매화원에서 실내조경을 겸하는 경우도 많다. 실내식물의 이용과 관리, 설계 능력, 시공에 대한 지식이 필요하며 경영자로서는 실내조경 공사의 수주 능력이 가장 중요하다.

4-2-3. 화훼장식 교육자

화훼장식 교육자는 직업적인 전문지식을 습득하려는 사람들뿐만 아니라 취미나 교양을 목적으로 하는 사람들을 대상으로 화훼장식 전반에 걸쳐 또는 부분적으로 꽃꽂이를 비롯한 절화장식과 난, 분재 등을 비롯한 분식물 장식을 개인적으로 가르치거나 학원, 문화센터, 대학 등에서 교육한다. 국내에서는 학원에서 꽃꽂이를 가르치는 직업인이 매우 많으며 화원에서 교육을 병행하고 있는 사람들도 많다. 최근 교양이나 취미로서의 교육에서 직업교육으로 바뀌는 경향이다.

4-2-4. 화훼생산자

화훼생산자(花卉生產者)는 재배관리, 생산관리, 온실유지관리, 판매관리, 온실작업 등의 업무를 맡아 화훼식물을 생산하는 사람이다. 식물 생산에 관한 원예지식과, 경영, 판매, 마케팅에 대한 지식뿐만 아니라 화훼장식에 대한 내용을 충분히 이해하게 되면 화훼식물의 이용목적과 사람들의 기호도를 이해할 수 있어 유행성이 있는 화훼식물의 생산 전략에 강한 사람이 될 수 있다.

4-2-5. 화훼유통업자

화훼유통업자가 화훼장식에 대한 내용을 익히면 취급하는 화훼식물이 어떤 목적으로 사용되는지, 그리고 어떤 유통경로가 적절한 지 잘 파악할 수 있으므로 수요에 맞게 효율적으로 대응할 수 있다. 수출입 업무, 식물소재의 저장, 판매관리, 절화도매, 관련자재 유통 등에 대한 지식이 필요하다.

4-2-6. 화훼장식소재 판매업자

화훼장식의 식물소재 및 식물 외 소재 등의 판매업에 종사할 수 있다. 소재판매업(素材販賣業)은 판매 기술, 대인 기술뿐만 아니라 화훼장식에 대한 충분한 지식이 있어야 고객의 의도를 쉽게 파악할 수 있으며 충분한 상품설명과 함께 변화하는 디자인에 대한 소재 공급에 빠르게 대처할 수 있다.

4-2-7. 화훼가공업자

화훼식물은 구입 후 잘 손질하여 생화상태로 꽃다발과 같은 상품으로 가공하거나 건조가공하여 화훼장식품을 제작하거나, 장식효과를 겸한 다양한 화훼식품, 화훼화장용품으로 가공될 수 있다. 다양한 화훼가공기술과 함께 화훼장식에 관련된 지식과 기술의 습득으로 화훼가공업자로 종사할 수 있다.

4-2-8. 원예치료사

원예치료(園藝治療)란 식물과 관련된 여러 활동을 통하여 신체와 정신 및 삶의 질 향상을 촉진하는 치료방법이다. 원예치료 활동의 한 부분으로서 화훼장식 활동은 심리적으로 카타르시스 효과를 주고 부정적인 감정적 반응들을 전위와 승화로 완화시키며, 예술적 성취를 통해 자아 정체감을 향상시켜 주며 사회적 관계의 경험을 통해 사회성을 발달시켜 준다. 뿐만 아니라 적절한 신체적 움직임, 특히 정교한 손동작은 손기능을 회복시키고 대뇌를 자극하는 효과를 가져온다(이정민, 1998; 이정민, 2001).

오랜 치료를 요하는 환자의 경우는 화훼장식의 다양한 기술과 창의력을 개발시켜 줌으로써 화훼장식가로서 활동할 수 있는 자립기반을 마련해 주는 기능을 겸하여 실시할 수 있다. 식물의 향기를 이용한 방향요법(aromatherapy)의 지식을 화훼장식물의 시각적, 심리적 기능과 보완적으로 이용하여 원예치료의 효과를 높일 수 있다.

2부 화훼장식 소재

적절한 소재(素材)의 선택과 식물소재의 신선도는 화훼장식의 질에 결정적인 역할을 한다. 화훼장식에 이용할 수 있는 화훼식물의 종류는 너무나 방대하며 식물 외 소재도 매우 빠르게 개발되고 있어 화훼장식 소재에 대한 충분한 지식은 매우 중요하다. 2부에서는 성공적인 화훼장식을 위한 식물 및 식물 외 소재, 식물소재의 관리방법, 그리고 화훼장식을 위한 적절한 작업시설과 기기(器機)에 대한 내용을 살펴보자.

5. 화훼장식 소재

화훼장식은 화훼식물을 주 소재로 식물 외 소재와의 적절한 배합으로 이루어진다. 관상을 목적으로 하는 화훼식물은 초본(草本)식물에서 목본(木本)식물까지 자생종과 외국종을 포함하여 그 종이 너무도 방대하여 장식에 적절한 식물을 선택하기 위해서는 화훼식물에 대한 충분한 지식이 필요하다. 절화장식은 일시적인 용도로 이용되지만, 분식물장식은 지속적이거나 영구적으로 이용되는 경우가 많아, 화훼식물 분류에 따른 식물의 특성을 파악하여 적절한 제작과정과 관리가 이루어져야만 장식 효과를 높일 수 있다. 식물소재는 사람들에게 호감을 주며 장식이 되는 공간의 목적과 용도에 맞아야 하며, 제작과 구입이 용이해야 한다. 또 분식물은 장식되는 환경조건에서 생육이 가능해야 하며 그 생육성이 장식공간의 목적에 맞고 관리가 쉬워야 한다.

최근 화훼장식의 규모가 커지면서 식물을 지지할 수 있는 용기와 구조물을 비롯하여 다양한 식물 외 소재가 이용되고 있다. 성공적인 화훼장식을 위해 식물 외 소재의 이용에 대해서도 충분한 지식이 필요하다.

5-1. 화훼장식 식물소재

화훼식물의 분류는 화훼장식을 위한 화훼식물의 종류와 형태상의 특징, 생리적 특성을 이해하여 화훼장식에 적절히 이용할 뿐만 아니라 소재와 화훼장식물의 관리에 필요한 지식을 얻기 위함이다. 종이 너무나 많고 특성이 다양한 화훼식물을 적절하게 분류하여 익히면 이해하기 쉽다. 화훼식물을 식물학적 분류와 생태학적 조건에 의한 분류, 원예학적인 분류, 용도별 분류로 나누어 살펴보자.

5-1-1. 식물학적 분류

모든 식물은 형태나 생리, 생태적 특성을 비교해보면 서로 유연관계(類緣關係)를 가지고 있다(한국화훼연구회, 1998). 식물학적 분류는 이와 같이 유연관계가 있는 공통적인 특성을 가진 종(種)들을 같은 속(屬)으로 포함시키고, 유연관계가 가까운 속은 같은 과(科)에 통합시켜 식별하는 방법이다. 이들 식물의 분류체계는 계(界), 문(門), 강(綱), 목(目), 과(科), 속(屬), 종(種), 변종(變種), 품종(品種), 클론(clone)으로 나눈다. 이와 같은 분류는 현대에 와서 과학의 발달로 더 구체화되어 가고 있으며 형태학, 해부학, 발생학, 화분학, 세포학, 생리학, 화학분류학, 생물지리학, 고생식물학, 분자생물학 등에 의해 분류하고 있다.

식물학적 분류에 의해 식물의 이름은 전 세계의 학자들에게 통용되는 속명과 종명, 그리고 명명자로 표기한 린네(Linneus)의 이명명법(二命名法)인 학명(scientific name)으로 명명되어진다. 학명의 표기는 국제식물명명 규약에 따라 라틴어로 쓰여지며 라틴어 발음으로 읽게 되어 있으며, 학명의 속명과 종명은 이탤릭체로 쓰며 속명의 첫 글자는 대문자로 쓴다. 그러나 명명자는 인쇄체로 쓰고 첫 글자는 대문자로 쓰며 이름이 길 때는 음절을 줄여서 쓰고 약자 표시로 점을 찍는다. 변종과 품종은 이탤릭체로 쓰며 변종이라는 표시는 varietas를 줄여서 var. 또는 v.로 쓰며, 품종의 표시는 forma의 약자로 for. 또는 f.로 쓴다. 재배종 표시는 cultivated variety 또는 cultivar의 약자로 cv.로 표시하며 때로는 cv.를 쓰지 않고 ' '와 같이 쓰며, 재배종의 이름은 영명으로 첫 글자는 대문자로 표기하는데 품종명을 그대로 이용하여 명명하는 경우가 많다. 개체 표시는 clone을 cl.로 표시하는데, 인쇄체 소문자로 쓰고 약자 기호로 점을 찍는다.

골든 프린세스 벤자민 고무나무 *Ficus benjamina* L. 'Golden Princess'
플로리다 뷰티 드라세나 *Dracaena godseffiana* Baker var. *florida beauty* Hort.

화훼식물의 일반명은 각 나라 국민들이 자신들의 모국어로 부르고 있는 식물명으로서 속명(俗名), 향토명, 상업명을 통칭한다. 품종명은 명명자 마음대로 붙일 수 있으며 보통 품종 등록회사에 등록하지만 이에 관한 법적 보호를 받을 필요가 없다면 안 해도 된다. 변종과 품종의 차이를 볼 때, 변종은 제 스스로 종을 자연상태에서 번식하며 보존해 나가는 것을 말하며, 품종이나 재배종은 제 스스로 후대를 계승할 수 없는 것으로서 사람에 의해 번식되어 재배되는 것을 말한다. 원예종으로는 대부분 품종을 육성하여 이용하고 있으며 계속 새로운 품종이 출현되고 있다.

5-1-2. 생태학적 조건에 따른 분류

화훼식물은 원산지의 기후환경에 따라 지중해기후형, 대륙서안기후형, 대륙동안기후형, 열대고지기후형, 열대기후형, 사막기후형, 북지기후형 등으로 나뉜다. 원산지에 따라 재배조건이나 장식 후의 관리 특성이 달라져, 이들 식물의 특성에 따라 장식기법도 달라지게 된다. 화훼식물은 필요로 하는 광도(光度)에 따라 양지식물, 반음지식물, 음지식물로 나눌 수 있다. 그리고 하루 중 낮의 길이가 짧거나 길어질 경우에 따라 개화나 생육에 다른 특성을 보이는데 낮의 길이가 밤의 길이보다 길어질 때에 꽃피는 식물을 장일성식물, 그 반대일 경우의 식물을 단일성식물이라 하며 밤낮의 길이에 관계없이 생육온도만 적당하면 꽃이 피는 식물을 중일성식물이라 한다. 원산지의 수분특성에 따라 건생식물, 중생식물, 습생식물, 수생식물로도 나뉜다. 이용되는 화훼식물의 생태학적 조건을 알게 되면 식물의 특성에 맞는 장식기법과 관리방법을 손쉽게 터득할 수 있다.

5-1-3. 원예학적 분류

화훼식물의 원예학적 분류는 식물의 생육 습성과 용도에 따라 구분하는 실용적인 분류 방법이다. 절대적인 분류가 아니므로 분류된 식물군은 서로 중복되거나 재배조건에 따라 다른 분류군에 속하기도 하며 새로운 분류군이 만들어지기도 하므로 이러한 관계를 잘 이해하는 것이 중요하다.

(1) 일년초와 이년초

일년초(一年草, annuals)는 종자를 파종한 당년에 꽃을 피우며 열매를 맺고 고사하는 생활사를 가진 식물을 일컫는다. 봄에 파종하여 가을이나 그 이전에 꽃을 피우고 열매를 맺는 종류를 춘파일년초, 가을에 파종하여 이듬해 꽃을 피우는 식물을 추파일년초라고 부른다. 춘파일년초에는 맨드라미, 채송화, 과꽃, 색비름, 샐비어, 나팔꽃, 봉선화, 해바라기, 매리골드, 미모사, 백일홍 등이 있고, 추파일년초에는 데이지, 팬지, 프리뮬라, 시네라리아, 칼세올라리아 등이 있다. 이년초(二年草, biennials)란 종자를 파종한 후 싹이 터서 한해 겨울을 넘긴 이듬해 꽃을 피우고 열매를 맺는 식물을 말하는데 1년 이상의 생육기간을 가진다. 석죽, 종꽃, 접시꽃, 디기탈리스 등이 있다.

일년초와 이년초 모두 절화용, 분식용, 정원용으로 이용되며 특히 키가 작은 분화용으로서 이용도가 높다(그림 5-1).

(2) 숙근초

숙근초(宿根草)는 종자가 발아되어 뿌리나 줄기가 여러 해 동안 살아 남아서 매년 꽃을 피우며 열매를 맺는 종류를 말하는데, 흔히 다년초(多年草, perennials)라고 부른다. 숙근초는 겨울철의 추위에서도 잘 견디는 노지숙

그림 5-1. 블루 살비아.

그림 5-2. 캄파눌라(Campanula 'Blue Wonder').

근초와 열대 원산으로 추위에 견디는 힘이 약하여 온실에서 겨울을 넘길 수 있는 온실숙근초가 있다. 노지숙근초는 구절초, 벌개미취, 작약, 샤스타 데이지, 국화, 꽃창포, 루드베키아, 매발톱꽃, 꽃잔디, 숙근플록스, 옥잠화, 비비추, 원추리 등이 있으며 온실숙근초에는 군자란, 핏소스테기아, 제라니움, 거베라, 카네이션 등이 있다(그림 5-2).

절화용, 분식용, 정원용으로 다양하게 이용되며, 특히 매년 종자를 파종하지 않아도 되는 장점 때문에 정원용으로 이용하기에 매우 좋다.

그림 5-3. 다알리아.

(3) 구근류

구근류(球根類, bulbs)란 식물기관의 일부인 줄기 또는 뿌리의 일부분이나 배축(hypocotyle) 등이 비대해져서 알뿌리 모양으로 변형된 것을 말하는데 심는 시기와 형태에 따라 다음과 같이 구분된다. 춘식구근은 추위가 완전히 지나고 서리가 내릴 염려가 없는 봄철에 심는 구근류로서 글라디올러스, 칸나, 다알리아, 글로리오사, 아마릴리스 등이 있으며 추식구근은 9월과 10월 사이의 가을철에 심는 구근류로서 겨울동안 저온처리를 받은 후에 휴면이 타파되어 꽃을 피우는 종류를 말한다. 튤립, 히야신스, 크로커스, 수선화, 스노우드롭, 콜치쿰 등이 있다. 구근의 형태에 따라 인경(鱗莖, bulb), 구경(球莖, corm), 근경(根莖, rhizome), 괴경(塊莖, tuber), 괴근(塊根, tuberous root) 등이 있다. 인경은 줄기가 변형된 저장기관으로서 여러 쪽의 인편이 모여서 하나의 알뿌리를 형성하는데 튤립, 아마릴리스, 히야신스, 백합류, 수선화 등이 있다. 구경은 줄기가 변형되어 알뿌리를 형성하는데 글라디올러스, 프리지아, 크로커스, 익시아 등이 있다. 근경은 땅속에 있는 줄기가 비대해져서 양분과 수분이 저장되는 기관이다. 꽃창포, 칸나, 진저, 국화의 동지아(冬至芽) 등이 있다. 괴경은 땅속에 있는 줄기가 비대해져서 알뿌리 모양으로 된 것을 말하며 덩이줄기라고도 한다. 칼라, 칼라디움, 아네모네 등이 있다. 괴근은 뿌리가 비대해져서 알뿌리의 모양을 하고 있는데 다알리아, 라넌큘러스, 글로리오사 등이 있다(그림 5-3). 구근류는 모양과 색이 아름다우며 향기가 있는 식물이 많아 절화용으로 매우 인기 높은 식물들이 많으며 분화용, 정원용으로도 많이 이용된다.

(4) 화목류

화목류(花木類, flowering trees and shrubs)는 주로 꽃, 잎, 열매의 관상가치가 높은 온대지역의 목본식물을 총칭한다. 관목화목(灌木花木)은 줄기가 높이 자라지 않고 낮게 자라면서 밑에서 많은 가지가 나오는 화목으로 장미, 진달래, 산철쭉, 명자나무, 개나리, 라일락, 매화, 백일홍, 조팝나무, 무궁화 등이 있다. 교목화목(喬木花木)은 한 줄기로 높게 자라면서 위에서 가지를 뻗는 화목이다. 꽃사과, 벚나무, 박태기나무, 목련, 자귀나무, 산사나무 등이 있다. 화목은 주로 분식용이나 정원수, 그리고 절지로 이용되며 종류에 따라 분재용으로 이용된다(그림 5-4).

부겐빌레아, 쟈스민, 후크샤, 클레로덴드룸, 익소라 등과 같은 열대 아열대의 온실화목류는 겨울에 따뜻하게 유지해 주면 직사광선을 받을 수 있는 베란다나 창가에서 계속 꽃을 피울 수 있으며 절화로도 이용된다.

(5) 관엽식물

관엽식물(觀葉植物, foliage plants)은 아름다운 잎을 관상의 대상으로 하는 식물을 말하며 열대, 아열대의 밀림 속에서 자라던 식물로 내음성이 강하기 때문에 광도(光度)가 매우 낮고 연중 온도가 비슷한 실내환경에 잘 적응될 수 있다(그림 5-5). 특히 진귀하고 아름다운 모양을 가지고 있으며

그림 5-4. 정원용 장미.

빨리 자라고 키우기 쉬운 좋은 점 때문에 실내 분식용으로 가장 많이 이용되며, 절화장식의 절엽으로 많이 이용된다. 온대산인 관엽식물도 이용되지만 그 종류는 많지 않다.

관엽식물은 교목, 관목, 덩굴식물, 착생식물 등 종류가 많고 특성이 다양해 각 식물의 생장습성이나 관리방법 등을 알기에는 어려움이 따른다. 또 우리나라에 들어 온지 얼마 되지 않아 이름이 명확하지 않은 상태로 유통되는 경우가 많다. 대부분 학명(學名) 중 속명(屬名)으로 불리며 같은 속에 여러 가지 종이 있으면 종명(種名)으로 불리거나 품종명(品種名)으로 불린다.

이러한 관엽식물은 역사적으로 오래 전부터 탐험가들에 의해 유럽으로 소개되었고 1900년대에는 미국의 식물학자들에 의해 수집되었으며 최근에는 재배가들에 의한 돌연변이종, 육종가들에 의한 새로운 품종까지 소개되어 무수히 많은 종과 품종이 있다. 또 국내에서는 열대, 아열대식물뿐만 아니라 한국의 남부에 자생하는 상록활엽수를 실내에도 입하려는 움직임도 있다. 관엽식물은 종류가 많고 모양과 특성이 달라 같은 과(科)에 속하는 식물들을 알아 두면 그 중 한 가지 식물의 생육특성만 알아도 같은 과에 속하는 다

그림 5-5. 실내정원의 다양한 관엽식물.

표 5-1. 국내에서 많이 이용되는 관엽식물.

과명	식물명
아자과	켄쟈, 휘닉스, 아레카, 테이블, 공작, 코코넛, 관음죽, 종려죽, 리비스토나, 와싱톤, 종려 등
고무나무과	인도, 데코라, 벤자민, 떡갈잎, 대만, 푸밀라 등
천남성과	필로덴드론, 몬스테라, 디펜바키아, 아글라오네마, 신답서스, 스패시필름, 안스리움, 칼라디움, 싱고니움, 알로카시아 등
백합과	아스파라거스, 엽란, 조란, 코르딜리네, 드라세나 등
두릅나무과	쉐플레라, 홍콩야자, 폴리시아스, 아이비, 디지고데카, 팔손이, 팔손이아이비 등
고사리과	나무고사리, 네프롤레피스, 아디안텀, 아스플레니움, 프테리스, 박쥐란 등
아프리칸 바이올렛과	아프리칸 바이올렛, 트리쵸스포름 등
쥐꼬리망초과	아펠란드라, 피토니아, 히포에스테스 등
닭의장풀과	트라데스칸티아, 제브리나, 자주달개비 등
범의귀과	바위취, 톨미아 등
대극과	크로톤, 포인세티아 등
베고니아과	꽃베고니아, 렉스, 마소니아나 등
포도과	포도아이비, 캉가루 바인, 렉스베고니아 바인 등
마란타과	마란타, 칼라데아 등
쐐기풀과	필레아, 펠리오니아 등
꿀풀과	콜레우스, 글레코마, 스웨덴 아이비 등
국화과	기누라, 은엽시네라리아 등
기타	아라우카리아, 파키라, 소철, 나한송, 돈나무, 식나무, 자금우, 백량금, 마삭줄, 셀라기넬라, 페페로미아, 뮬렌베키아 등

른 식물의 생육특성을 짐작할 수 있다(표 5-1).

그림 5-6. 파피오페딜럼 (Paphiopedilum).

(6) 파인애플과 식물(bromeliads)

크립탄서스와 파인애플을 제외한 에크메아, 구즈마니아, 네오레겔리아, 브리에시아, 틸란드시아 등의 파인애플과(bromeliaceae) 식물은 밝고 따뜻하고 습도가 높은 곳을 좋아하는 착생식물로서 잎이 모여 만들어진 원통에 물을 저장하여 잎의 기부(基部)에서 수분과 양분을 흡수한다.

대부분의 틸란드시아속의 식물은 공기 중에서 수분과 양분을 흡수한다. 길게 올라온 화려한 색의 화서(花序)의 아름다움 때문에 분식용이나 절화용으로 많이 이용되는 독특한 아름다움을 가진 식물이다.

(7) 난

열대에서부터 북반구 일대에 분포되어 있는 난과(orchidaceae)에 속하는 난(蘭, orchids)은 약 3만 여종이 알려져 있다. 열대지방 원산의 난은 구미(歐美) 각국에서 많이 재배되고 육종되어 왔기 때문에 서양란이라고 하며 이들 중에는 수피(樹皮)나 암석에 착생하여 자라는 착생란(着生蘭)이 많다. 중국, 한국, 일본에서 자생하며 국내에서 오래 전부터 재배되어 온 동양란은 주로 지생란(地生蘭)이다.

꽃이 크고 화려한 색의 서양란은 분식용과 절화용으로 매우 인기있으나 약한 직사일광을 받고 따뜻하며 습도가 높아야 꽃이 피므로 일반적인 실내환경에서 개화하기는 어렵다(그림 5-6). 개화하고 있는 분식용 난을 실내에 배치하면 1-2개월 정도 꽃을 감상할 수 있다. 춘란, 한란, 풍란, 심비디움, 덴드로비움, 팔레놉시스, 반다, 온시디움, 파피오페딜럼, 카틀레야, 헤마리아 등이 많이 이용되는 난이다.

(8) 다육식물

다육식물(多肉植物, succulents)은 전 세계의 건조지역이나 바람이 많은 고산지역, 물을 구하기 힘든 바닷가나 짠물이 있는 호숫가, 또는 열대정글의 나뭇가지 위에서 살기 때문에 수분을 저장할 수 있도록 몸이 비대해지고 잎의 모양이 변했다. 또 초식동물들에게 잡아먹히지 않도록 거칠고 사나운 가시나 털이 나 있거나, 주위에 있는 돌이나 자갈과 비슷한 모양으로 바뀌는 등 각양각색의 모양을 가지고 있다.

그림 5-7. 다양한 분식 다육식물. 〈공간사랑. 2001. 3. p68.〉

표 5-2. 국내에서 많이 이용되는 다육식물.

과명	식물명
석류풀과	리톱스, 리빙스톤 데이지 등
수선화과	용설란 등
협죽도과	파키포디움 등
박주가리과	세로페지아, 호야, 스타펠리아, 휴에르니아, 디스치디아 등
국화과	방울선인장, 칠보수, 아이비 세네시오 등
돌나물과	그리슐리, 키랑코에, 세듐, 피기피이텀, 셈퍼바이범, 고틸레던, 에오니움 등
대극과	꽃기린, 유포르비아, 포인세티아, 엑스코에카리아, 페딜란서스, 시나데니움 등.
백합과	알로에, 가스테리아, 하월시아, 놀리나, 산세베리아, 유카, 러스커스 등
쇠비름과	포츌라카리아 등
선인장과	페레스키아, 부채선인장, 세레우스, 에키노세레우스, 에키노칵투스, 힐로세레우스, 멜로칵투스, 코리판사, 공작선인장, 게발선인장, 립살리돕시스 등

불량 환경에서의 강한 적응력과 진귀하고 독특한 모습때문에 실내 분식물로 관엽식물 다음으로 많이 이용된

다(그림 5-7). 이 식물들은 실내 저광에서 몇달 또는 1년 이상이나 견디어 내는 종류도 있지만 직사광선을 받지 못하면 대부분 정상적으로 자라거나 꽃을 피울 수 없으므로 가능한 한 직사일광을 받도록 하고 건조하게 관리해 주어야 한다(표 5-2).

(9) 식충식물

그림 5-8. 벌레잡이통풀(Nepenthes).

식충식물(食蟲植物, carnivorous plants)은 축축하고 질소 성분이 부족한 산성토양에서 벌레를 잡아 영양을 섭취하는 식물을 말하며 벌레잡이 기관으로 인한 이색적인 모양이 관상가치가 높아 분식용에 이용하기 좋다. 파리지옥(Dionaea)이나 드로세라(Drosera) 속의 식물은 테라리움용으로 좋으며 벌레잡이통풀(Nepenthes)은 걸이분에 적합하다. 사라세니아(Sarracenia)의 잎은 절엽으로도 이용된다(그림 5-8). 대부분 열대 원산으로 벌레잡이통풀, 사라세니아, 파리지옥 등이 이에 속하며 한국에서 야생하는 끈끈이주걱(Drosera)도 잘 알려져 있는 식충식물이다. 최근 국내에서 분식용으로서 이용도가 높아지고 있다.

(10) 수생식물

수생식물(水生植物, water plants)은 물속에 잠겨서 생육하는 식물, 물위에 부유하는 식물, 뿌리는 바닥에 있고 잎만 물위에 뜨는 식물, 뿌리만 물속에 잠기는 식물, 늪지에 뿌리를 박는 식물의 다섯 군으로 나눌 수 있다(그림 5-9). 수생식물은 잎자루와 뿌리에 통기조직이 발달되어 있다. 부레옥잠, 연, 수련, 마름, 샐비니아(Salvinia), 워터 레투스(water lettuce), 빅토리아(Victoria), 시페러스(Cyperus), 석창포 등이 이에 속한다. 원산지가 열대인지 온대인지에 따라 그 이용도는 실내와 실외로 구분될 수 있다. 국내에서 수생식물의 이용도는 낮은 편이나 그 이용 가능성은 높은 편이다.

그림 5-9. 열대성 수생식물.

⑾ 고산식물

고산식물(高山植物, alpine plants)은 고산지역에서 자생하는 식물이다. 키가 작고 포복형인 식물이 많아 암석정원용으로 이용되는데 그 독특한 형태와 환경적응성으로 인하여 분식용으로서의 이용 가능성이 높다. 솜다리, 새우난초, 암매, 시로미, 설앵초, 누운향나무, 누운주목, 금강초롱, 연영초 등 자생 고산식물이 있다.

⑿ 방향성식물

방향성식물(芳香性植物, aromatic plants)은 식물체 전체에서 향이 발산되거나 특정 부위의 방향성 때문에 식용, 약용, 향료용, 관상용 등으로 이용되는 식물이다. 초본에서 목본식물, 1년초에서 다년초까지 노지 숙근초에서 온실 숙근초까지 다양한 식물군이 포함되며 허브(herbs)라고 불리는 초본식물이 주축을 이룬다(그림 5-10). 이러한 식물은 최근 국내에서 매우 인기 있는 분식물이지만 대부분 외국 원산의 식물이라, 관상용 자생 방향성식물의 개발에 대한 관심이 높아지고 있다.

방향성식물은 관상과 동시에 향을 즐길 수 있는 식물로서 화훼장식에서의 위상은 매우 높다. 현재 분식용으로서의 이용도가 가장 높으나 차후 정원용, 절엽용으로 이용될 가능성이 높다. 라벤더, 로즈마리, 민트류, 배질, 다임, 세이지, 레몬 밤, 딜, 센티드 제라늄 등이 일반적으로 인기 있는 외국의 허브(herbs)들이며 자생 방향성식물로는 향유, 배초향 등이 있다.

그림 5-10. 여러 가지 허브류.

⒀ 자생식물

한국의 자생식물(自生植物, native plants)은 한국의 지리적 환경에 의해 약 4158종류의 다양한 식물종이 있으며 407종류의 특산식물(特産植物)이 있다. 연평균 온도에 따라 자생하는 식물의 종류는 달라지는데 한국의 자생식물은 크게 난지식생군, 온대식생군, 한대식생군으로 나눌 수 있다. 절화나 분식물, 또는 정원식물로 개발되어 있는 자생식물의 종은 적은 편이나 화훼장식소재로서의 무한한 가능성이 있으며(그림 5-11, 12) 현재 자생식물은 절지(切枝)로서의 이용성이 가장 높다. 연구 결과에 의하면 한국의 절화장식물에서 자생식물은 전체 식물소재의 38%를 차지하고 있으며 이 중 목본류가 44%를 차지하고 있다. 이러한 절지에는 다래덩굴, 청미래덩굴, 소나무, 조팝나무, 사철나무, 노박덩굴 등이 많이 이용되는데 특히 덩굴류의 이용률이 높다. 절화나 절엽으로의 이용도는 낮아 지속적인 연구와 관심이 필요하며 현재 자생식물은 분경으로서 분식물장

2부 화훼장식 소재

그림 5-11. 자생식물을 이용한 꽃꽂이. (허브나라농원)

그림 5-12. 자생식물을 이용한 분경.

식에 이용되고 있으며 정원용으로는 지피식물로 대량 이용되고 있다.

5-1-4. 용도에 따른 분류

화훼장식을 목적으로 하는 화훼식물은 산야의 야생식물이나 정원식물을 채취하여 이용할 수도 있으나 화훼농가에 의해 재배되어진 식물을 이용하는 것이 대부분이다. 이러한 화훼식물은 주로 절화용(切花用), 분식용(盆植用), 정원용(庭園用)으로, 그리고 절지용(切枝用), 절엽(切葉用), 식용(食用)으로도 이용되며 이용 목적에 따라 같은 식물이라도 다르게 재배된다. 최근 한국의 절화장식물의 소재 이용률은 절엽과 절지에 비해 절화가 45%를 차지하였고 절화 중 백합이 13%를 차지하여 가장 높은 이용률을 보였다. 화훼류의 수입증가에 따라 1990년대에는 난, 안스리움, 파인애플과 식물 등의 수입화훼류의 이용이 높게 나타났다. 이용 빈도(頻度)는 절화 다음으로 절엽류, 그리고 절지류의 순으로 높았으며 이용된 종류는 절화, 절지, 절엽의 순으로 많이 이용되었다(최은경 등, 1996).

(1) 절화용

절화(切花, cut flowers)용으로 생산되는 식물은 꽃의 형태가 아름답고 꽃색이 화려하며, 화경이 긴 특성을 가지고 있을 뿐만 아니라 절화수명이 길어야 하며 수송이 용이한 조건을 갖추고 있어야 한다(그림 5-13, 14). 절화는 분식물과는 달리 출하품은 뿌리 부분이 없기 때문에 다발로 포장, 수송하게 된다. 절화에 이용되는 화훼는 구근류, 숙근류와 같은 초본식물과 장미와 같은 화목류가 있으며 대부분 다년생을 이용하지만 일·이년생 식물을 이용하는 경우도 많다. 국내에서는 장미, 국화, 카네이션이 가장 중요한 절화이며 이 외에 안개꽃, 백합, 거베라, 글라디올러스, 구근아이리스, 프리지아, 튤립 등도 많이 이용되어 이들은 국내 절화 생산액의 89%를 차지하고 있다. 국내에서 생산되는 절화의 종류는 다양하지 못해, 장식의 다양한 연출이 어려워 외국의 절화가 많이 수입된다.

국내 절화장식물에 이용된 절화 중 백합, 난, 국화, 안스리움, 장미의 순으로 이용빈도가 높았으며, 필러 플라워(filler fowers)로는 카스피아, 안개꽃, 공작초, 노루오줌의 순으로 이용률이 높았다. 델피니움, 칼라, 리지안서스, 스패시필럼, 스윗설탄, 아가판서스, 아나나스, 안스리움, 알스트로메리아와 같이 수명이 길고 세련된 색상이나 특이한 화형을 가진 꽃의 수요는 매년 증가하는 경향이었으며(백진주 등, 1995; 최은경 등, 1996), 꽃창포, 용담, 잇꽃, 범부채, 쑥부장이, 얼레지, 엉겅퀴, 여뀌, 오이풀과 같은 자생식물을 소재로 이용한 장식물도 많았다(조근호 등, 1988).

절화는 종류에 따라 특성이 다르므로 종류에 따른 절화 수명유지기술과 절화수명에 영향을 미치는 장식공간의 환경조건을 고려해야 한다.

(2) 절지용

전통적인 한국꽃꽂이에서는 꽃가지나 나뭇가지를 주 소재로 사용하며, 전 세계의 양식이 혼합되고 있는 현대식 절화장식에서는 자연적인 분위기를 연출하기 위해 덩굴성 나뭇가지의 사용이 많은 것을 볼 수 있다. 절화는 디자인에서 아름다운 형태와 색으로 중심적인 강조의 역할을 하며, 절지(切枝)는 디자인의 골격을 만들거나 선을 표현하는 주 소재로 혹은 공간을 메우는 부소재로 사용된다. 많이 이용되는 절지로는 곱슬버들, 수양버들, 석화버들 등의 버드나무류와 태산목, 산수유, 화살나무, 사철나무, 쥐똥나무, 편백, 청미래덩굴, 노박덩굴 등이 있으며 상록수와 낙엽수 모두 많이 이용된다.

이들 절지는 화훼농가에서 재배되는 것도 있으나 산야에서 채취되어 판매되는 경우가 많기 때문에 자생식물이 대부분이다. 절화장식의 양식에 따라 이용되는 절지의 선호도는 달라지며 국내 장식물의 절지 이용빈도 조사에 의하면 다래덩굴, 청미래덩굴, 삼지닥나무, 정금나무, 버들, 조팝나무, 철쭉의 순으로 많이 이용되었다(최은경 등, 1996).

그림 5-13. 절화.
그림 5-14. 절화.

2부 화훼장식 소재

그림 5-15. 다양한 건조소재. 〈미국 Knud & Nielson〉

(3) 절엽용

절엽(切葉, cut foliages)은 절화나 절지를 주 소재로 만든 디자인에서 변화와 마무리, 혹은 배경 표현을 위해 이용된다. 절엽은 값이 싸고 연중 생산되는 관엽식물이 가장 많이 이용되어, 미리오클라다스, 스프렝게리, 플루모서스와 같은 아스파라거스 종류, 루모라, 네프롤레피스와 같은 고사리류, 엽란, 갤럭스(galux), 동양란, 아이비, 드라세나, 크로톤, 아레카 야자 등이 대표적이며 그 외 이용되는 종류가 많다. 국내 장식물에 이용된 절엽의 이용빈도 조사에 의하면 미리오클라다스, 몬스테라, 스프렝게리, 드라세나, 엽란의 순으로 많이 이용되었다(백진주 등, 1995).

(4) 건조소재용

건조화(乾燥花, dried flowers)는 수분이 적고 꽃잎과 줄기가 딱딱하여 건조 후 변형이 잘 되지 않는 절화를 채집하여 이용하는 것이 대부분이었다. 그러나 건조기술이 발달함에 따라 오늘날의 건조화는 생화와 비슷한 아름다운 색깔과 모양을 가지고 있으며, 예전에는 건조시켜 이용하지 못했던 거의 모든 꽃들을 아름답게 건조시킬 수 있게 되었다.

건조화도 꽃에만 국한되지 않고 꽃, 잎, 줄기, 뿌리, 나무껍질, 버섯, 이끼 등 온갖 소재가 이용되고 있어 건조화라는 말은 건조소재(乾燥素材, dried materials)의 일부분이 되고 있다(그림 5-15). 건조소재는 꽃(장미, 밀짚꽃, 아킬레아, 별꽃, 로단세, 홍화, 카스피아 등), 이삭류(밀, 팔라리스, 라그러스, 브리자, 등), 허브(라벤더, 로즈마리, 오레가노, 쑥 등), 향신료(계피, 정향, 유향, 안식향, 팔각향, 육두구, 월계수잎, 고추, 마늘 등), 잎(사라세니아, 유칼립투스, 미리오클라다스, 라피아, 속새, 종려 등), 나뭇가지·덩굴(다래, 등나무, 화살나무, 버드나무, 삼지닥나무, 칡 등), 열매(고추, 솔방울, 양귀비, 프로티아, 니겔라, 연밥 등), 이끼, 버섯 등 거의 모든 종류의 식물이 이용된다.

국내 절화장식물의 건조소재 이용빈도에 관한 연구 결과 가장 많이 이용된 건조소재는 다래덩굴로서 40% 정도까지 이용되었고 까치밥나무, 칡, 청미래덩굴의 순으로 많이 이용되었다. 가공된 소재는 삼지닥나무가 25%로 가장 많이 이용되었고 댑사리, 탱자나무, 버들의 순으로 많이 이용되었다(최은경 등, 1996).

(5) 분식용

분식용(盆植用) 식물은 배치되는 실내외 환경 조건에 따라 시각적인 특성뿐만 아니라 생육특성이 다른 다양한 식물이 이용된다. 분식물(盆植物)은 주로 꽃을 감상하기 위한 분화용(盆花用) 식물과, 꽃보다는 잎을 감상하기 위한 것으로 나눌 수 있다. 분화는 키가 작은 1년초, 숙근초, 구근류와 같은 초본식물이 많이 이용되며 키가 작고 모양이 아름다운 화목류도 이용된다. 국내에서 가장 인기있는 분화는 난류이다. 분화는 꽃수가 적당하고 꽃색이 선명하며 모양이 아름다워 용기와 조화되고 운반이나 취급이 편리해야 한다. 꽃이 피기 시작할 때 출하하면 이용자들은 단기간으로는 실내에 두어 즐기고, 다소 장기간으로는 실외의 베란다(veranda)나 발코니(balcony), 패티오(patio) 등에 두어 관리하면서 감상한다.

잎을 주로 감상하는 분식용 식물은 관엽식물, 다육식물, 방향성식물, 식충식물 등이 많이 이용된다. 값이 싸며 운반하기 쉬운 소형의 분식물은 이용방법도 간편하며 실내에서 자연을 가지고자 하는 인간의 욕망을 좀 더 경제적이고 실질적으로 이룰 수 있도록 한다. 절화장식은 다양한 소재와 기술로 이루어지고 일시적이며, 정원식물은 정원이라는 광범위한 입지조건을 요하는 경우가 많으므로 분식물은 도시의 좁은 공간에서 손쉽게 이용할 수 있는 식물이다.

분식물로서 이용될 경우 특히 고려되어야 할 사항은 절화와는 달리 뿌리까지 보전이 된 온전한 식물체로서 계속 생육하므로 식물의 특성에 따라 장식이 되는 장소의 환경조건과 맞아야 하며 지속적으로 관리를 해 주어야 한다는 것이다. 일시적인 장식일 경우에는 식물의 종류를 고려하지 않아도 되겠으나 지속적으로 유지시켜야 할 경우, 실내공간에는 관엽식물을 비롯한 열대원산의 식물이 적합하며 실외공간일 경우에는 이용기간에 따라 식물의 선택은 달라진다. 국내의 분식물은 절화에 비해 재배면적은 작으나 생산액은 더 많다. 주요 분식물은 난, 철쭉, 선인장이며 난은 전체 분식물 생산액의 18%를 차지하고 있어 가장 중요한 분식물이다. 관엽식물 중 야자류 특히 관음죽이 가장 많이 생산되며 그 외 고무나무, 소철 등이 많이 생산되고 있으나 점점 선호되는 품목은 달라질 것으로 예상된다.

(6) 정원용

정원용(庭園用)으로는 분식용 식물과 마찬가지로 실외 정원일 경우와 실내정원일 경우에 따라 이용되는 식물의 특성이 다르다. 실외 정원은 화목을 비롯한 목본식물을 중심으로 일·이년초, 숙근초, 구근류 등과 같은 꽃피는 다양한 종류의 초본식물이 어우러져 이루어진다(그림 5-16). 목본식물은 한국의 자생식물이 많이 이용되며 외국의 온대지방 원산의 식물도 많이 도입되어 있다. 또한 남부와 중부지역의 온도 조건에 따라 정원수종의 선택은 달라진다.

그림 5-16. 정원용 식물.

5-2. 화훼장식 식물 외 소재

생활양식의 변화와 장식영역의 확대로 장식성과 상품성에 주안을 둔 상업적인 공간의 장식이 많아져 규모가 큰 절화장식물의 필요성이 높아지고 있으며, 외국에서 유행하는 새로운 표현기법의 절화장식과 분식물장식이 도입되어 새로운 식물소재의 이용은 물론 다양한 식물 외 소재가 효과적으로 이용되고 있다.

화훼장식에는 식물소재 외에 절화나 분식물을 담을 수 있는 용기를 기본으로 장식물의 규모에 따라 다양한 재료의 구조물과 장식물, 그리고 첨경물(添景物)의 사용이 증가하고 있다. 특히 돌, 철물(鐵物), 목재, 나뭇가지, 천, 조화, 건조화 등을 디자이너의 의도에 따라 인위적으로 변형, 가공하여 화훼식물과 더불어 자유롭게 표현하는 비사실적 표현기법의 화훼장식물들이 많아지고 있다. 이러한 소재들은 자연상태에서 얻을 수 없는 색상을 위해 인위적으로 착색되거나 가공처리되기도 한다.

국내 절화장식물에서 식물 외 소재의 이용빈도에 관한 연구 결과, 식물 외 소재는 실외용 절화장식물에서 많이 이용되었으며, 식물 외 소재는 천, 특정한 형태의 장식물, 아크릴이나 유리로 만들어진 장식물, 조화(造花)의 순으로 많이 이용되었다(최은경 등, 1996). 실내공간에서는 디스플레이용 장식물에서 식물 외 소재의 이용이 많다. 분식물장식에서도 전형적인 화분에 단순히 식물을 심는 것보다는 나뭇가지, 돌, 철사, 이끼, 구슬 등의 다양한 장식물로 식물소재를 돋보이게 하는 장식기법이 선호되고 있다. 실내정원에서 이용되는 첨경물도 단순한 조각상보다는 보다 기발하고 독특한 재질과 형태의 다양한 소재들이 이용되고 있다.

5-2-1. 용기

절화장식이나 분식물 장식에 있어서 가장 중요한 식물 외 소재는 용기(容器, container)이다. 용기는 미적으로

그림 5-17. 다양한 형태의 용기.

그림 5-18. 다양한 형태의 금속 용기.

아름다우며 기능적으로 충분히 만족될 수 있어야 하며 전체 디자인과 장식물이 놓여질 공간과 시각적, 물리적으로 조화를 이루어야 한다(그림 5-17, 18). 모양, 크기, 양식, 재질, 가격 등에 따라 많은 종류의 용기가 있으며 화훼장식물의 용도, 꽃과 식물의 종류, 장식물이 놓여질 공간 등에 따라 선택되는 용기는 달라진다.

절화용 용기는 화기(花器)라고 불리며 병(vase), 수반(basin), 사발(bowl), 콤포트(compote), 항아리(jar, um)가 가장 많이 이용되는 형태이다. 절화용 용기는 물과 꽃줄기를 충분히 담을 수 있으며 줄기를 꽂을 수 있을 만큼 용기의 입구는 넓고 전체 꽃의 무게를 지탱할 수 있을 정도로 무거우며, 줄기를 고정하기 위한 어떤 도구라고 감출 수 있어야 한다. 토양을 담아 식물을 심게 되는 분식용 용기는 화분(花盆, pot)이라고 하며 배수구가 있는 경우가 일반적이다. 그러나 장식 목적과 효과에 따라 다양한 용도의 용기를 배수구 없이 그대로 이용할 수 있다. 이용되는 식물의 종류, 크기, 수에 따라 용기의 크기가 달라지며, 규모가 커 건물에 부착되어질 경우 플랜터(planter, 식수대)라고 불린다.

디자인 양식과 목적에 따라 용기의 모양과 크기는 달라지며 색, 재질 또한 다르게 선택된다. 용기는 도자기, 유리, 바구니, 금속, 목재 등의 재질로 이루어지며, 특히 이러한 장식물이 배치될 공간과의 시각적인 조화는 매우 중요하여 미적인 기여도는 꽃과 식물보다 용기의 아름다움이 클 경우가 많으므로 용기의 기능적인 면과 미적인 면을 잘 고려해야 한다. 구체적인 내용은 11장의 꽃꽂이와 14장의 분식물장식에서 살펴보자.

5-2-2. 구조물을 위한 소재

규모가 큰 절화장식을 위한 구조물로서 철·알루미늄·동 파이프, 금속판, 철망, 목재, 아크릴, 유리, 돌 등의 다양한 소재들이 이용되고 있으며, 특히 구조적 구성의 절화장식에서 철사, 철망, 그물, 천, 구슬, 실, 솜, 깃털, 조개, 망사, 나뭇가지 등의 다양한 소재들이 이용되고 있다. 분식물장식에도 그 규모와 표현 양식에 따라 용기 외에 다양한 구조물들이 많이 이용되고 있다(그림 5-19).

5-2-3. 인조식물(artificial flowers and plants)

조화(造花)나 인조목(人造木)과 같은 인조식물은 지속성과 제작 과정의 용이성, 관리의 편리성으로 인하여 많이 이용된다(그림 5-20, 21). 그러나 살아있는 식물의 다양한 기능적인 역할을 수행할 수 없어 식물의 대용품으로 이용된다. 식물이 가질 수 없는 다양한 색상과 형태를 만들어 낼 수 있으므로 용도에 따라 장식 효과가 높다. 보관과 운반, 관리 등의 이용이 손쉬워 상업공간의 쇼윈도우 장식 및 실내장식 소재로도 물론이고 의상, 모자 등에 이용하는 액세서리에 이르기까지 다양하게 이용된다. 지화(紙花), 실크플라워, 플라스틱꽃 등 다양한 품목이 있다.

그림 5-19. 철물로 제작된 구조물을 이용한 분식물장식

그림 5-20. 인조목을 이용한 실내정원.
그림 5-21. 조화를 이용한 백화점 디스플레이 장식.

5-2-4. 절화장식의 장식물(accessories)

리본, 동물인형과 같은 다양한 조형물과 초, 풍선 등을 비롯하여 부채, 가면, 구슬 등의 장신구나 계절감을 표현해 주는 소재, 그리고 나뭇가지, 철사, 실, 망사, 솜 등 무한한 소재들이 이용된다. 디자인의 주제와 분위기를 잘 전달할 수 있도록 꽃과 배치될 공간과의 조화가 중요하다.

(1) 리본(ribbon)

코사지, 신부꽃다발, 꽃꽂이, 포장에 있어서 리본 보우(bow)는 매우 일반적인 장식물이다. 철사가 들어있는 리본, 반짝이거나 금속성의 리본, 레이스 리본, 계절감이 있는 리본 등 종류가 다양하므로 디자인의 주제와 양식에 맞는 리본을 선택할 수 있다(그림 5-22).

디자인에 이용된 리본은 강조의 역할로 이용되거나 시각적인 균형감에 기여할 수도 있어 꽃과는 다른 색다른 분위기를 연출할 수 있다. 그러나 리본이 디자인을 제압해서는 안되며 리본 없이도 디자인은 성공적일 수 있다. 전형적인 꽃꽂이에서 리본은 용기의 가장자리에 위치하거나, 모든 줄기의 선이 모아지는 부위에 위치하여 전통적인 초점을 형성한다. 리본의 넓이, 천의 종류에 따라 보우(bow)를 만드는 방법은 다양하다.

그림 5-22. 화훼장식물의 리본. 〈디자인 알레〉

2부 화훼장식 소재

(2) 조형물

인형을 비롯한 다양한 형태의 조형물은 절화장식 디자인의 주제를 만들거나, 특별한 날의 기념에 이용되어 메시지를 전달해 주거나 디자인에 강조의 요소를 제공해준다. 부활절에는 토끼, 병아리, 달걀을, 할로윈축제에는 마녀, 호박, 유령 등의 조형물을 이용한다. 절화장식물에 쉽게 고정하기 위해 철사나 막대, 침이 붙어있는 것이 많다(그림 5-23, 24).

(3) 초(candle)

꽃꽂이에 장식된 초는 꽃꽂이의 아름다움을 높여주며 다른 조명기구로는 얻을 수 없는 부드럽고 황홀한 분위기를 연출한다. 초는 꽃과 테이블 위의 접시, 테이블보 등과 전체 장소의 색, 크기, 질감, 양식과 조화를 이루어야 한다. 초는 천천히 타서 촛농이 떨어지지 않아야 하며 초의 길이와 모양은 테이블의 크기, 장소, 꽃꽂이의 디자인에 따라 결정된다. 예를 들어, 저녁식사에 이용될 경우 촛불은 눈의 위치를 피해 높거나 낮아야 손님들이 편안함을 느낄 수 있다. 꽃꽂이에 초를 이용할 때는 고정이 매우 중요하며, 여러 종류와 규격의 초 고정을 위한 플라스틱홀더가 있다.

그림 5-23. 화훼장식에 이용되는 소형 조형물.
그림 5-24. 돌로 제작된 장식용 리스.

(4) 풍선(balloons)

절화장식에 사용된 풍선은 즐거운 분위기를 만들어준다(그림 5-25). 풍선의 색이나 메시지를 통해 디자인의 주제에 통일감을 줄 수 있다. 공기나 헬륨으로 채운 풍선은 부착할 때 주의를 요한다. 풍선이 터지지 않게 또, 꽃이 망가지지 않게 풍선을 고정하는 것이 중요하다.

5-2-5. 분식물장식의 첨경소재

넓은 의미의 첨경소재(添景素材)는 식물과 조화를 이루는 모든 소재를 통틀어 말하지만 경우에 따라 풀(pool), 분수, 폭포, 수로와 같은 수경요소나 플랜터, 데크(deck) 등과 같이 대형이며 면형인 것보다는 소형이며 점적(點的)이어서 기능적으로나 미적으로 보조적 성격을 지닌 시설물을 첨경물(添景物)이라고 부르기도 한다. 식물과

그림 5-25. 풍선을 이용한 테이블 장식.
〈Florists' review, 2000, 12, p66.〉

2부 화훼장식 소재

어우러진 첨경소재는 다양한 형태와 크기, 규모, 색, 질감, 분위기 등을 가지고 있으며 종류에 따라 특유의 이미지를 연출하므로 식물만으로 이루어낼 수 없는 다양한 분위기를 연출해 낼 수 있다. 특히 첨경소재는 식물에 비해 하자(瑕疵)가 없으며 소재에 따라 식물보다 저렴한 비용으로 공간을 연출해낼 수 있다(정미숙, 환경과 조경, 1992. 11. p 67-71). 첨경소재는 미적 감각만 있다면 생활주변에서도 쉽게 발견해 낼 수 있다. 성공적인 분식물장식이나 실내정원 조성을 위하여 적절한 식물의 선택과 동시에 첨경소재에 대한 깊이있는 지식이 필요하다.

(1) 수경소재

수경(水景, waterscape)은 실내정원을 구성하는 중요한 요소일 뿐만 아니라 소규모 분식물 장식에도 다양하게 이용된다. 수경시설은 여러 가지 형태로 표현되며 그 자체의 미학적 가치뿐 아니라 물이 가지는 기능상의 이유

그림 5-26. 물을 뿜는 조형물이 있는 수조.

그림 5-27. 토수구가 있는 수조.

그림 5-28. 가든 센터의 장식용 돌.

그림 5-29. 다양한 조형물.

로 실내정원 조성시 빼놓을 수 없는 시설이 된다(그림 5-26, 27). 수경이 가지는 가장 중요한 기능상의 역할은 가습효과이다. 수경시설은 습도를 유지하는데 도움이 되고 잔잔한 수면은 심리적 안정감을 주며 맞은 편에 있는 대상을 물에 비치게 하는 반사효과가 있다.

움직이는 물은 그 소리로 청량한 음향효과를 내며 주변의 소음을 자체의 음향으로 흡수하는 역할을 한다. 수경시설은 시각상의 초점이 되고 소광장과 같은 집합공간이나 통로의 결절점에 배치하여 휴식과 만남의 장을 제공하고 관상의 대상이 된다(이영무, 1995). 대표적인 수경시설에는 풀(pool), 분수, 폭포, 수로(水路) 등이 있다.

(2) 가공(加功)소재

가공소재는 분식물장식 혹은 실내정원의 규모와 형태, 특성에 따라 점경물(點景物), 시설물, 바닥 장식용으로서 이용된다(그림 5-28, 29). 조각, 석물(石物), 조명등 등은 점경물로서 크기와 모양이 다양하므로 가장 일반적으로 이용된다. 조각의 재질은 화강암, 대리석, 청동, 철, 구리, 알루미늄 등의 다양한 소재가 사용되나 풍상과 공해로 인한 마멸이 적은 실내공간용은 석고, 목재, 플라스틱, 섬유 등의 비교적 연약한 소재의 선택도 가능하다. 석물은 수조(水槽), 석상, 석등 등이 많이 이용되며 다양한 크기, 색, 질감의 자갈은 거의 필수적으로 이용되는 소재이다. 규모가 큰 실내정원 조성에 많이 이용되는 시설물로는 벤치, 탁자, 울타리, 아취(arch), 트렐리스(trellis), 데크(deck), 파라솔(parasol), 가제보(gazebo), 파골라(pargola) 등이 있다(그림 5-30). 특히 가공소재 중 돌절구, 맷돌, 옹기류, 가마솥, 시루, 화로 등의 민속생활용품 소재는 한국적인 분위기의 연출에 많이 이용되고 있다.

그림 5-30. 아트리움(atrium)의 파라솔.

(3) 자연소재

자연소재는 식물과 가장 조화가 잘 되는 소재로서 자연을 표현하기에 가장 적합하다. 자연석, 수석, 나무등걸, 고목 등은 점경물로써 이용하고 모래, 조약돌, 디딤돌, 바크(bark), 이끼, 고동껍질 등은 바닥 장식용으로서 다양한 자연의 이미지를 연출할 수 있다.

(4) 동물소재

특히 규모가 큰 실내정원의 조성시, 혹은 비바리움이나 아쿠아리움 조성시 조류나 포유류, 파충류, 어류 등이 많이 이용된다.

6. 화훼장식 식물소재의 취급 및 손질방법

　생산자에 의해 재배된 화훼식물은 수확 후 관리과정을 거쳐 운송되어 도매상과 소매상을 거쳐 소비자에게 이르게 된다. 이러한 일련의 과정은 화훼식물, 특히 절화의 품질과 수명에 중요한 영향을 주어 상품가치와 장식효과에 직접적인 영향을 미친다. 각 유통단계에서 화훼식물의 적절한 취급과 손질은 화훼생산업자, 유통업자, 화훼장식가와 이용자와의 긴밀한 협조로 이루어진다.
　화훼식물의 품질과 수명에 가장 큰 영향을 미치는 것은 환경조건으로 수분, 온도, 광선, 습도, 공기속도, 에틸렌의 농도 등으로서, 화훼장식가는 이러한 환경조건을 잘 조절할 수 있는 지식과 기술을 갖추어 도매상과 소매화원, 그리고 화훼장식공간에서 절화와 분식물의 취급에 능숙해야 한다. 이 장에서는 소매화원이나 화훼장식가의 업무수행시 필요한 장식소재로서의 화훼식물의 관리요령을 살펴보자.

6-1. 소매화원에서의 절화의 취급방법
　절화는 수확 후 꽃의 종류에 따라 꽃잎의 위조, 봉오리의 건조현상, 봉오리 미개화, 꽃봉오리와 꽃잎의 탈리(脫離), 꽃잎의 퇴색과 변색, 꽃줄기굽음 현상, 화서(花序)끝 부러짐, 꽃줄기의 과도한 신장, 줄기 기부의 쪼개짐, 항굴지성(抗屈地性) 등의 현상을 보이며 장식에 부적절한 상태가 되거나 시들어 죽게 된다. 이러한 현상은 많은 연구에 의해 원인과 대처방법이 밝혀지고 있는데, 대체로 절화 줄기의 흡수력 부족, 절화 내 탄수화물의 부족, 과도한 증산, 박테리아 생성과 병, 에틸렌가스의 분비, 그리고 부적절한 환경 등이 원인이 되어 일어난다. 그러므로 줄기의 흡수력 증강, 양분 공급, 과도한 증산 방지, 박테리아의 생성 방지, 에틸렌가스의 분비 방지 등에 대한 대책이 중요하다.
　절화의 품질을 유지하기 위해 도매상이나 소매화원 및 이용공간에서 필요한 관리방법을 살펴보자.

6-1-1. 운송
　도매상에서 절화를 구입하면 트럭이나 승용차, 혹은 버스로 운송된다. 비교적 짧은 시간이라 국내에서는 온도조절이나 광선의 조절없이 이루어지는 경우가 많으나 차 내부의 여름 광선으로 인한 고온조건과 겨울 저온으로 인한 열대성 절화의 손상에 주의해야 한다.

6-1-2. 도착 후 관리
　절화가 소매상에 도착하면 즉시 포장을 풀어야 하며 그렇지 않으면 짓눌리고 으깨지는 물리적 상해를 받을 수 있다. 꽃이 알맞은 온도로 운송되면 단순히 포장을 풀어서 절화보존액에 넣지만 너무 저온으로 운송되면 냉해 여부를 조사하여 상해가 없는 꽃은 5-10℃의 냉장실에 12-24시간 동안 두었다가 그 보다 더 높은 온도로 옮겨서 포장을 푼다. 이러한 조치는 온도 자극을 막고 경미한 상해로부터 꽃이 회복되는 것을 돕는다.
　포장을 푼 후 줄기의 하엽(下葉)과 손상을 입은 부위를 제거하고 종과 품종, 그리고 등급에 따라 분류해 꽃을 즉시 물통에 담는다. 물이 깊으면 물에 잠긴 줄기 부분이 쉽게 부패하므로 3㎝ 정도만 잠기게 한다. 만약 절화보존제없이 물에만 넣을 때는 매일 물을 갈아주고 줄기 끝을 다시 자른다. 꽃을 새로 담을 때는 용기를 깨끗이 해야 한다. 실온이 높을 경우 냉장고에 보관한다.

(1) 물올림(conditioning) 전 줄기의 재절단

절화는 수분부족에 의해 시들지만 줄기 끝을 물 속에 계속 두어도 위조현상이 일어난다. 이러한 현상은 여러 가지 원인에 의해 도관(導管)이 막혀 줄기를 통한 수분 흡수가 감소되기 때문이며 막힌 도관을 뚫어 주기 위해 줄기 끝을 재절단한다. 줄기를 자를 때에는 날카로운 칼로 줄기 끝을 비스듬히 잘라 줄기 표면과 물 사이의 접촉 면적을 넓혀 물의 흡수를 증가시킨다. 가위는 줄기에 상처를 줄 수 있어 도관을 손상시킬 수 있다.

줄기가 절단될 때 공기가 도관 속으로 들어가 도관을 막아 줄기를 통한 물의 정상적인 이동을 방해하므로 흡수가 어려운 꽃들이 있다. 이러한 경우 산성수나 따뜻한 물, 또는 습윤제(濕潤劑)를 이용하거나 줄기 기부를 물속 절단하면 어느 정도 회복시킬 수 있다. 물속절단은 물 속에서 줄기를 자른 후 다른 용기로 옮길 때 줄기 끝에 물방울이 달라붙어 있어 줄기 끝부분의 공기의 유입을 방지한다. 수분이 부족해 시들기 시작한 꽃들의 재생에 물속절단이 매우 효과적이다. 그러나 물속절단은 번거로운 일이며, 몇몇 품종의 장미, 금어초, 마거리트, 스위트피 이에 대한 효과는 알려져 있으나 종과 품종에 따라 그 효과는 차이를 보인다. 물속줄기절단기(그림 7-7 참고)를 이용하면 빠르게 일을 진행할 수 있다.

박테리아와 곰팡이와 같은 미생물이 줄기 기부에 침입하여 번식하면서 분비하는 물질이나, 번식되는 미생물 자체의 물리적 크기에 의해서 도관이 막히게 된다. 이러한 경우에는 줄기 기부를 자르거나, 특히 이런 미생물은 당(糖)이 있을 때 급속도로 증식되기 때문에 보존 용액에 살균제를 함께 사용한다. 드문 일이지만 식물 자체에서 발생되어지는 물질에 의해서도 도관이 막혀 수분흡수가 감소되는 경우가 있으며 이러한 현상은 대부분 줄기의 윗 부분에서 일어난다.

목질화된 줄기를 망치로 두들기면 물을 빨리 흡수한다고 생각해 왔으나, 이런 방법은 오히려 도관과 체관을 쉽게 손상시켜 물과 양분의 흡수를 방해하는 비효율적인 방법임이 밝혀졌다. 목본성 줄기는 초본성 줄기보다 더 자주 절단해 주고, 절대 으깨거나 줄기를 가르지 말아야 한다. 절화는 2-3일마다 자르면 수분흡수를 도울 수 있다.

(2) 잎의 제거

장미와 같이 잎이 넓고 엽수가 많은 절화는 수분 증산 때문에 줄기에 붙은 엽수가 절화수명에 결정적인 영향을 미친다. 대체로 줄기 기부로부터 약 1/3-3/5 정도의 잎을 제거하며 경우에 따라 1-2매를 남기고 완전히 제거한다. 또한 잎이 물 속에 잠기면 박테리아의 성장으로 유해물질이 축적되어 물은 더러워지고 냄새가 나며, 박테리아는 줄기 끝에서 도관을 막고, 물의 흡수를 방해하여 꽃의 노화를 초래하므로 물 속에 잠기게 되는 잎은 모두 제거한다. 하엽을 제거할 때에는 줄기에 상처를 내지 않는 것이 중요하다. 자동잎제거기(foliage stripper)를 이용하면 고무손잡이가 달려있어 잎을 빠르고 부드럽게 제거할 수 있다(그림 7-6 참고).

(3) 가시의 제거

장미의 가시는 꽃잎이나 잎을 상하게 하기 쉬우므로 가시를 제거하는 것이 좋다. 줄기에 상처가 나게 되면 박테리아의 침입이 증가될 수 있으며, 제거된 부위의 수분 소실로 꽃목굽음 현상이 일어나고 절화수명이 단축되기도 하므로 줄기에 상처가 나지 않도록 가시 끝만 제거한다. 수동가시제거기를 이용하면 빠르다.

(4) 유액이 나오는 줄기의 처리

양귀비, 포인세티아 등과 같은 식물은 꽃이나 잎을 자르면 유백색 혹은 무색의 액체인 유액(乳液, latex sap)을 분비한다. 유액은 수지(樹脂, resin)와 단백질로 이루어져 있는데 절단면을 막아 물의 흡수를 방해한다. 줄기를 자를 때 유액이 과도하게 분비되거나 멈추지 않는다면 줄기를 재절단한 후 재빨리 끓는 물에 줄기 끝을 몇 초동안 담그거나 불꽃으로 몇 초동안 처리한 후 줄기를 보존용액에 담근다. 줄기의 유액 분비를 막으면 물의 변색도 방지하고 수확 후 수명도 연장시켜준다. 단순히 줄기를 잘라 보존용액이나 10% 표백액에 몇 시간 또는 밤새 담그기도 한다.

(5) 시든 꽃과 잎의 재생

대부분의 꽃과 잎은 물 속에서 나온 후 시들기 시작한다. 약간 시든 꽃이나 잎은 상온의 물이나 따뜻한 물에 꽃이나 잎 전체를 1시간 정도 담그면 빠르게 회복시킬 수 있다. 이러한 방법은 안스리움, 극락조화, 헬리코니아 등과 같은 열대성 절화나 네프롤레피스, 갤럭스, 아이비, 회양목 등의 잎에 효과적이다. 거베라, 국화, 라일락 및 기타 단단한 목질의 줄기를 가진 시든 꽃은 줄기 끝을 뜨거운 물(80-90℃)에 수초동안 담근 다음 다시 찬물에 넣으면 팽압이 회복된다.

6-1-3. 물

물의 온도와 수질은 절화의 수명연장에 매우 중요한 요인이며 꽃의 종류에 따라 다르게 작용한다. 물은 보통 냉수를 사용하지만 온수는 냉수보다 적은 양의 공기를 함유하고 있어 빠르게 줄기에 흡수된다. 그러므로 온수는 운송시 수분 부족으로 시들었거나 조속한 봉오리 열림을 위해 단시간 물올림할 때 사용하는데, 가능한 한 주위 온도를 낮추고 38-40℃ 정도의 온수를 단시간 물올림하면 가장 효과적이다. 약간 시든 꽃일수록 온수는 효과적이지만 뜨거운 물은 줄기를 익혀버리기 때문에 사용해서는 안 된다.

절화에 사용되는 수질(水質)은 꽃의 품질에 큰 영향을 준다. 수돗물이 보편적으로 사용되나 수원(水原)에 따라 산도(pH), 독성물질의 존재, 미생물 오염 등에 차이가 있다. 이온화되거나 증류된 물은 절화의 수명을 연장시키고 사용된 보존제의 효과를 높여주나 다량으로 사용하기가 쉽지 않다. 수돗물을 끓여 식힌 다음 침전물을 제거한 후에 사용할 수도 있으나 역시 실용적이지 않다. 끓인 물은 공기가 적게 함유되어 있어 절화의 줄기로 더 쉽게 흡수되며 수중 산소함량이 낮아 분비물의 산화를 억제하기도 한다.

꽃에 있어 이상적인 pH는 절화보존액과 혼합 후 3.0-4.5이다. 낮은 pH는 미생물을 감소시키고 도관 내 수분흡수를 촉진시키는 효과가 있다. 알칼리성 물은 구연산(citric acid)의 첨가에 의해 산성화시킬 수 있으나 높은 알칼리도로 인해 pH를 조정할 수 없으면 보존용액으로 사용할 수 없다.

물의 염도(total dissolved solutes, TDS)는 절화의 품질과 수명에 상당한 영향을 미친다. 염도에 대한 절화의 민감성은 종에 따라 다르며 카네이션, 장미, 국화는 200ppm 정도의 저농도에서도 수명이 감소되었고, 글라디올러스는 700ppm 이상일 때 수명이 감소하였다. 수돗물에서 발견되는 대부분의 무기물질은 일반적으로 절화에 유독하고 수분 흡수력을 감소시킨다. 그 중 몇 가지 이온들은 독성이 더 강한 것으로 나타났다. 칼슘(Ca)과 마그네슘(Mg)이 함유된 경우는 나트륨(Na)이 든 연수보다 카네이션과 장미에 더 유해하였다. 가장 유해한 이온은 불소(F)로 글라디올러스, 프리지아, 거베라는 불소에 매우 민감하여 수돗물에 일반적으로 함유된 1ppm 정도의 농도에도 장해를 받는다. 한편 금어초는 불소에 덜 민감하며 다알리아, 라일락, 그리고 일부 난류는 불소에 민감하지 않다.

절화의 수분흡수는 대부분 절단 부위에서 일어 나며 줄기의 세포벽을 통해 흡수되는 물의 양은 상대적으로 미미하다. 따라서 줄기가 담긴 물은 깊을 필요가 없다. 단 물 속에 깊이 잠겨 있는 줄기의 장점이라면 모세관 작용에 의해 꽃으로 이동해야 하는 물의 높이가 줄어든다는 것이다. 따라서 깊은 물은 조기수화시에는 효과가 있으나 장기간 담글 경우 잎 주위의 공기순환을 감소시키고 용액 내 여러 가지 물질을 분비시키기 때문에 일반적으로 좋지 않다.

6-1-4. 절화보존제 처리

꽃이 오랫동안 꽃병에 꽂혀 있을 때 물은 더러워지고 악취가 나며 꽃은 시들어버린다. 그러나 보존제를 사용하면 이를 방지할 수 있다. 절화의 품질 및 수명 연장을 위해 개발된 절화수명연장제는 처리시기와 방법 및 목적에 따라 그 구성 성분이 달라진다. 수확 직후 재배가에 의해 처리되는 것을 전처리제라 하고, 소매상이나 화훼장식가, 소비자에 의해 용기에 처리되는 것을 후처리제라 한다. 목적이나 특성에 따라 구분해 보면 물올림, 봉오리 열림제, 펄싱(pulsing), 절화보존제(折花保存劑)로 구별할 수 있다.

절화수명연장제의 구성 성분은 당분, 살균제, 산도조절제, 에틸렌 발생억제제, 습윤제 등으로 이루어진다. 사용하는 수질, 절화의 특성에 따라 효과가 달라질 수 있어 이용시 정확한 지식이 필요하다.

(1) 절화보존제(preservative solution)

절화는 보존제를 사용하는 것이 수명 연장에 효과적이며 재배자가 이미 처리한 꽃이라면 더욱 더 효과적이다. 보존제는 도매업자나 소매업자의 절화유통시, 혹은 화훼장식가나 소비자들의 절화이용시 사용되는 용액이다. 비교적 광범위한 절화에 사용할 수 있도록 만들어지나 종과 품종에 따라 반응이 다르게 나타나는 경우가 많으므로 적절한 보존용액을 선택해야 한다. 상업적으로 판매되고 있는 보존용액에는 세 가지 기본 성분, 즉 탄수화물,

살균제, 산도조절제가 필수적이다. 그 외 다른 주요 성분으로는 에틸렌 발생억제제와 같은 생장조절제와 습윤제가 있다. 여러 가지 상품들이 시판되나 그 정확한 성분은 기업의 비밀로 확실치 않으며, 간이로 제조할 수도 있다.

판매되는 절화보존제를 용해할 때 특별히 탈염수(脫鹽水)를 요구하지 않으면 수돗물을 사용할 수 있다. 그러나 수돗물은 흔히 불순물이 섞여 있어서 절화보존제가 이들과 반응하여 효율을 떨어뜨리므로 증류수나 탈염수를 사용하는 것이 좋으나 비현실적이다. 절화보존제가 사용되면 화병의 물을 매일 교환해 줄 필요가 없고 수일 동안 이 용액에 꽃을 보존할 수 있으며 용액이 혼탁해지기 시작하면 갈아준다. 금속성 양동이나 용기는 보존용액 내의 산성과 반응하여 효과를 떨어뜨리므로 피해야 한다.

상업용 보존용액 외에 가정에서는 물의 pH를 낮추는 구연산(citric acid)이나 레몬즙, 당분 공급을 위한 소다 음료, 살균을 위한 극소량의 표백제를 사용할 수 있다.

① 당분

식물의 조직은 여러 가지 주요한 기능, 특히 호흡을 위해 탄수화물을 필요로 한다. 생장과 대사활동에 필요한 탄수화물은 광합성에 의해 식물에 공급되나, 절화가 되면 광합성은 거의 중단된다. 비록 잎, 줄기, 꽃잎에 저장된 전분(澱粉, starch)과 당이 양분으로 이용된다 해도 절화는 끊임없이 에너지를 필요로 하므로 저장 양분 외에 계속 에너지 공급이 필요하다. 탄수화물은 절화된 후 계속되는 대사활동을 도와주며, 자당(蔗糖, sucrose, 설탕)이나 포도당(葡萄糖, glucose)의 형태로 꽃에 공급된다. 절화에 필요한 당의 농도는 종에 따라 다양하지만, 물에 녹아있는 당은 해로운 곰팡이나 박테리아의 생장에도 최상의 조건을 공급하며, 절단된 줄기의 유기물질에 의해서도 박테리아는 증식한다. 당의 공급과 함께 양동이와 용기는 항상 깨끗이 하고 물에는 미생물의 생장을 막기 위한 살균제를 함유해야 한다.

② 살균제

절화가 있는 용기 내에서 박테리아, 곰팡이, 효모 등의 미생물은 번식하여 도관을 막아 물과 탄수화물이 꽃으로 이동되는 것을 막거나, 에틸렌과 독성물질을 생성하여 꽃의 노화를 가중시킨다. 살균제는 미생물을 죽일 수 있는 화학물질로 줄기의 재절단 방법 외에 물에 이용하면 절화 수명연장에 효과적이다. 살균제로는 8-HQC, 8-HQS, 피산 20(physan-20), 질산은, 표백제 등이 있으며 상업적 절화보존제에 함유되어 있다. 살균제는 극소량 사용한다.

③ 산도조절제

절화는 pH 3-3.5에서 물을 가장 잘 흡수할 수 있다. 상업적 보존용액에는 물의 pH를 낮추기 위해 산도조절제를 함유한다. 가장 효과적인 산도조절제는 황산알루미늄이다.

④ 에틸렌 발생억제제

에틸렌(ethylene, C2H4)은 무색, 무취의 기체로서 식물의 노화호르몬이다. 에틸렌은 공기 중 불완전 연소의 부산물로서 발생하거나 성숙된 과일, 노화된 꽃과 같은 노쇠한 식물 조직과 식물체의 부패시 발생된다. 공기중의 에틸렌은 0.1ppm이상이면 절화에 피해를 준다. 에틸렌은 꽃봉오리와 꽃의 개화를 막고 시들게 하며 꽃잎의 탈리(脫離)를 일으킨다. 식물의 에틸렌에 대한 민감도는 다양하여 카네이션과 장미는 에틸렌에 조금만 노출되어도 금방 시들며, 금어초나 델피니움은 꽃의 탈리가 일어난다. 에틸렌에 의한 피해를 최소화하기 위해 꽃들을 가급적 가스누출, 연기, 성숙한 과일 그리고 다른 노쇠한 화훼류들로부터 멀리 떨어뜨려 보관하거나 환기를 시키거나 에틸렌 제거기를 이용한다.

절화의 취급과 작업이 이루어지는 곳의 통풍은 원활해야 하며, 에틸렌에 대한 민감도는 저온에서 감소되기 때문에 보관시 저온처리는 효과적이다. 생체내에서의 에틸렌의 생합성 과정이 밝혀진 후 에틸렌 합성을 억제하는 AOA(aminooxyacetic acid)나 작용을 억제하는 티오황산은(silver thiosulfate, STS)이 개발되어 사용되고 있으며 꽃의 종류에 따라 보존제에 포함되어 있다.

⑤ 습윤제

습윤제(濕潤劑)란 물이 줄기에 빨리 흡수되도록 도와주는 화학물질로서 종종 보존용액에 함유되기도 한다. 0.1-0.01%의 농도로 이용한다. Tween 20, Tween 80이 있다.

(2) 전처리

전처리과정은 물올림(conditioning), 펄싱(pulsing), 봉오리열림제가 포함된다. 물올림 과정에서 대부분의 꽃은 1-2시간 내에 충분한 양의 보존용액을 흡수하게 된다. 물올림은 개화를 가속시켜 아름다운 상태로 이끌게 된다. 대부분의 꽃들은 함께 물올림해도 무방하나 수선화는 수액이 다른 꽃에 해를 미치게 되므로 따로 물올림을 해준다. 일단 상온에서 충분히 물올림한 후에는 냉각절차를 거쳐야만 줄기가 단단해진다.

재배자가 처리하는 펄싱처리는 꽃에 당분과 다른 화학물질을 공급하는 수확 후 기술로서 건조상태로 장기간 선적되기 전에 에너지를 제공한다. 모든 꽃이 펄싱용액에 똑같은 효과를 보이지는 않는다. 펄싱용액의 주요 성분인 당은 2-20% 정도의 농도로 이용한다. 살균제를 첨가하여 미생물의 생장을 억제하고, STS 펄싱처리는 에틸렌작용을 감소시킨다.

봉오리 열림제는 봉오리의 미성숙단계에서 사용되는 처리로 살균제와 당을 함유한다. 고온다습의 환경에서 봉오리가 개화하게 된다. 꽃이 개화하기 시작하거나 성숙단계에 이르기까지 봉오리 열림제를 처리할 수 있으므로, 재배자, 도매, 소매 단계에서 처리할 수 있다.

6-1-5. 냉장보관

절화는 수명을 연장시키기 위하여 소비자에게 전달되기까지 냉장보관된다. 절화를 냉장보관하게 되면 호흡률을 낮추어 양분의 소모를 제한하고 꽃의 발달과 개화를 지연시킨다. 또 수분손실을 감소시켜 꽃의 신선도를 유지해 준다. 냉장온도가 낮으므로 박테리아의 생장 속도도 떨어지고 에틸렌의 발생도 감소하게 된다. 이러한 냉장저장은 절화의 수명과 품질을 향상시키는데 도움을 주지만 정확한 온도와 습도의 조화가 중요하며, 통기와 광조건도 고려해야 한다.

냉장고는 꽃이 훼손되지 않는 범위 내에서 가장 낮은 온도로 저장한다. 이상적인 저장온도는 0-2℃이며, 2-3일 이상 저장할 때의 최적 온도는 0℃이며, 2일 이하의 보관은 1-4℃로 유지한다. -1℃ 이하의 온도에서 절화는 줄기, 잎, 꽃에 얼음 결정을 형성하여 동해를 입을 수 있으며, 동해를 입었을 경우 온도가 올라가면 절화가 녹으면서 조직들이 물러지고 변색된다. 대부분의 열대, 아열대성 꽃은 10℃ 이하의 저온에 민감해서 냉해를 입기 쉬우므로 다른 온대성 꽃들과 같이 보관해서는 안 된다. 냉해를 입었을 경우 꽃잎의 흑변, 물러짐, 잎과 꽃잎의 위조 등의 증상이 생긴다. 열대와 아열대성 꽃들은 10-16℃가 최적 보관온도이다.

꽃의 수명을 연장하기 위해 저온은 반드시 적절한 습도 조건과 병행해야 한다. 저장기간 중의 습도는 절화에 매우 중요하며 저온에서 습도가 낮을 경우 꽃은 빨리 시들게 된다. 물올림을 적절히 하고 난 후 꽃은 저온 다습한 조건에서 싱싱하게 유지되는데, 증산이 적어 수분의 손실을 막게된다. 상대습도는 최소 80% 이상으로 유지해 주며, 대부분의 꽃들은 습도 90-95%에서 오래 유지된다. 습도가 너무 높거나 온도가 자주 변하면 잿빛곰팡이(*Botrytis cineria*)병의 발생을 유발할 수 있다.

통기와 광조건도 절화의 품질을 높이는데 중요하다. 통기를 해주면 꽃을 냉장보관할 때 발생할 수 있는 과도한 열이나 발생된 에틸렌을 제거하는데 도움이 된다. 차고 신선한 공기의 유통은 꽃을 차게 유지하며 건조를 막는다. 냉장고 내 약 100 lux의 광도를 유지하면 잎의 광합성에 의해 황화가 억제된다. 꽃전시실은 형광등과 백열등을 섞어 조명하거나 형광등 중에서 적색광을 많이 발생하는 것으로 조명하는 것이 꽃색을 보기 좋게 만든다.

냉장고 내 발생된 에틸렌은 주변에 있는 꽃의 급속한 노화를 초래하므로 에틸렌 생성원을 제거하고 에틸렌 생성을 최대한 줄여야 한다. 에틸렌에 대한 민감도는 저온에서 감소되기 때문에 냉장보관은 효과적이다. 시든 꽃은 즉시 제거하고 냉장고와 물통은 항상 깨끗하게 사용한다. 가능하면 냉장고 내 에틸렌 제거기를 설치한다.

6-2. 채취한 절화의 취급과 보관

정원에서 키우는 대부분의 꽃은 절화용으로 이용할 수 있다. 또한 산야의 야생화도 절화로서 가치있는 것들이 많다. 시중에서 판매되는 절화 이외의 꽃들을 이용하게 되면 독특하고 아름다운 디자인의 기회를 가질 수 있다. 그러나 절화수명이 짧은 꽃들이 많으므로 적절한 수확과 보관, 취급에 주의해야 한다.

꽃은 이른 아침이나 저녁에 수확하는 것이 좋다. 한낮이나 늦은 오후에는 낮 동안의 열에 꽃이 약해져서 덜 싱싱하며 탄수화물을 적게 함유하고 있어 절화수명이 단축될 수 있다. 적절한 성숙단계에 있는 꽃을 선택하여 날카로운 칼로 꽃을 자른다. 꽃을 너무 일찍 수확하게 되면 충분히 개화하지 않거나 개화 전에 시들 수 있으며 완전개화한 꽃은 수확 후 꽃잎이 쉽게 떨어진다. 꽃의 수확을 위한 성숙도는 꽃봉오리, 1/2 개화, 완전개화의 3단계로 나눌 수 있다. 장미, 수선화, 아이리스, 튤립같은 꽃은 봉오리 상태에서 자르며 수확 후에도 계속 개화가 이루어지므로 절화보존액을 처리하여 영양공급을 계속해 주어야 한다. 글라디올라스, 델피니움, 금어초 등과 같은 수상화서나 총상화서, 산형화서의 꽃들은 소화(小花)의 절반이 개화하고 나머지 반은 봉오리 단계인 1/2 개화단계에서 수확한다. 해바라기, 백일홍, 국화, 매리골드 등의 두상화서는 완전개화 단계에서 자르는 것이 좋다. 경험에 의하여 적절한 꽃의 수확단계를 알게 된다.

꽃을 절단한 후에는 재빨리 줄기를 보존용액에 담구어 경우에 따라 실내에서 수중재절단하고 물 속에 잠기는 하엽은 제거하여 보존용액에 2시간 이상 담구어 충분한 물올림을 한다. 수선화와 양귀비처럼 특수처리를 요하는 꽃들도 있다. 물통과 물은 깨끗해야 미생물의 급속한 증식을 막을 수 있다.

개나리, 목련, 살구나무, 복숭아나무, 조팝나무, 사과나무 등과 같은 관목과 교목의 가지들은 겨울의 저온기간을 겪은 후 1월 경에 잘라서 물에 담구어 두면 실내에서 싹을 틔우고 꽃을 피울 수 있다. 그러나 1월 1일 이전에는 휴면아가 충분한 저온처리를 받지 못해 개화유도에 실패할 수도 있다. 수중재절단하여 따뜻한 보존용액에 담구어 두면 따뜻한 온도의 공기와 물이 개화를 촉진시킨다. 가지를 늦게 자를수록 개화까지 걸리는 시간은 단축되며 며칠에서 2-8주까지 걸릴 수 있다. 개화유도기간 동안에는 2-3일마다 보존용액을 갈아주고 수중에서 줄기를 자르는 것이 중요하다.

6-3. 완성된 절화장식물의 관리

절화장식물은 사람들의 생활공간에 배치되는 경우가 일반적이므로 수명을 연장시킬 수 있는 적절한 환경조건이 아닐 경우가 많다. 또한 절화장식물은 같은 용기 속에 다양한 꽃을 같이 담구게 되므로 각 식물체에서 분비되는 물질이 서로 영향을 미쳐 수명을 단축시킬 수도 있어 절화별 특성을 알아 둘 필요가 있다. 화훼장식가는 소비자에게 꽃의 수명을 연장할 수 있는 방법을 알려 주어 소비자들이 즐거움을 배가시킬 수 있도록 도와주어야 한다. 깨끗한 용기를 이용하고 용기의 물을 매일 갈아주는 것이 좋으나 쉬운 일은 아니다. 보존용액은 갈아줄 필요가 없으므로 보존용액을 이용하도록 한다.

절화장식물은 직사광선이 비치지 않는 곳에 두는 것이 좋으며 주위가 너무 건조하면 분무해 준다. 대부분의 꽃은 따뜻한 온도에서 빨리 시들므로 서늘한 장소가 좋으며 온도변화가 심하면 꽃의 증산을 유발시켜 일찍 시들게 할 수 있다. 꽃은 에틸렌 발생원, 담배연기, 익은 과일과 채소로부터 멀리 두고, 시든 꽃은 제거한다.

6-4. 분식물의 관리

분식물은 종과 품종의 수가 많고 새로운 식물이 빈번히 도입되며 더구나 같은 종 내에서도 다양한 크기의 식물이 함께 팔리는 경우가 흔하기 때문에 품질에 대한 평가 기준을 마련하는 것이 어렵다. 일반적으로 분식물의 품질은 잎과 꽃의 색, 상해 여부, 꽃의 노화 증상 등을 포함한 전체적인 화형에 의해 평가되며, 특히 소비자에게 관엽식물은 장식 후 생육지속기간이 품질에 대한 매우 중요한 부분이므로 판매전의 적절한 관리가 매우 중요하다.

분식물은 알맞은 광선, 온도, 습도와 수분, 영양 조건 하에서 상업적으로 재배된다. 그 후 운송되어 도매상이나 소매화원, 또는 장식공간에 배치되면 급격한 환경조건의 변화로 식물의 생육상태가 달라져 관상가치가 떨어지는 경우가 많다. 잎의 황화와 낙엽, 줄기의 지나친 신장, 낙화 및 개화 지연 등이 생기기 때문이다. 이러한 문제를 해결하기 위하여 생산자는 판매 이전에 적절한 순화과정을 거쳐야 하며, 화훼장식가는 이러한 내용을 충분히 인식하여 적절한 운송조건과 도매상과 소매상에서의 관리방법, 그리고 장식공간에서의 이용자의 관리에 대한 책임을 져야 한다.

6-4-1. 운송

분식물은 생산지에서 도매상이나 소매화원으로, 또는 이용공간으로 트럭이나 소형차를 이용해 운송한다. 운송 조건은 이용공간에서의 품질에 매우 중요한 영향을 미친다. 겨울의 저온, 여름에는 유리를 통해 들어오는 직사광선으로 인한 열, 특히 밀폐시키지 않은 상태의 운송시 바람에 의한 심한 증산과 취급시의 물리적인 상해는 장식공간에서 큰 문제점으로 나타나고 있다. 국내에서는 대부분 단기 운송이므로 광선 부족의 문제는 일어나지 않는 편이다. 외국에서는 적절하지 못한 장기운송으로 꽃봉오리, 꽃 또는 잎이 떨어지고 줄기의 지나친 신장이나 잎과 꽃의 탈색, 회색곰팡이의 감염 및 냉해 등이 유발되어 품질을 떨어뜨린다.

관엽식물은 소비자의 기호에 따라 여러 단계의 발육 시기에 판매될 수 있지만 꽃피는 분식물은 늦어도 봉오리가 1/3-1/2 열개되기 이전에 선적되어야 한다. 발육이 더 진전된 꽃일수록 운송 도중에 물리적 장해를 더 많이 받으며, 또한 에틸렌에 더욱 감수성이고 노화가 더욱 빠르게 나타난다. 구근식물은 봉오리가 색을 나타내기 시작할 때 선적되어야 한다. 일부 분식물, 즉 관엽식물은 어둠에서 30일까지 매우 오랫동안 운송에 견딜 수 있지만 기타 식물은 이러한 조건 하에서 불과 수일만에 품질을 상실한다. 회색곰팡이에 감수성인 식물체는 알맞은 살균제를 분무해야 하며, 특히 에틸렌에 감수성인 식물은 운송 준비시 STS용액을 분무하면 운송 도중 봉오리, 꽃 및 잎이 떨어지는 것을 방지한다.

포장은 물리적 장해, 수분 손실 및 온도 변화에 견딜 수 있어야 한다. 식물체가 작으면 종이나 플라스틱, 혹은 섬유, 호일로 된 슬리브(sleeve)로 포장한 다음 상자나 분에 꼭 맞게 특별히 플라스틱이나 폴리스티렌(polystyrene)으로 주형된 틀에 넣는다. 다음에 운반용 특수 트롤리(trolley)의 선반에 올려 온도조절이 되는 트럭에 실린다.

운송에 알맞은 온도는 식물체의 종에 따라 다르나 대부분의 순화된 관엽식물에 대하여 16-19℃의 온도, 혹은 저온에 강한 관엽식물은 약 13℃의 저온에 선적될 수 있다. 꽃피는 분식물의 운송에 알맞은 온도에 관한 몇 가지 실험성적이 있다. 튤립, 백합, 나팔수선 혹은 크로커스와 같은 구근류는 약 4-5℃의 온도에서 운송될 수 있다. 여름에 높은 광도와 높은 온도에서 재배된 식물체는 겨울에 재배되었을 때보다 약간 높은 온도에서 운송되어야 한다. 알맞은 온도의 선택은 운송기간의 길이에 따라서도 좌우되나 국내에서는 하루 이상 걸리는 경우가 없다.

운송되는 동안 수분공급이 되지 않았을 경우 습도가 낮아져 잎이 마를 수 있으므로 선적 전 물을 충분히 공급해 주며 상대습도는 80-90%로 유지해야 한다. 운송시 암흑상태가 오래 지속되면 새 잎이 황변하고 잎과 꽃이 떨어지며 싹이 지나치게 신장한다. 식물에 따라 품질에 영향을 미치는 암흑기간에는 차이가 있다. 운송 중 관엽식물이 병이나 해충으로 감염되지 않으면 에틸렌의 발생은 많지 않아 큰 영향을 미치지 않는다. 꽃피는 분식물은 관엽식물보다 에틸렌에 감수성이 높은 편이며 꽃봉오리와 어린 꽃은 과숙한 꽃보다 에틸렌 발생량이 작으므로 식물체의 운송은 꽃의 발육이 미숙한 상태에 있을 때가 좋다.

6-4-2. 소매화원에서의 취급방법

(1) 온도

사람들이 많이 이용하는 분식물의 대부분은 열대와 아열대 원산인 관엽식물로서 화원에서 16-21℃의 온도를 유지해야 한다. 16℃ 이하의 온도에서는 이들 대부분이 성장을 정지하고 8℃ 이하에서는 저온에 약한 식물은 장해를 받을 수 있다. 그러나 튤립, 히야신스, 크로커스, 무스카리, 나팔수선과 같은 구근식물은 5-12℃의 상당히 낮은 온도가 알맞으며 그 외 국화, 시클라멘, 칼세올라리아, 시네라리아 및 장미 등의 분식물도 비교적 낮은 온도에 견딜 수 있다. 높은 온도에서는 꽃봉오리가 빨리 발육하고 노화가 촉진되어 장식적 가치를 잃게 된다. 전시실 내에 항상 온도계를 식물체 수준에 설치해 두어야 한다.

(2) 습도

분식물의 대부분은 50-60%의 습도에서 유지될 수 있다. 높은 습도를 요구하는 식물은 겨울에 분무를 하거나 물을 뿌려 주어야 한다. 일정 면적에서 공기습도는 식물의 수에 비례해서 올라간다. 저장실이나 전시실의 습도가 30% 이하이면 가습장치를 해야 한다.

(3) 광선

분식물의 광선 요구도는 종에 따라 다르므로 화원의 조건을 구비된 식물에 맞추어 주어야 한다. 어떤 분식물은 암흑 상태로 장기간 운송 후 6,000-12,000 lux의 높은 광도로 조명할 경우 운송 기간에 받은 나쁜 영향을 쉽게 회복한다. 화원의 전시실 조명은 2,000-3,000 lux로 매일 12-14시간 정도 유지해 준다. 이러한 조건 하에서는 꽃피는 분식물도 상품가치를 잃지 않고 약 1주일간 유지될 수 있다. 조명이 불충분한 조건에서 장기간 저장하면 식물체의 품질이 떨어지며 특히 관엽식물보다 꽃피는 분식물에서 빠르게 품질이 떨어진다. 꽃피는 분식물도 절화와 같이 적색과 청색광을 혼합하여 조명할 때 가장 좋은 효과를 보인다. 형광등과 백열등을 혼합하거나 적색광을 많이 내는 형광등을 사용할 수 있다.

(4) 관수

운송된 분식물이 도착되면 식물의 밑둥치 부분이 튀어 올랐는지 확인해야 한다. 이런 것은 뿌리가 너무 빽빽하여 식물체를 쉽게 마르게 하므로 더 큰 용기에 옮겨 심거나 구매자에게 그 식물이 분갈이가 필요하다고 일러주어야 한다. 이런 일은 특히 고객의 가정이나 사무실에서 오랫동안 장식용으로 사용될 관엽식물에서 중요하다.
　운송된 식물은 토양을 살펴본 후 필요시 관수한다. 분토가 지나치게 마르면 염도가 증가하여 식물체에 해를 주며 잎 주변의 황변(黃變), 어린 잎의 괴저(壞疽), 오래된 잎의 황화(黃化)나 낙엽을 유발한다. 지나친 관수 또한 식물체에 해로우므로 분의 배수가 잘 이루어지도록 한다. 판매하기 전에 식물체를 포장 혹은 장식한 대로 두면 관수하기 어려우므로 주의한다.
　분식물의 관수에 사용하는 물은 가능하면 실내온도로 유지된 것이어야 한다. 수온이 너무 낮으면 잎에 백색 반점과 같은 상해를 유발할 수 있다. 찬물에 특히 감수성인 식물은 아글라오네마, 디펜바키아, 피토니아, 글록시니아, 필로덴드론, 아프리칸 바이올렛, 산세베리아, 신답서스, 싱고니움 등이다.

(5) 시비
　분식물은 화원에서는 시비(施肥)하지 않는 것이 좋다. 오히려 분토의 지나친 염분을 피하기 위하여 늦게 분해하는 비료 덩어리를 화분에서 제거해 주는 것이 좋다. 생산온실에서 식물체에 준 비료는 구매자의 가정에서 2-3개월 동안 자라는 데 충분하다. 화훼장식가는 시비에 대한 충분한 설명을 해 주도록 한다.

(6) 에틸렌
　관엽식물은 에틸렌에 비교적 감수성이 적으므로 소매화원에서는 이에 대하여 크게 고려하지 않아도 된다. 그러나 꽃피는 분식물은 에틸렌에 의해 노화와 꽃봉오리, 꽃 및 꽃잎의 탈락이 촉진되므로 꽃피는 분식물체와 감수성인 식물체는 운송 즉시 포장을 풀고 호일을 벗겨 에틸렌에 감염되지 않도록 환기가 잘 되는 방에 두어야 한다. 소매화원에서 에틸렌의 피해를 막기 위해 STS 용액을 살포할 수 있지만 만약 재배자가 식물체에 이 용액을 살포하였다면 재처리해서는 안 된다.

6-4-3. 가정에서의 관리방법
　분식물은 여러 가지 용도와 목적으로 실내외 공간에 배치된다. 이럴 경우 식물의 생리적 특성에 맞는 환경조건이 제공될 수도 있고 그렇지 않을 수도 있다. 일시적이나 지속적, 영구적 이용 목적에 따라 화훼장식가는 소비자나 이용자에게 충분한 관리방법을 이해시켜야 한다. 광선, 온도, 관수가 가장 중요한 관리 조건이며, 일시적인 이용일 경우에는 대부분 꽃피는 식물을 이용하게 되며 지속적이거나 반영구적인 이용일 경우에는 실내공간에서는 계속 자라는 관엽식물이 적합하다. 분식물은 자라서 마침내 모양이 나빠지고 수명이 다해 죽게 되므로 식물체를 이용한 장식은 계속 변화한다(14장 실내용 분식물 장식 참고).

7. 화훼장식을 위한 작업시설과 기기

화훼장식을 위한 적절한 작업시설과 기기, 도구의 준비는 작업과정을 매우 효율적으로 진행할 수 있도록 한다. 절화장식일 경우에는 절화를 보관하는 장소와 냉장고, 씽크대가 설치되어 있는 작업대, 다양한 용도의 기기(器機)와 도구가 필요하며, 분식물장식에도 식물을 구입해 보관할 수 있는 장소나 온실, 토양 준비에서부터 옮겨 심는 작업시 필요한 작업대와 다양한 기기, 도구, 특히 지속적인 관리를 위한 기구가 필요하다.

7-1. 절화장식을 위한 작업시설과 기기

7-1-1. 작업실 시설

작업실에는 절화를 담을 수 있는 충분한 크기의 물통, 편리하게 일을 할 수 있는 작업대(그림 7-1, 2)와 쓰레기통, 여러 가지 물품을 보관할 수 있는 선반, 여름에 절화를 보관할 수 있는 냉장고가 필요하다(그림 7-3). 작업실은 온도조절을 위한 에어콘이나 난방시설이 되어 있어야 하며, 작업대에는 물을 사용할 수 있는 씽크대가 부착되어 있고, 냉장고 내에 에칠렌가스 제거기가 설치되어 있으면 절화수명연장에 효과적이다. 또한 열풍건조기, 냉동건조기 등이 갖추어져 있으면 생화를 건조시켜 장식에 이용할 수 있으며(그림 7-4), 소형 정유(精油)추출기(그림 7-5)가 구비되어 있으면 포푸리 제작에 필요한 정유를 직접 만들어낼 수 있을 뿐만 아니라 화원의 이미지 개선과 홍보에 효과적이다.

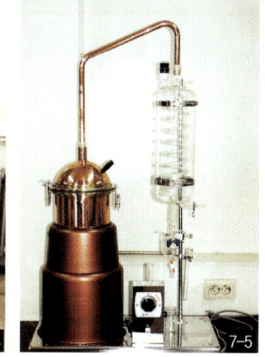

그림 7-1. 작업대, 《Profil floral, Shop & Deco, 1998, p64.》
그림 7-2. 작업대, 《Profil floral, Shop & Deco, 1998, p65.》
그림 7-3. 전시용 절화냉장고.
그림 7-4. 화원용 소형 꽃냉동건조기.
그림 7-5. 화원용 소형 정유추출기.

7-1-2. 기기

작업대에 일을 신속하게 처리할 수 있는 기기(器機)들이 준비되어 있으면 매우 편리하다. 자동잎제거기(그림 7-6), 자동가시제거기, 물속줄기절단기(그림 7-7), 자동물통세척기, 포장기기, 줄기결속기, 리스(wreath) 제작기(그림 7-8), 스티로폼 절단기, 픽킹 머쉬인(picking machine)(그림 7-9), 풍선 꽃삽입기 등의 기기들이 있으며, 국내에서도 화훼장식에 관련된 좋은 기기들이 많이 생산되고 있다.

그림 7-6. 자동잎제거기.

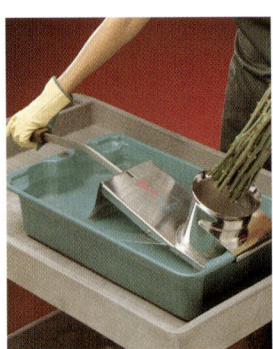
그림 7-7. 물속줄기절단기.

그림 7-8. 리스(wreath) 제작기.

그림 7-9. 픽킹 머쉬인. (미국 Rhyne 제품)

7-1-3. 도구

절화장식 작업시 적절한 도구(道具)를 이용하면 디자인 작업을 보다 쉽고, 효율적으로 진행할 수 있다. 품질이 좋은 도구를 구입하여 기능에 맞게 이용하는 것이 중요하다. 작업의 편리성을 도모하고 오랜 기간 사용하려면 도구들을 항상 날카롭고 깨끗하게 유지해야 한다(그림 7-10).

(1) 칼

모든 절화는 장식시 적절하게 잘라야 하므로 칼(knives)은 가장 중요한 도구라 할 수 있다. 절화의 줄기 절단시 칼을 이용하면 절단면이 깨끗하게 잘려져 세포의 파괴가 줄기 때문에 부패 속도를 늦출 수 있다. 국내에서는 나뭇가지를 주 소재로 이용하는 한국식 꽃꽂이로 인하여 가위를 많이 이용하는 편이다. 습관이 들면 칼이 빠르고 편리하며 항상 지닐 수 있고 절화수명 연장에 기여한다.

작업에 이용할 수 있는 칼의 종류는 다양하다. 주머

그림 7-10. 각종 화훼장식용 도구 (1. 가위, 2. 스닙(snip), 3. 전정가위, 4. 정원용 가위, 5. 플라이어(plier), 6. 칼갈이, 7. 칼).

니칼이 일반적인 형태이며 칼날이 날카롭고 사용하지 않을 때에는 접을 수 있어 편리하다. 대부분의 다른 칼들은 부엌용 칼과 비슷하다. 칼의 형태는 개인에 따라 다를 수 있으므로, 손에 가장 편안하게 맞는 것을 선택한다. 칼을 처음 사용하면 서투르고 어색하겠지만 연습을 통해 익숙해지면 다른 방식으로 자르는 것이 어색해 보일 것이다.

(2) 가위

가위는 그 용도에 따라 꽃가위, 리본가위, 철사가위, 핑킹가위 등이 있다. 다양한 형태의 꽃가위(clipper or shear)는 줄기가 굵은 절화나 절엽 또는 절지를 자르고 다듬는데 이용된다. 리본가위(scissors)는 길고 가느다란 칼날을 가지고 있어 리본이나 섬세한 망과 직물을 자르는 경우에 이용한다. 날카롭고 품질이 좋은 가위여야 한다. 여러 모양의 철사가위(wire cutters)는 스프링이 달려있는 손잡이와 짧은 칼날을 가지고 있어 절화용 철사(floral wire)나 철사가 들어 있는 조화(造花)의 줄기, 또는 플라스틱을 자르는데 사용한다.

(3) 잎제거기와 가시제거기

여러 종류의 수동 잎제거기 또는 가시제거기(strippers)가 있다. 이것은 종종 장미가시제거기로 불리우며 잎이나 가시를 제거하는데 이용한다. 줄기에 상처를 내지 않는 것이 중요하다.

(4) 글루건과 글루포트

글루건(glue gun)은 전기를 이용하여 글루스틱(glue stick)을 녹여 접착제로 이용하는 기구이다. 글루건 뒤쪽에 글루스틱을 꽂아 손잡이를 당기면 녹은 글루(glue)가 나와 필요한 부위에 바르면 식으면서 굳어져 물체를 접착시킨다. 글루건은 자유자재로 이용 가능하지만, 낮은 온도에서는 쉽게 굳어 빠르게 이용해야 한다.

글루포트(glue pot)는 전기후라이팬과 같은 기구에 글루스틱을 녹여서 이용하기 때문에 여러 사람이 한꺼번에 이용할 수 있다. 글루포트는 온도를 내리면 글루가 굳게 되므로 다음 쓸 때까지 보관할 수 있으며, 몇 분이면 다시 녹여 쓸 수 있다. 조화나 건조소재의 접착시 이용한다.

7-1-4. 기타

위의 기기나 도구 외에도 물조리, 분무기, 수분주입기와 스태플러(stapler), 부케 스탠드 등이 필요하다. 또한 작업실에는 이러한 기기나 소도구와 함께 항상 이용되는 기본 고정재료로서 철사, 철망, 방수테이프, 플로랄 테이프(floral tape), 고무줄, 고정핀, 접착용 점토, 접착제, 왁스 발린 실, 꽂이(picks), 알미늄 호일, 비닐, 생화염색스프레이, 절화수명연장제 등이 준비되어 있어야 한다.

(1) 철사

철사는 화훼장식 작업에 매우 다양하게 이용되는데 직선, 실과 같이 긴 철사, 플로랄 테이프가 감긴 철사 등이 있다. 직선형은 40cm와 70cm 길이가 가장 대표적이다. 철사는 지름에 따라 번호가 매겨진다. 가장 낮은 수가 가장 굵은 철사를 말하며, 수가 증가할수록 철사는 가늘어지는데 대개 플로랄 철사는 #16에서 #30까지이다. 철사는 무거운 꽃이나 약한 줄기를 지탱하는데 이용되며, 재료들을 묶을 때 이용한다. 최근에는 다양한 색상의 장식용 철사가 많이 이용된다.

(2) 접착용 점토

접착용 점토(clay)는 용기에 오아시스의 고정핀을 접착시키는데 이용된다. 고정을 잘 하기 위해 접착면은 깨끗하고 건조해야 한다. 접착용 점토는 수분내성이 있어서 물 속에 있는 소재에도 이용할 수 있다.

(3) 플로랄테이프, 고정테이프, 양면테이프

플로랄 테이프(floral tape)는 접착용 테이프는 아니지만, 쭉 펴서 감아주면 잘 들러붙도록 다양한 색상의 종이에 접착제 성분이 들어있다. 철사를 감싸거나 소재를 묶고, 코사지나 부토니어, 신부 꽃다발을 만들 때 이용한다. 고정테이프는 방수테이프로 불리우며 투명, 녹색, 흰색이 있으며 0.6㎝ 폭이 많이 이용된다. 용기에 플로랄 폼을 고정하거나 줄기 고정용 격자를 만들 때도 이용된다. 양면테이프는 양면 모두 점성이 있으며, 수분과 온도에 강하여 용기 내 오아시스를 고정하기 위한 고정핀을 지탱하는 용도 등 다양하게 이용된다.

(4) 핀, 꽂이

핀(pins)이나 꽂이(picks)는 절화장식의 구성에 많이 이용되고 있다. U자형의 핀은 플로랄 폼에 이끼나 다른 소재를 고정시킬 때 이용된다. 코사지 핀은 꽃을 의복에 고정할 때 이용되며 크기와 머리 모양이 다양하다. 나무꽂이(wood picks)는 길이가 다양한데, 한쪽은 끝이 뾰족하고, 반대편에는 유연8(hyacinth stake)는 줄기나 장식물의 길이 연장에 이용된다. 픽킹 머쉬인(picking machine)의 손잡이를 당기면 금속으로 된 꽂이가 건조화의 줄기에 부착되어 드라이 폼(dry foam)에 손쉽게 꽂을 수 있다(그림 7-9).

(5) 워터 튜버와 깔때기

워터 튜버(water tubes)는 중앙에 구멍이 뚫린 고무나 플라스틱 마개가 있어 물을 채운 후 그 구멍 속으로 줄기를 꽂게 된다. 튜버는 길이가 긴 막대가 달려 있는 것도 있으며, 절화의 줄기가 짧아 플로랄 폼에 바로 꽂을 수 없거나, 플로랄 폼에 꽂지 않는 디자인을 할 경우에 이용하며, 절화를 꽃다발로 포장하거나 박스에 넣어 운반시 쉽게 시들지 않게 하기 위하여 난과 같이 귀한 꽃에 많이 이용한다.

깔때기는 화경이 짧거나 약해 플로랄 폼에 바로 꽂을 수 없는 꽃에 이용한다. 깔때기는 나무막대와 연결이 되어 있어 나무막대의 길이에 따라 다양하게 연출할 수 있다.

(6) 다양한 용도의 스프레이(sprays)

생화착색용, 증산억제용, 광택용, 생화코팅용, 방향용, 건조화착색용 등의 스프레이가 있다. 증산억제용 스프레이는 증산으로 인한 수분증발을 막는 것으로, 특히 코사지와 신부용 꽃다발의 꽃과 잎의 수분손실을 최소화할 수 있다. 광택용의 스프레이를 이용하면 꽃의 수명을 연장시켜 주거나 광택을 증가시킬 수 있다.

생화코팅용 스프레이는 생화에 이용되는데, 꽃 뒷면을 코팅하여 꽃잎이 흩어지지 않게 해준다. 특히 대국에 효과적이며, 건조소재나 조화 소재에도 사용할 수 있다. 그 외에 반짝이거나 무지개빛을 띠게 해 주는 다양한 스프레이가 있다.

7-2. 분식물장식을 위한 작업시설과 기기

분식물장식은 기본적으로 생산지나 도매상에서 구입한 분식물을 생산용 분이 있는 상태로 다른 분에 넣어 이용하거나, 생산용 분을 제거하고 새로운 용기에 옮겨 심는다. 그러므로 구입된 식물을 보관하거나 식물을 옮겨 심은 후 생육이 안정될 때까지 보관할 수 있는 적절한 환경을 가진 온실이나 보관실, 혹은 작업실이 필요하다. 작업실 혹은 보관실의 환경은 장식 후 수명에 큰 영향을 미치므로 식물의 특성에 따라 적절한 광도와 온도, 습도를 유지해 주는 것이 가장 중요하다. 작업실에 온실이 딸려있으면 가장 좋다.

작업실에는 씽크대가 부착된 작업대, 구근의 저온처리를 위한 냉장고, 물품보관 선반 등이 갖추어져 있어야 하며, 토양 보관상자, 토양혼합기, 토양소독기, 물조리나 살수기와 연결된 호스 등과 같은 관수자재, 액비혼입기, 가습기, 조명기구, 칼, 톱, 가위, 삽, 시비시 양을 측정할 수 있는 메스실린더, 분무기, 약제살포기, 토양산도측정기, 토양수분감지기, 토양염분측정기, 온습도계, 조도계 등이 필요하다.

7-2-1. 기기

(1) 토양혼합기

외국에는 다양한 분식물의 특성에 맞는 배양토가 시판되고 있다. 국내에서는 이러한 배양토가 거의 상품화되어 있지 않기 때문에 화훼장식가는 여러 가지 토양재료를 식물의 특성에 맞추어 혼합해서 이용해야 하며, 많은 용량의 토양 혼합시 토양혼합기는 매우 편리한 기기이다. 토양재료를 넣어 수동으로 돌려 섞거나 전기를 이용하는 자동 혼합기가 있다(그림 7-11).

(2) 토양소독기

경제적인 문제로 소독되어 깨끗하게 생산되는 토양재료를 구입하지 못해 다양한 대체 재료들을 직접 이용해야 되는 경우가 많다. 이럴 경우 적절한 토양소독 과정이 중요하며 생산자들이 이용하는 것보다 소량의 토양을 소독할 수 있는 토양소독기가 필요하다.

그림 7-11. 토양혼합기.

(3) 액비혼입기

분식물과 실내정원의 시비에 있어서 양이 적을 때는 물조리나 물통에 비료를 혼합하여 줄 수 있지만, 대량으로 시비할 경우 수도꼭지에 연결된 액비혼입기는 농축된 비료와 수돗물이 혼합되어 시비되도록 하는 매우 편리한 기구이다(그림 7-12).

그림 7-12. 액비혼입기. 〈일본 Alpatio 제품〉

(4) 토양수분감지기

분식물의 토양수분 상태를 알기 쉽게 표시해 주는 토양수분감지기는 식물 관리 요령을 잘 모르는 이용자들이 관수시기를 쉽게 알 수 있게 해 주는 기기이다(그림 7-13).

(5) 관수용 물통차

호스를 이용할 수 없는 넓은 공간의 관수시 이용되는 살수기와 물통이 구비되어 있는 수레이다. 외국에서는 많이 이용되고 있으며 규격이 다양하다(그림 7-14).

그림 7-13. 토양수분감지기.

(6) 토양산도측정기

토양산도가 적절하지 않을 경우 공급된 비료의 흡수가 원활하지 않아 식물의 생육이 나빠질 경우가 있다. 토양산도측정기로 토양산도를 측정하여 산도를 적절하게 유지해 줄 수 있도록 한다.

(7) 조도계

조도계(lux meter)를 이용하여 식물이 배치될 적절한 광조건을 가진 장소를 찾을 수 있도록 한다.

그림 7-14. 관수용 물통차. 〈미국 Aquamatic 제품〉

7-2-2. 도구
삽, 물조리, 칼, 꽃가위, 전정가위 철사가위, 톱 등의 다양한 도구들이 필요하다.

7-2-3. 기타
분식물장식에는 절화장식만큼 섬세하고 작은 재료들이 필요하지는 않지만 기본적으로 철사, 철망, 실, 왁스 발린 실 등의 다양한 고정 재료들이 필요하다.

3부 화훼장식 디자인

디자인한다(design)는 말은 어떤 기획안(企劃案)을 매우 기술적으로 계획하고 수행하는 행위이다. 또한 디자인(design)이란 디자인 행위로 나온 결과물로서 구성(構成, composition)이라 표현되기도 한다. 화훼장식 디자인은 어떤 공간의 화훼장식 계획안이 설정되었을 때 이를 체계적으로 분석, 종합하여 그 공간에 적합한 화훼장식물을 제작하거나 아름답고 기능적인 화훼장식 공간을 연출하는 과정이다. 3부에서는 좋은 화훼장식 디자인을 위한 디자인 과정과 디자인 요소와 원리에 대하여 살펴보자.

8. 화훼장식 디자인 과정

절화나 분식물을 소재로 장식물을 제작하거나, 또한 화훼장식물을 주 소재로 원하는 공간을 연출할 경우, 단순하게 소재를 배열하거나 화훼장식물을 배치하는 것만으로는 아름답고 기능적인 장식물이나 공간을 연출할 수 없다. 특히 화훼장식물을 이용한 공간연출은 복잡한 공간문제를 해결할 수 있는 전개 순서인 체계적이고 합리적인 디자인 과정을 거쳐야 의뢰인(client)이나 사용자 또는 디자이너(designer) 모두 만족스러운 결과를 얻을 수 있다. 이것은 화훼장식이란 단순한 장식 이상이 되어야 한다는 것으로, 만약 의뢰인이나 디자이너가 단순한 장식으로 물체를 더해 준다면 시간을 낭비하는 것 밖에는 되지 않는다. 디자이너가 아닌 사람에 의해 이루어진 계획은 꽃이나 식물, 그리고 기타 소재들의 단순한 집합인 경우가 많으며, 디자인 과정을 거쳐 꽃과 식물, 식물 외 장식소재를 공간과 통합된 계획으로 개발한 것에 비해 아름답지 못하며 비실용적인 경우가 많다.

디자인 과정(design process)은 기획(企劃, planning), 조사분석(調査分析), 구상(構想), 계획(計劃), 시공(施工), 관리(管理)의 과정으로 이루어지는 의뢰인 또는 사용자와 디자이너간의 협력관계로서 디자이너가 계획안을 계획하고 개발하는데 이용되는 논리적이고 체계적인 접근방법이며, 특정한 디자인의 문제점을 기능적이고 미적으로 해결하는 길을 의뢰인이 이해하도록 하는 디자이너의 안내과정이다. 디자인 과정은 장식의 용도와 주제, 환경조건은 물론 디자이너의 경험과 감각에 의해 다양하게 이끌어진다.

디자인 과정은 원하는 디자인의 특성에 따라 다양하게 적용될 수 있으며 여러 가지 방법으로 조직화된다. 절화장식과 분식물장식으로 이루어지는 화훼장식 디자인은 그 제작방법, 이용 목적, 공간 내의 배치, 규모 등에 따라 디자인 과정을 다르게 적용할 수 있다. 화훼장식 디자인은 다른 조형물과는 달리 식물을 주 소재로 이루어지는 만큼 관리에 관련된 부분이 디자인 과정에 상당한 영향을 미치게 되며 규모가 커질수록 복잡해지므로 세심한 준비과정이 필요하다. 이 장에서는 실내 공간에서 비교적 소규모로 이루어지는 절화장식물을 위한 디자인 과정과, 분식물을 이용한 다양한 규모의 실내공간 장식, 또는 실내정원 조성에 대한 디자인과정을 살펴보자.

8-1. 절화장식을 위한 디자인 과정

 절화를 주 소재로 이용하는 장식물의 제작이나 절화장식물을 이용한 연회장 연출, 결혼식장 연출 등과 같은 실내공간의 연출은 비교적 규모가 작은 편이며 일시적인 이용을 위한 것으로 분식물장식의 디자인과정에 비해 단순한 편이다.

8-1-1. 주제의 결정

 절화장식 디자인 과정의 첫 번째 단계는 장식의 의뢰인 또는 사용자와의 토의를 통하여 장식물이나 장식공간의 용도나 목적을 파악하고 주제를 결정하는 것이다. 생활공간 장식용, 축하용, 행사용, 디스플레이용, 전시회용 등의 용도와 어떤 메시지를 전달할 수 있는 주제의 결정과 함께, 의뢰인이 원하는 양식과 예산 또한 구체적으로 거론되며 그에 따른 공간 특성에 대한 조사분석 단계로 들어가게 된다. 의뢰인과의 대화시 포트폴리오(portfolio)를 이용하면 여러 가지 결정이 쉽게 이루어진다.

8-1-2. 공간의 특성 조사분석

 의뢰인과의 토의에서 장식의 주제가 결정되면 장식이 이루어질 공간의 특성과 이용자의 특성, 시각구조상의 특성 등에 대한 조사와 분석이 이루어져야 한다. 공간의 원래 용도, 크기, 환경조건(광도, 온도), 가구, 조명 등과 필요한 장식물의 규모·유형·수량·색상 그리고 이용자의 특성, 시각구조상의 특성을 고려한 장식물이 배치될 위치 등을 조사하여 디자인의 문제점과 이점(利點)을 파악한다.

 결혼식 장식의 예를 들어보면 결혼식장의 크기, 바닥·벽·천정 등의 색과 재질, 하객의 수, 조명 등이 파악되어야 할 필수적인 사항이며, 신부를 위한 몸장식은 신부의 체형과 드레스의 양식이 조사되어야 한다. 조사된 내용들은 문제점과 이점으로 분석되어 예산, 공사일정 등을 고려하여 다음 단계로 디자인에 대한 구체적인 구상을 하게 된다.

8-1-3. 구체적인 구상과 스케치

 수집된 자료의 분석 결과, 목적에 맞는 구체적인 장식계획, 즉 전체 디자인 공간의 규모·유형·배색, 소재의 종류, 또는 배치되는 장식물의 크기·수량·형태·색상·질감 등을 구상(構想)하게 된다. 장식의 구체적인 구상 단계에서는 주제나 메시지를 전달하기 위한 디자인에 어떤 문제점이 있다면 적절한 해결점을 찾는 것이 중요하다. 예를 들면 할로윈을 위한 디자인은 뚜렷한 주제가 있으며 그 주제에 맞추어 색과 꽃, 그리고 부소재를 결정한다. 출산을 축하하기 위한 꽃다발도 독특한 주제를 가지게 되며 그 주제에 맞추어 디자인이 구상된다. 디자인 경연대회에서의 테이블장식도 주어진 주제에 따라 시청자들에게 어떤 메시지를 전달하기 위한 구상이 이루어진다.

 디자이너는 좋은 구상을 위해 끊임없는 노력이 필요하다. 장식에 대한 경험이 풍부하더라도 다른 디자이너의 작업이나 장식물을 잘 관찰하면 새로운 디자인 아이디어를 얻거나 디자인 문제점에 대한 해결책을 찾는데 도움이 된다. 역사적으로 다른 시기와, 다른 나라의 화훼장식물을 연구하거나, 관련서적을 참고하게 되면 많은 시각적인 정보를 얻을 수 있다. 화원 방문, 데몬스트레이션 쇼(demonstration show)와 전시회 참석에서도 어떤 영감(靈感)을 받을 수 있다. 디자인을 관찰하면서 디자인에 가까이 다가갈 때는 무엇이 자신의 주의를 끌었는지 또, 그 디자인은 감동을 주기 위해 어떤 기술과 시각적인 디자인 요소를 이용하였는지 자신이 본 것을 잘 분석해 보도록 한다. 마음에 들지 않는 디자인을 보았을 때도 멈추어서 무엇이 문제인지 분석해 본다. 자신이 보는 모든 장식물이나 장식공간을 자세히 관찰함으로써 디자인에 대한 안목은 높아지며 자신감이 증가하게 된다.

장식물이나 장식공간에 대한 디자인 아이디어가 떠오르면 형태와 재료, 색상, 배치를 적어놓거나 스케치한다. 때때로 다른 사람들과 토의하면 주제의 전달과 시청자와 적극적으로 의사소통을 할 수 있는 적절한 아이디어를 선택할 수 있다. 예를 들어 절화장식물 제작에 대한 구상에서 가장 먼저 고려할 사항은 일방형(一方形)인지 사방형(四方形)인지, 일방형일 경우 대칭형으로 할 것인지, 비대칭형으로 할 것인지이며, 다음으론 자연적인 구성인지, 추상적인 구성인지이며, 세 번째로는 식물의 선과 윤곽을 뚜렷하게 나타낼 것인지, 아닌지 하는 것이다. 결정된 장식물의 구체적인 아이디어는 지면에 스케치한다.

8-1-4. 도면 및 서류 작성

소형 장식물일 경우에는 가벼운 스케치로도 의뢰인과 의사소통이 가능하나 규모가 큰 공간의 연출일 경우에는 여러 가지 장식물의 배치를 나타내는 평면도(平面圖)와 높이를 볼 수 있는 입면도(立面圖)와 전체 모습을 볼 수 있는 투시도(透視圖) 등의 도면을 작성한다. 구체적인 디자인 제시를 위한 다양한 도면과 실물도 필요하다. 예산에 맞는 사용될 소재에 대한 견적내역서(見積內譯書)를 작성한다. 내역서에는 장식물별로 소재의 종류와 수량, 규격, 색상 등 필요한 내용을 표기한다.

8-1-5. 연습

절화장식은 매우 섬세한 작업이 필요하므로 구상한 내용을 정확하게 제작해 내기 위해선 제작기술의 연습이 필요하다. 경험이 많은 디자이너인 경우에도 예상 외의 결과가 생길 수 있으므로 충분하게 연습하는 것은 중요하다. 실제 제작과정에서 얻은 경험은 디자인 문제점에 대한 해결 능력을 키워주게 된다.

8-1-6. 소재의 구입과 준비

작성된 견적 내역서의 소재를 구입한다. 장식물별 내역서의 소재는 모두 합산하여 구입이 정확하게 되도록 한다. 구입된 소재는 최상의 상태로 신선도를 유지하도록 한다. 절화는 물올림과정과 절화보존제 처리를 하고, 건조소재나 조화는 매만져 자연스러운 형태로 복구하여 작업을 준비한다. 깨끗이 정돈된 작업대에 작업에 필요한 모든 도구들과 재료들을 바른 위치에 놓아 작업이 용이하도록 한다.

3부 화훼장식 디자인

그림 8-1. 백화점에 배치할 건조소재를 이용한 토피아리 제작. 〈배혜욱〉
그림 8-2. 정원의 결혼식 장식. 〈천안연암대학 화훼장식과〉
그림 8-3. 완성된 크리스마스 트리. 〈디자인 알레〉

8-1-7. 장식물의 제작과 포장, 운반 및 설치

디자인 도면대로 장식물을 제작한다. 소형 장식물은 작업실에서 제작하여 그대로 판매하거나 배치될 공간으로 운반 혹은 배달한다. 운송시에 손상을 입지 않도록 적합한 포장재와 포장법을 적용하여 정성들여 제작한 장식물이 원형 그대로 유지될 수 있도록 한다. 장식물의 규모가 커서 운반이나 설치에 어려움이 예상되는 경우에는 장식하게 될 장소로 이동하여 작업한다. 장식물이 완성되면 사진을 촬영하여 여러 가지 사항을 함께 기록하여 포트폴리오(portfolio)로 정리하는 것을 잊지 않는다(그림 8-1, 2).

8-1-8. 평가

장식의 계획에서 운송까지를 포함하는 디자인의 모든 과정을 평가하여 기록으로 남겨둔다. 흡족했거나 미흡했던 점들, 그리고 문제점에 대한 개선안을 생각하여 가능한 한 상세히 기록해 놓으면 다음 작업에 좋은 자료로 참고할 수 있다. 또한 이러한 자료는 시간이 경과한 후에 자신의 발전과정을 확인할 수 있는 소중한 자료가 될 수 있으므로 보관한다(그림 8-3). 제작년월일, 장식물명, 여러 가지 도면, 주제, 사용재료, 색채계획, 설치장소의 기록과 함께 장식물의 사진을 첨가하여 포트폴리오로 정리할 수 있다.

8-2. 분식물장식과 실내정원 조성을 위한 디자인 과정

분식물을 이용한 장식은 분식물과 구성되는 공간의 크기에 따라 그 디자인의 규모가 다양하다. 분식물장식에서 가장 중요한 점은 지속적 혹은 영구적으로 공간을 점유하게 되는 식물의 배치라는 것이다. 그러므로 분식물의 배치 혹은 실내정원이 시공되는 공간의 시각적, 물리적인 환경조건뿐만 아니라 생육환경조건과의 적절한 조화로 균형있는 공간배치가 이루어져야 한다. 분식물을 이용한 장식은 소형 장식물의 제작에서부터 크기가 큰 분식물의 공간 배치, 분정원(盆庭園, potted garden) 조성, 또는 대형 플랜터(planter)에 이루어지는 실내정원 조성까지 다양한 형태와 규모를 보이고 있다. 규모가 커질수록 디자인 과정은 복잡해지므로 체계적이고 논리적인 디자인 과정을 거쳐야 성공적인 결과를 이룰 수 있다. 여기에서는 실내공간 내 분식물의 배치, 혹은 실내정원 조성을 위한 디자인 과정을 살펴보자.

8-2-1. 디자인 목적(目的)의 설정

첫 번째 디자인 단계는 원하는 마지막 결과를 정하는 것이다. 이 단계에서 의뢰인은 머리 속에 어떤 특정한 생각을 가지고 있다. 그들은 쇼핑센터를 유인의 목적으로 정원같이 만들어 소비자들에게 구매충동을 일으키도록 원할 지도 모르며, 사무실의 딱딱한 분위기를 줄이기 위해 사람들의 상호관계에 중점을 두고 있을 수도 있다. 의뢰인이 무엇을 원하던지 간에 디자이너는 이런 문제들을 잘 파악해서 무엇이 존재하며, 어떤 가능성과 기회가 유용한지를 정확하게 규정해서 디자인 목적과 의도에 잘 연관시킨다.

8-2-2. 조사분석

분식물장식 또는 실내정원 조성의 두 번째 디자인 단계는 앞으로 풀어나갈 문제에 대한 인식(認識)과 규명(糾明)을 위해 필요한 정보를 수집하여 디자인 목적과 관련하여 검토하는 것이다. 수집된 정보의 질과 정도는 분석과 결정 과정에 직접적인 영향을 미치므로 적절한 정보 수집은 중요하다. 만약 고려되고 있는 공간이 원하는 목적을 뒷받침할 수 없을 때 설계목적은 없어질 수도 있다. 의뢰인의 요구사항, 공간의 물리적인 환경조건과 식물 생육 환경조건, 이용자의 특성, 시각적인 특성 등을 조사하여 디자인 목적과 관련하여 분석한다. 분석과정에서 실내정원의 규모·유형(類型)·위치·양식(樣式)과 식물의 크기·종류·수량, 용기와 첨경물(添景物)의 종류·형태, 조명, 관리방식, 예산 등이 결정된다(이종석 외, 1993; 이영무, 1995).

(1) 의뢰인의 요구사항

의뢰인의 요구사항에 대하여 디자이너는 실내공간의 용도, 화훼장식의 목적, 의뢰인이 원하는 양식(style), 예산, 관리방식 등을 사전에 파악하여 협의해야 한다. 여기서 체크리스트(check list)나 조사표를 써서 빠트리는 항목이 없도록 한다. 과거의 설계도면이나 사진 등을 보여주면 의사소통이 쉬울 수 있다. 요구사항과 관련된 필요한 목록을 설정한 후 디자이너는 이러한 모든 부분을 충분히 이해하기 위하여 이 목록을 확대시키기 시작한다.

(2) 물리적 환경

물리적 환경 조사분석이 필요한 항목은 건물의 형태, 방향, 면적, 천정고(天井高), 창문, 출입구, 채광방식과 같은 건축부분과, 전기용량, 전원의 위치, 조명, 급수방식과 위치, 하수도의 구조, 실내마감재의 종류와 색, 가구, 장식물 등에 관련된 내용이다(이종석 외, 1993).

규모가 큰 실내정원 조성공사가 될 경우, 외부공간과 내부공간과의 연계 관계를 파악하기 위하여 건축배치도, 공간계획도, 자연환경을 알 수 있는 주변 환경도, 인테리어 마감도 등을 참고로 눈에 보이는 모든 물리적 요소들을 기록한 기본도(base map)가 필요하다. 이 기본도는 공간의 특성 조사와 분석을 위한 자료로 이용되며, 제한요소와 잠재력에 대하여 의뢰인과 대화하는데 유용하게 이용된다. 공간의 모든 기존 물리적 환경에 대한 정확한 자료가 없다면 디자이너는 기존 조건과 새로운 아이디어가 상충되어 빈번한 디자인 변경을 초래한다. 공간 내에 있는 요소들을 정리하여 디자인에 반영될 요소들만 표현한 원도(原圖, base sheet)가 필요하다. 조사분석의 결과는 원도에 스케치되거나 조사표에 기록되어 정리된다.

(3) 식물생육 환경

식물에 가장 중요한 생육환경은 광선, 온도, 습도와 토양, 수분이며 이 중 실내환경에서 광선이 결정적인 요소이다. 수분과 토양은 용기(容器) 혹은 플랜터(planter) 내에서 쉽게 조절되나 광선과 온도는 조절하기 어려우므로 식물의 위치가 결정되기 전에 광범위한 조사가 필요하다. 특히 냉·난방장치에 의해 조절되는 주야(晝夜) 실내온도와 습도의 범위, 환기장치 및 용량, 연휴와 휴가철 및 야간의 전원차단 여부를 조사한다. 공간내의 광도를 나타내는 광지도(光地圖)를 만들면 적절한 광도가 유지되는 장소의 위치를 쉽게 찾을 수 있어 용기나 플랜터의 위치 또한 쉽게 결정할 수 있으며 어떤 식물이 적절한 지 참고할 수 있다.

(4) 이용자의 특성

건물 이용자의 특성은 건물의 용도와 직결된다. 그러므로 건물의 용도에 준하여 이용 예상자의 수, 연령, 성별, 직업, 취미, 이용시간, 이용 행태(行態)를 조사분석한다.

예를 들면 호텔 실내공간 이용자는 성별, 연령, 직업의 범위가 다양하며 이용시간은 하루 중 취침시간을 제외한 모든 시간이 된다. 그러므로 모든 건물 중 가장 이용시간이 길며 이용자들의 행태도 다양하다. 반면에 사무실, 은행, 관공서 등이 있는 업무용건물은 건물 이용자의 연령이 성인층에 제한되고 출·퇴근시간이 일정하며 이용시간이 비교적 짧다. 이 같은 업무용 건물의 실내정원 이용시간은 점심시간에 집중되며 식사·휴식·만남의 공간이 필요하게 된다. 쇼핑센터는 개점에서 폐점시간 사이에 전 연령층의 인구가 사용하게 되고 상업시설의 성격상 실내식물의 훼손이 심하므로 강한 식물이나 소재의 선정이 요구되며 건물 이용시간도 업무용 건물보다 길지만 집중시간은 편중되지 않는 형이다. 쇼핑센터의 실내 분식물 배치나 정원은 쇼핑객에게 쾌적한 환경을 제공하며 매출액을 증가시키는 필수 수단이 되고 있으며 주로 휴식, 기획행사, 어린이 놀이를 위한 시설로 도입되어진다. 병원의 이용자는 환자와 이들을 치료하는 의사 및, 의료직원 등 전 연령층이고 병원은 고통으로 상징되는 장소이므로 치유를 위한 녹색의 푸르름이 필수적인 곳이다. 환자와 직원의 휴식공간 및 외래 환자와 방문객을 위한 대기와 만남의 공간이 필요하다. 이렇듯 건물은 용도에 따라 이용객의 행태가 현격하게 차이나므로 상기의 분석 결과에 기초하여 식물의 배치나 정원조성을 적절하게 계획할 필요가 있다(이영무, 1995).

실내 분식물 배치나 실내정원 조성에 있어서 동선체계(動線體系)는 건물의 구조와 불가분의 관계에 있다. 동선을 분석할 때는 두 가지 경우가 있는데 첫째는 기존 건물에 동선을 만드는 경우로 이 때 분석의 대상이 되는 사항은 건물의 출입구, 실내정원이 계획된 공간으로의 진입지점, 그리고 기존하는 기둥, 칸막이, 가구 등의 실내장식 요소들이다. 이들의 형태, 위치 등은 식물이 배치되거나 실내정원이 도입될 경우 동선 설립을 위하여 존치, 이전, 폐기될 수 있다. 신축건물의 설계과정에서 식물의 도입이 결정되어 건축가와 협동으로 작업할 때는 애초부터 정원의 개념에 합당한 동선체계를 도입할 수 있으므로 이런 경우에는 분석보다도 건축가와의 협조 및 설득이 중요하다.

(5) 시각적 특성

실내정원은 내부 지향의 구심적(求心的) 시각 구조를 가지는 것이 대부분인데 이는 실내정원의 구조적 속성(屬性)에 기인한다. 그러므로 실내정원은 실제로 사용하는 경우뿐만 아니라 관상의 대상이 되므로 정원이 바라보이는 각 지점 특히 상부층의 조감(鳥瞰) 위치를 파악할 필요가 있으며 용도별 구역간의 긍정적·부정적 시각 구조를 분석하여 전망(展望) 또는 차폐(遮蔽)의 자료로 사용한다(이종석 등, 1993).

8-2-3. 기본구상

분식물 배치나 실내정원 조성의 기본구상(基本構想)은 조사 분석된 자료들을 종합하여 구체적인 디자인 안의 개념(概念, concept)을 정립하는 것으로, 이 시점에서 디자이너는 디자인 요소와 원리를 사용하여 공간에 대한 기능적인 구성을 선택한다. 각기 다른 용도를 가진 실내공간의 분할과 이 공간들을 연결하는 동선체계를 개략적으로 수립하는 것이 작업내용이 된다.

호텔의 경우 중요한 비중을 갖는 기능별 공간들은 출입구를 중심으로 형성되는 진입공간, 접수대 주변의 접수공간, 로비(lobby)의 휴식 및 대기공간, 라운지(lounge)와 만남 및 음료용 공간 등으로서, 식재공간이나 수경(水景)공간은 이러한 공간들을 형성하면서 분할 또는 위요(圍繞, enclosure)의 형태로 조성된다(그림 8-4). 사무용 건물의 실내정원은 휴식과 관상을 위한 공간과 이를 위요하는 식물군과 시설물 공간이 주요 구성요소가 된다.

외국의 경우 쇼핑센터의 중정(中庭, atrium)은 고객용 휴게시설, 기획행사용 무대 및 전시시설, 어린이 놀이공간, 식재공간, 분수·폭포 등의 수경요소 등으로 이루어진다 (이영무, 1995).

용도별로 나누어진 공간들을 연결하는 동선체계의 설립은 일반적인 몇 가지 원칙에 따른다. 동선의 시발점은 실내 정원에 이르는 한 개 또는 여러 개의 출입구가 되며 이 동선은 각각의 공간들을 연결한 후 다시 출입구로 나간다. 동선은 그 형태가 자유형이라도 수목이나 시설물에 의해 가로막히지 않는 지름길을 택하는 습관이 있다. 기본구상은 디자이너의 생각이 스케치되면서 개념도(概念圖, conceptual plan) 또는 구상도(構想圖, schematic plan)라는 추상적 형태의 도면으로 표현되는데 각기 다른 형태로 분할된 공간들과 이들을 연결하는 동선을 나타내는 일련의 기포형도면(氣泡形圖面, bubble diagram)으로 나타낸다(그림 8-5).

8-2-4. 기본계획

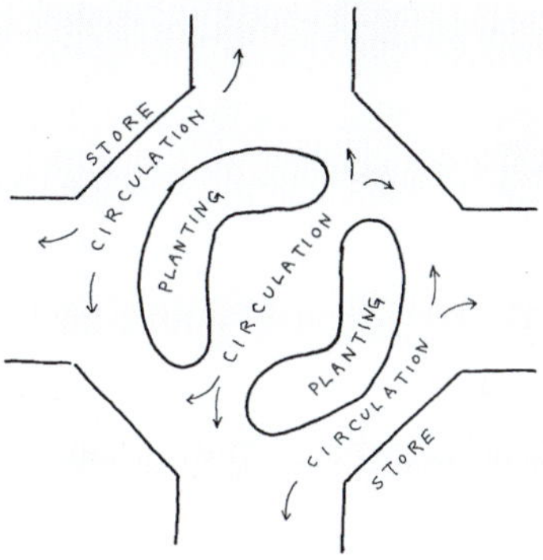

기본계획(基本計劃)은 기본구상 과정의 결과로 그려진 개념도를 실제의 형태로 작성하는 과정으로 기본계획을 구성하는 내용은 기능별 공간의 형태와 동선, 구조물, 식물 및 시각구조의 설립으로 실물과 같이 구체적으로 제도하는데 축척(縮尺, scale)은 디자인의 규모에 따라 다르지만 1/100을 주로 사용한다.

기본계획을 작성하는데 있어서 고려해야 할 사항은 기능적인 면과 미적인 면을 고려하여 공간과 디자인 요소(시설물과 식물)를 작도해야 하는 것이다. 기능상의 기본구조는 실제 현황에 따라 객관적인 기준치를 결정할 수 있으나 미적 형태는 디자이너의 주관에 좌우되는 바가 크다. 예를 들면 실내정원의 식재에 있어서 식물의 종류와 높이 및 식재면적이 결정되어도 식물의 배식형태, 질감, 색채의 선택은 디자이너의 주관적 영역에 속하는 것이다.

그림 8-4. 호텔의 경우 식재공간은 중요한 비중을 갖는 기능별 공간들을 분할 또는 위요(圍繞, enclosuring)하면서 조성된다. (스위스그랜드 호텔)
그림 8-5. 기포형 도면(氣泡形圖面, bubble diagram).

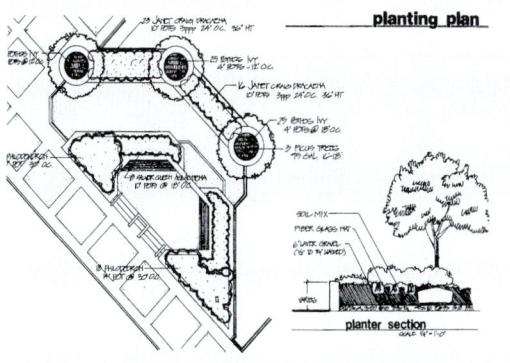

그림 8-6. 식재계획도 (planting plan). 〈G.M. Pierceall, 1987, p172.〉

기본계획도(master plan)는 한 장의 도면으로 표현되나 그 내용은 일반적으로 네 부분으로 나뉘어지며 세부설계 과정에서는 독립된 도면으로 만들어진다. 기본계획의 내용은 공간과 동선, 시설물, 식물(그림 8-6), 시각구조의 네 가지이며 이들은 서로 유기적(有機的), 중복적(重複的), 순환적(循環的) 관계를 가진다.

(1) 공간과 동선의 구체화

기본구상과정에서 기포(氣泡)와 선으로 표시된 개념적 분할 공간과 동선은 기본계획과정에서 구체적인 형태로 그려지며 그 위치와 형태 및 방향은 개념도와 크게 다르지 않다. 호텔의 중정을 예로 들면 연못, 데크(deck), 바(bar), 플랜터, 폭포와 같은 면형 요소와 통로 및 다리 같은 선형 요소는 조경시설공학에서 제공하는 공학적 기준과 미적 스타일의 창출과정을 거쳐 확실한 윤곽을 나타내게 되고 소재의 선택을 거쳐 더욱 구체화된다.

(2) 시설물의 도입

실내정원에 도입되는 시설물에는 대형이며 면형인 것과 소형이며 점적(點的)이어서 첨경물(添景物)이라고 부르는 것이 있다. 전자에 속하는 시설물은 풀(pool), 분수, 폭포, 수로와 같은 수경요소와 플랜터, 데크 등이 있는데 이들은 보통 규모가 크고 시각적 혹은 청각적으로 두드러지기 때문에 실내공간에서 가장 중요한 디자인 요소가 된다. 위의 시설물은 이미 기본구상 과정에서 형태를 드러내는 것들이다. 첨경물은 기능적으로나 미적으로 보조적 성격을 지닌 시설물들로 자연소재를 그대로 사용하는 경석(景石)이나 자갈 종류들이 있고 제작된 벤치, 휴지통, 공중전화, 안내판, 음수대, 조각품, 시계탑 등이 있다(이영무, 1995).

그림 8-7. 식물의 열식(列植).

(3) 식물의 배치

실내정원 조성에서 가장 중요한 점은 식물의 선정으로 실내의 인공적인 환경에서 생육이 이루어지기 때문이다. 식물의 식재는 경관(景觀)식재와 기능(機能)식재로 나눌 수 있다. 실내는 하늘과 지평선이 없고 천장, 벽, 바닥으로 제한된 공간이기 때문에 구심적(求心的) 시각 구조를 가지며 시선이 내부로 집중되므로 푸르름의 미를 보여주는 경관식재가 중요한 의미를 갖는다. 즉 실내정원은 관상의 대상으로서의 기능이 크다. 또한 바람을 막는 방풍식재나 햇빛을 막는 녹음식재 등은 필요없지만 공간의 구획, 동선의 유도, 시선의 차단같은 기능식재가 필요하다.

실내식물의 배식은 미와 기능적인 양면에서 평면적인 식재와 입면적인 식재의 두 요소로 나누어 설명할 수 있다. 실내배식의 평면적 형태는 기본적으로 단식(單植), 열식(列植), 군식(群植)을 기초로 이들의 응용형태로 이루어진다. 단식은 수형이 아름답고 수고(樹高)가 큰 수목을 하나만 심는 것으로 조각적인 효과나 공간지표의 역할을 수행한다. 열식은 선형(線形)으로 배치되므로 공간의 분할에 효과적이며 위요공간을 형성할 수 있다(그림 8-7). 통행유도의 역할로 배치되는 경우도 많으며 정연한 느낌을 준다. 군식은 녹색의 부피감을 조성하기 위한 배식기법으로 관목과 지피식물의 배치에 이용된다. 중심목과 강조의 역할을 하는 식물의 배경을 조성하는 것이 주 목적이다. 넓은 실내공간에서는 교목을 군식하여 수림을 형성하기도 한다(이영무, 1995).

실내배식의 입면적 형태는 수고에 따라 교목, 관목, 지피류로 구성되며 배식의 수직상 관계에서 상목(上木), 하목(下木), 지피식재로 구분할 수 있다. 상목은 디자인의 규모를 결정하며 하목은 디자인의 부피를, 그리고 지피식재는 배경역할을 한다. 강조를 위한 꽃피는 식물이나 화려한 색을 지닌 식물들이 하목으로 배치되는 경우가 많다.

⑷ 시각구조의 정립

조경계획에 의해 조성된 경관은 주로 시각기관을 통해 인지되기 때문에 물체를 바라보는 시각의 통로를 조작하는 것은 조경상의 중요한 기법이다.

실내와 같이 한정된 공간에서 이용되는 시각구조의 설립을 위해 사용되는 기법은 조망(vista), 틀짜기(frame), 여과(filter) 등과 같이 시각적 통로를 열어 놓는 방법이 있고 차폐(screen), 은폐(camouflage) 등으로 시선을 가리는 방식이 있다. 이밖에 시각신경의 착시현상(illusion)을 이용해 눈에 보이는 상(像, image)을 조절하는 기법이 쓰인다.

8-2-5. 세부설계도면과 서류 준비

기본계획이 수립되면 기본계획보다 자세하게 시공을 전제로 한 정확한 도면을 작성해야 한다. 시공을 위한 준비과정으로 세부설계 도면의 내용은 공간이용계획, 동선계획, 시설물배치계획, 식재계획 등이다. 구조물 및 첨경물 배치도, 조명상세도, 식물식재 평면도 · 입면도 · 단면도 · 투시도 등의 도면과 견적내역서, 시공과 식재시 주의점을 기재한 시방서(示方書)와 공사 일정표를 만든다(이종석 등, 1993).

8-2-6. 재료 구입

견적 내역서의 내용에 따라 시공 전 공사일정에 맞추어 적절한 재료를 구입한다. 특히 식물 소재의 운송과 구입 후 보관시 계절적으로 온도와 광도 조건에 주의해 준다. 시공 전과 시공시의 물리적인 스트레스는 식물의 생육 상태에 결정적인 요인이 되므로 가능한 한 조심스럽게 다룬다.

8-2-7. 시공

디자인이 완성되었더라도 여러 가지 문제점을 해결하기 위해 시공(施工, construction)시 디자인을 변경할 수도 있다. 실내에서 식물을 심을 장소는 디자이너가 직면한 가장 중요한 문제 중의 하나이다. 잘못 놓여진 식물은 시공비와 관리비가 많이 들고 식물의 상태도 빨리 나빠지게 된다. 의뢰인들은 이러한 요인들 때문에 실내정원을 쉽게 포기하므로 시공시 매우 주의깊게 살펴 볼 필요가 있다.

실내정원을 디자인할 때 식물을 심는 식재공간의 유형은 디자인의 시공비에 영향을 미친다. 종종 식물은 식재공간에 맞추어 선택되는데, 식재공간은 그 공간에 필요한 식물에 맞추기 위해 디자인되거나 선택되어야 한다. 식물이 자랄 식재공간이 벌써 정해져 있다면 식물을 지탱해 줄 적절한 용기나 플랜터의 선택이 디자인의 성공이나 실패 여부를 결정한다. 고정식 플랜터이거나 이동식 용기이거나 식물에게 적합해야 한다. 실내식물을 식재하는 데는 식물을 토양에 직접 식재하는 방법과 용기채로 묻는 방법이 있다. 각각 장단점이 있으며 실내환경 여건과 식물의 종류, 크기에 따라 식재방식은 달라진다. 보통 실내환경이 열악하면 용기채 심어 식물의 교체가 용이하도록 하며, 실내환경이 식물의 생육에 양호하면 토양에 직접 식재하는 것이 이상적이다.

8-2-8. 검토

시공 후 실현된 디자인이 매력적이고 기능적인 지를 보기 위하여 다양한 측면에서 검토가 필요하다. 식물은 계속 자라고 성숙하므로 주위 환경과의 관계도 변화하게 된다. 식물의 선택에 대한 검토도 장기적으로 실시되어야 한다.

9. 화훼장식 디자인 요소와 원리

아름다우면서 기능적으로 구성된 화훼장식물이나 화훼장식 공간은 사람들을 편안하고 행복하게 만들며, 때로는 삶에 대한 진한 감동을 자아내게 한다. 이러한 좋은 디자인은 우연한 결과로 이루어지지 않으며, 합리적이고 체계적인 디자인 과정을 거쳐 충분한 생각의 결과로 이루어진다. 좋은 디자인에 대한 절대적인 공식은 없으나 오랜 세월을 지나면서 그림, 조각, 건축, 음악 등을 통해 인간의 시각과 지각의 유사성에 의해 경험적으로 축적된 원리들이 정리되었다. 이러한 원리를 이용하면 대부분의 사람들이 공통적으로 느끼는 미적으로 즐거운 결과를 이루어낼 수 있다.

선, 형태, 공간, 깊이, 색, 질감, 향기는 조화, 통일, 균형, 규모, 비, 강조, 리듬, 단순과 같은 디자인 원리(原理)와 함께 이용되는 화훼장식의 디자인 요소(要素)이다. 화훼장식을 통한 결과물은 선, 형태, 질감, 색 등을 나타내는 3차원적 물체로서 우리가 살면서 시각적으로 또는 물리적으로 겪게 될 물체나 공간이다. 좋은 디자인을 위해 디자이너는 이러한 3차원적인 물체나 공간의 디자인 요소들을 디자인 원리를 이용하여 조절해 왔다. 디자인 안이나 실제 디자인이 멋있게 보일 경우 이것은 좋은 디자인에 의해 기대되고 계획된 효과이다.

디자인된 공간을 경험할 때 디자인 요소의 측면에서 살펴보고, 계획을 검토할 때도 디자인 요소를 적용한다. 이러한 기술은 화훼장식 디자인 아이디어의 전달에 이용되며 디자인 아이디어는 디자인 과정을 통하여 조직화되고 다듬어지면서 실제 제작이나 시공에서 표현된다. 좋은 디자인은 기능적이고 시각적으로 즐거워야 하며 경제적으로 적절한 비용이 들어야 한다. 보기 좋은 디자인이 성공적인 디자인이 되는 것은 아니다. 또한 기능적인 디자인으로서 보기 좋지 않으면 성공적이지 못하다. 아름답고 기능적인 화훼장식 디자인은 생활환경을 개선하며 일상생활의 긴장과 스트레스를 줄여 주는 공간을 창출한다.

화훼장식의 디자인 요소와 원리의 적용은 절화나 분식물을 이용한 개개의 장식물 제작에 적용되며 또한 그 장식물이 배치될 공간과 장식물의 관계에도 적용된다.

9-1. 디자인 요소(design elements)

선, 형태, 공간, 깊이, 색, 질감, 향기 등의 디자인 요소들을 잘 이해하게 되면 이들이 창조적이고 멋진 디자인에 어떤 역할을 하는지 알 수 있으며, 이러한 요소들을 기술적으로 이용하여 디자인에 역동적이고 두드러진 효과를 표현할 수 있다.

9-1-1. 선(線, line)

화훼장식에서 선은 디자인에 독특함을 줄 수 있는 매우 인상적인 도구이다. 선은 형태와 구조를 만들기 위해서 필요하며, 시선을 유도하여 리듬감을 부여하며 그 방향에 의해 분위기와 감정을 조절하여 시각적인 즐거움을 증가시킨다(그림 9-1).

화훼장식 디자인에 이용되는 선은 물체선, 암시적 선, 심리적 선으로 나누어 볼 수 있다. 물체선(actual line)은

3부 화훼장식 디자인

그림 9-1.
극락조화의 꽃과 줄기의 선의 느낌을 살린 수직형의 꽃꽂이는 위로 솟아오르는 강한 힘을 느끼게 해 준다.
⟨Professional floral designer. 1997. 11/12. p52.⟩

물체의 가장자리 선으로서 실제 존재하는 선이므로 쉽게 볼 수 있다. 물체선은 화훼장식물이 놓여질 공간의 바닥, 벽, 천장, 창문, 가구 등과 용기의 가장자리 선이며, 골격과 구조를 형성하는 꽃의 줄기와 식물의 전체 모양에서 보이는 선이다. 이러한 물체선은 시각적인 운동감을 만들어 낸다. 꽃꽂이에서 꽃줄기와 가지의 선은 강조점(focal point)에서 방사형이나 수직으로 뻗어나가는 실제 선으로서 시선을 움직이게 하면서 감정의 변화를 일으킨다.

암시적 선(implied line)은 실제 존재하는 선은 아니지만 일련의 반복적인 요소에 의해 만들어지며 역시 시선을 움직이도록 한다. 디자인 내에서 같은 꽃이나 식물, 그리고 색, 형태 등의 같은 요소의 반복적인 배치에 의해 만들어 낼 수 있는 선이다. 심리적 선(psychic line)은 존재하지는 않지만 마음으로 두 물체를 연결하게 될 때 이루어지는 선이다. 심리적 선은 화훼장식물 내의 꽃이나 물체에 시선을 끌게 함으로써 만들 수 있다. 서로 바라보는 꽃에 의해 두 꽃 사이의 선이 만들어진다.

선의 유형뿐만 아니라 선의 방향은 감정을 조절하여 시각적인 만족감을 높여 준다. 선의 방향은 수직선, 수평선, 사선, 곡선으로 나눌 수 있으며, 대체로 직선은 공식적인 느낌을, 곡선은 자연적인 느낌을 만들어내며, 교차되는 선은 망설이는 느낌을 만들어낸다. 높이를 강조할 때 이용되는 수직선(vertical line)은 공식적이며 엄숙한 느낌을 주며 특히 강조된 수직선은 강한 힘을 느끼게 하며 주의를 끈다(그림 18-14 참고). 수평선(horizontal line)은 평화롭고 조용하게 느껴져 휴식과 안정감을 부여한다. 다른 선에 비해 수평선은 시선을 유도하지만 보다 속도가 느리고 여유있게 움직이도록 한다. 역동적인 사선(diagonal line)은 수직선이나 수평선과 나란히 놓여 있을 때 시선의 움직임을 더 유도한다. 사선은 움직임과 흥분의 느낌을 주기 때문에 지나치게 이용할 경우 혼잡하고 보기 흉하게 될 수도 있다. 곡선(curved line)은 사선과 마찬가지로 움직임을 의미하나 보다 부드럽고 편안한 방식으로 시선을 유도하며 다른 방향의 선과 사용될 때 흥미와 부드러움을 더해준다.

9-1-2. 형태(形態, form 혹은 shape)

형태는 물체나 공간의 3차원적인 측면이다. 화훼장식물은 기본적으로 용기, 꽃이나 식물, 식물 외 장식물 등의 형태가 다른 물체들의 배열이며, 다양한 형태의 화훼장식물이 배치되는 공간 연출도 마찬가지이다. 이러한 물체들의 형태를 기술적으로 혼합시키면 형태의 특징과 느낌에 따라 감정이 조절되어 시각적인 즐거움을 부여한다. 이것은 강조, 리듬, 조화, 통일 등과 같은 디자인 원리들이 시각적인 효과를 높이기 위해 형태에 의존하고 있는 경우가 많은 이유이다.

3부 화훼장식 디자인

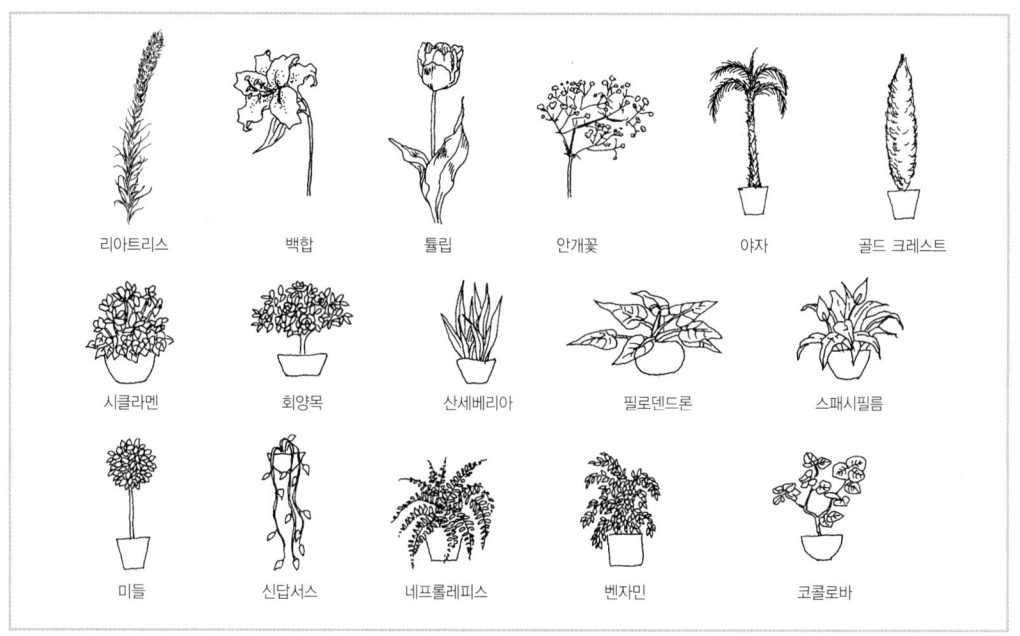

그림 9-2. 꽃과 식물들의 형태를 기술적으로 혼합시키면 형태의 특징과 느낌에 따라 감정이 조절되어 시각적인 즐거움을 부여한다.

　독특한 모양의 꽃이나 식물은 쉽게 강조점(focal point)을 만든다. 그것은 그들의 독특한 모양이 주의를 끌기 때문이다. 이러한 강조된 형태가 뚜렷하게 보이기 위해서는 주위에 빈 공간을 충분하게 남기는 것도 중요하다. 강조를 위해 같은 형태의 소재가 그룹으로 배치될 수도 있다.

　용기, 꽃, 식물, 식물 외 장식물의 형태는 서로 조화롭게 구성되어야 하는데 이들의 구성은 배치될 공간의 형태에 따라서도 영향을 받는다. 여러 가지 형태를 혼합시킬 때는 한가지 형태를 많이 사용하여 강조하도록 하는데, 이것은 디자인 내 소재들을 통합시켜 주제를 나타내도록 한다. 예를 들면 긴 원통형 용기에는 대부분 긴 선의 꽃이나 식물이 선택되는데, 형태가 다른 꽃을 조금 섞으면 디자인의 통일감을 깨뜨리지 않으면서 흥미와 시각적인 즐거움을 부여한다. 성공적인 디자인은 여러 형태가 적절하게 혼합되는 것이다.

　다양한 형태의 소재를 이용하여 디자인에 시각적인 흥미를 주기 위해서는 식물을 비롯한 소재들의 형태적 특성에 대해 잘 알고 있어야 한다(그림 9-2). 절화는 형태적 특성에 따라 라인 플라워(line flower), 폼 플라워(form flower), 매스 플라워(mass flower), 필러 플라워(filler flower)로 나눌 수 있다. 분식물은 둥근형, 굽은형, 퍼진형, 수직형, 폭포형, 불규칙적인 형 등의 다양한 모양을 가지고 있으며, 식물의 전체 형태는 줄기나 가지에서 보여지는 선에 많은 영향을 받는다.

　제작된 화훼장식물을 배치하는 공간연출에 있어서도 적절한 형태의 화훼장식물의 결정에는 비슷한 이론이 적용된다.

9-1-3. 공간(空間, space)

공간은 흔히 간과되기 쉬우나 선과 형태에 중요성을 부여하는 디자인 요소이다. 꽃이나 식물, 용기는 공간을 차지하는 3차원적인 형태이다. 형태가 자리잡은 공간은 파지티브 스페이스(positive space)라고 불리며 빈 공간은 네가티브 스페이스(negative space) 또는 여백(餘白)이라고 불린다.

화훼장식물의 빈 공간은 디자인의 형태에 큰 영향을 줄 뿐 아니라 디자인의 혼잡함을 제거하는데, 어떤 구성요소를 강조하는 역할을 한다. 어떤 물체의 주변에 빈 공간을 두었을 때는 두드러진 효과를 내지만, 비슷한 물체들이 인접되어 있으면 그 물체의 특성과 우수성은 감소되거나 상실되기 때문이다. 소재를 돋보이게 하려면 반드시 빈 공간을 가져야 한다. 여유없는 공간은 디자인을 혼잡하게 만들고 재료의 밀도를 높여 비경제적이다.

나뭇가지나 선의 요소를 중요하게 여기는 디자인에서 빈 공간을 잘 이용하는 것은 매우 중요하다. 방사선 배열된 매스 디자인의 꽃꽂이는 가장자리에서 중앙으로 갈수록 꽃들을 더 가까이 배열하여 중앙의 꽃뭉치 쪽으로 시선을 움직이게 하여 강조점을 만들 수 있다. 또 중앙의 강조점에서 가장자리로 갈수록 빈 공간 혹은 간격을 점진적으로 증가시키면 눈의 움직임을 빠르게 만들어 리듬감을 증진시킨다.

9-1-4. 깊이(depth)

화가는 2차원 공간인 종이나 캔버스(canvas)에 그림을 그리기 때문에 깊이에 매우 신경을 쓰나, 화훼장식은 3차원적이므로 깊이에 별로 신경을 쓰지 않는다. 그러나 한 방향에서 바라보는 장식물을 만들 경우, 평면적인 분위기를 만들지 않기 위해 깊이감을 주는 방법을 이용할 수 있다.

꽃꽂이에서 깊이감을 연출하기 위해 화가들의 방법을 응용하면 줄기선의 각도를 조절하는 방법과 꽃을 겹치게 배열하는 방법이다. 줄기의 각도를 과장되어 보이게 하기 위해 가장 뒤에 있는 줄기는 약간 더 뒤로 제치고 맨 앞의 줄기는 앞의 밑으로 늘어뜨린다. 이 때 각도는 점진적으로 변화시켜야 자연스러우며 이러한 방식으로 각도를 적절하게 조절하면 깊이감을 만들 수 있을 뿐만 아니라 보다 균형잡힌 디자인을 이룰 수 있다. 깊이감을 연출하는 또 한 가지 방법은 꽃을 배열할 때 부분적으로 다른 꽃을 가리거나 꽃의 길이를 약간 다르게 해주는 것으로서 깊이감과 함께 자연스러운 느낌을 만들어 낼 수 있다.

이 외에 크기, 색, 명도, 질감 등의 변화를 이용하여 깊이감을 만들어 낼 수 있다. 때때로 화가들은 전면에 있는 물체를 거리에 대한 비례보다 더 크게 그린다. 마찬가지로 꽃꽂이에서 큰 꽃은 아래로, 작은 꽃은 위로, 큰 것에서 작은 것으로 점진적으로 변하도록 배열하면 역동적인 시각적 패턴을 나타낸다. 또 밝고 짙은 색은 앞부분에 낮게 배치하며 옅고 가벼운 색은 뒤편에 배치한다. 물체는 가까울수록 밝고 짙으며, 멀어질수록 희미해지기 때문이다.

9-1-5. 색(色, color)

색은 시지각을 자극하여 어떤 사물이나 추상적인 개념을 떠오르게 하는 정서적인 반응을 일으키는 기능이 강하며 사람의 시선을 가장 쉽게 유도하는 디자인 요소로서 이러한 반응은 생활양식이나 문화적인 배경, 계절, 사건, 분위기, 풍경 등에 따라 다르게 나타난다. 즉, 색에 대한 인간의 감정적 반응에는 공통점이 있으며 동시에 선호성(選好性)이 있어 색에 대한 바른 이해는 성공적인 디자인을 위한 필수적인 과정이다. 화훼장식가는 아름다운 색의 꽃과 식물을 이용하는 화훼장식을 통하여 어떤 연상을 불러일으키고 느낌을 창조할 수 있도록 색을 조절하는 능력을 키워야 한다.

(1) 색의 성질

색은 색상(色相, hues), 명도(明度, value), 채도(彩度, intensity)의 세 가지 성질로 설명할 수 있다. 색상은 스펙트럼(spectrum)에 나타나는 빨강, 주황, 노랑, 초록, 파랑, 남색, 보라 등의 유채색을 종류별로 나눌 수 있는 색깔을 말하며 검정색이나 흰색, 또는 다른 색이 첨가되지 않은 순색(純色)을 말한다. 색상을 원형으로 배열한 색의 환을 색상환(色相環, color wheel)이라고 한다(그림 9-3). 색료의 3원색인 빨강, 노랑, 파랑은 1차색(primary color)이라 하며 이 세 가지 색을 혼합하여 모든 색을 만들 수 있다. 2차색(secondary color)은 같은 양의 1차색을 혼합하여 만들며 3차색(intermediate color)은 같은 양의 1차색과 2차색의 혼합으로 만들어진다. 색의 강렬한 정도는 1차색, 2차색, 3차색의 순이다. 무채색(achromatic colors, neutrals)은 채도가 없는 색으로 검정색과 흰색, 회색이다. 무채색은 거의 어떤 유채색과도 잘 조화되므로 적절히 사용하여 효과를 높일 수 있다. 화훼장식에서 무채색은 식물의 색과 경쟁하지 않아 디자인을 돋보이게 하므로 용기의 색이나 배경색으로 많이 이용된다.

명도는 색의 명암의 정도를 나타내는 것으로, 흔히 색상에 흰색을 혼합하여 나온 밝은 색인 명청색(tint)과 검정색을 혼합하여 나오는 어두운 암청색(shade)은 명도 차이를 보인다. 채도는 회색의 혼합량에 의한 정도를 나타내는 것으로 낮은 채도를 가진 색채를 톤(tone)이라고 한다(그림 9-4).

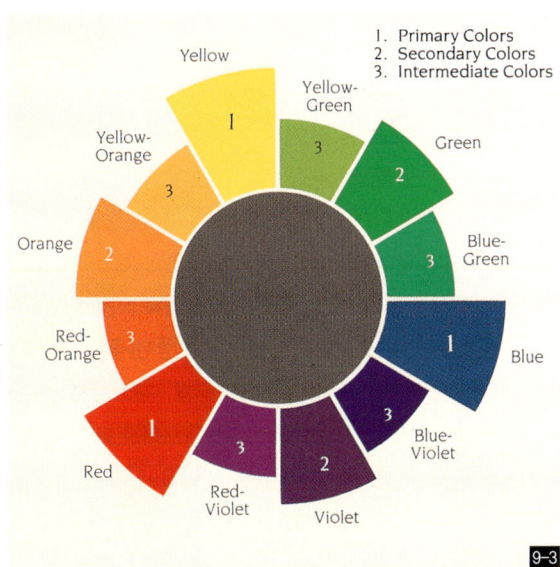
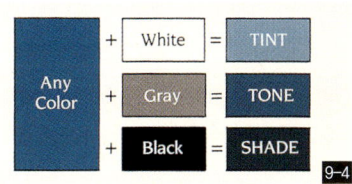

그림 9-3. 색상환(色相環, color wheel).
그림 9-4. 순색(純色)에 흰색, 회색, 검정색을 혼합하여 나온 색을 틴트(tint), 톤(tone), 쉐이드(shade)라고 한다. 혼합량에 따라 다양한 명도와 채도를 보인다.

(2) 색의 효과

색에 대해 느끼는 사람들의 공통적인 느낌을 살펴보자. 색은 빨강, 주황, 노랑, 연두, 초록, 파랑, 흰색의 순서로 스펙트럼상에서 파장(波長)이 긴 쪽은 따뜻하게 느껴지고 파장이 짧은 쪽은 차갑게 느껴진다. 즉, 주황과 빨강은 따뜻한 색(暖色)이며 파랑과 초록은 차가운 색(寒色)이다. 또한 주황, 빨강, 노랑 등의 난색은 실제의 위치보다 가깝게 있는 것처럼 보여 진출색으로 불리며 파랑과 보라 등의 한색은 실제의 위치보다 멀리 있는 것처럼 보여 후퇴색이라 한다. 초록은 이러한 움직이는 느낌이 중간 정도로 안정감을 주는 색이다. 배경색보다 밝은 색일수록 진출성이 높다. 색은 명도에 따라 무겁거나 가볍게 느껴진다. 유채색 중에서는 짙은 보라, 무채색 중에서는 검정색이 가장 무거운 색이며, 반면에 유채색에서는 노랑, 무채색에서는 흰색이 가장 가벼운 색이다. 또한 색은 채도의 고저에 따라 강하거나 약한 느낌을 준다.

각각의 색상은 다양한 느낌과 효과를 준다. 빨강(red)은 시선을 강력히 끄는 색으로서 정열과 사랑을 상징하며, 파랑(blue)은 시원하고 조용한 색으로서 마음의 평정을 촉진한다. 노랑(yellow)은 봄을 상징하는 색으로서 배경색에 따라 따뜻함이나 시원함 등의 다른 감각을 갖는다. 화훼장식의 기본적인 재료로 많이 사용되는 초록(green)은 생명력을 나타내며 심리적으로는 안정과 진정의 느낌을 주고 디자인에 활력과 신선감을 더하는 역할을 한다. 주황(orange)은 따뜻함, 단란함을 연상시킨다. 보라(violet)는 배경색에 따라 각기 다른 따뜻함과 시원함을 연상시킨다.

색은 개별적인 느낌 외에, 어느 색 옆에 다른 색들을 배열하거나 또는 조화된 색들 내에 강하게 대비되는 색을 사용함으로써 색의 효과를 증대시킬 수 있다. 색채심리학자들은 색채배열이 서로 가까운 관계에 있거나, 보색(補色)관계에 있을 때, 또는 강한 대비(對比)상태에 있을 때 아름답게 보인다고 한다. 색채대비는 어떤 한 색이 먼저 본 색, 인접한 색, 배경이 되는 색의 영향을 받아 본래의 색을 다르게 보이게 하는 시각현상이다.

사람들이 색에 대해 느끼는 이러한 공통적인 느낌 외에 사람에 따라 선호하는 색은 다르다. 색에 대한 선호성은 성별, 연령, 사회계층, 문화에 따라 다르며 무엇보다 개인의 잠재의식에 강한 영향을 받는다. 색에 대한 선호도는 그 대상과 색면(色面)의 크기에 따라서도 다르게 반응하여, 예를 들면 붉은 옷은 싫어해도 붉은 장미는 좋아하는 경우가 있다. 유행하거나 선호되는 색은 시대에 따라서 각기 다른 양상을 보인다.

(3) 색채조화

색채조화는 두 가지 이상의 색을 사용할 때 서로 대립되면서도 전체적으로 통일된 인상을 주는 것을 말한다. 그러나 서로 다른 색을 사용하게 되면 편안하고 즐거운 느낌을 줄 때도 있지만 불안정하고 어색한 느낌을 줄 수도 있으며 이러한 조화감은 개인에 따른 주관적인 해석과 기호가 많이 작용하게 된다. 화훼장식에 사용되는 꽃과 식물의 색상은 매우 풍부하고 다양한 명도와 채도를 가지고 있어 섬세하고 격조높은 조화를 이룰 수 있다. 화훼장식가는 식물이 자라 꽃이 피었다가 시들면서 변화해가는 과정의 변색까지도 염두에 두어야 한다.

색채조화는 단일색(monochromatic) 조화, 인접색(analogous) 조화, 보색(complementary) 조화, 등간격삼색(triad) 조화, 근접보색(near-complementary) 조화, 분열보색(split-complementary) 조화 등의 방법으로 이룰 수

있다(그림 9-5, 6). 그러나 이러한 조화는 어디까지나 초보자들을 위한 기준이므로 다양한 꽃과 식물의 색을 개성있는 창의력으로 조화시키도록 한다.

(4) 화훼장식 디자인에서의 색

화훼장식 디자인의 주된 재료는 꽃과 식물, 용기, 식물 외 장식물로서 다양한 색들이 이용된다. 이러한 색에는 주류를 이루는 주조색(主潮色)이 있기 마련이며, 만약 주조색과 함께 사용되는 색이 대립적인 색이라면 강렬한 느낌을 주게 되는데 이 때 대립되는 색의 분량은 주조색보다 적어야 이러한 효과를 기대할 수 있다.

모든 재료가 갖고 있는 색은 면적, 공간, 눈의 활동범위와 밀접한 관계를 가진다. 눈을 자극하고 시선을 끄는 재료는 보다 작은 면적에 분배하는 것이 적절하며, 어느 색을 주제로 하던지 간에 현란한 색은 적게, 옅고 부드러운 색은 많이 사용한다. 이러한 색의 배치방법은 강조하고자 하는 대상을 정확하게 표현할 수 있으며 감각적으로도 세련된 느낌을 준다.

이렇듯 색의 특성은 주위의 다른 색상과의 상호작용으로 나타나므로 색의 특성을 잘 인식하기 위해서 보다 적극적인 훈련에 의한 색 체험이 요구된다. 다양한 녹색의 식물과 화려한 꽃을 가진 계절적인 식물의 조화는 공간을 연중 생동감있게 표현할 수 있다.

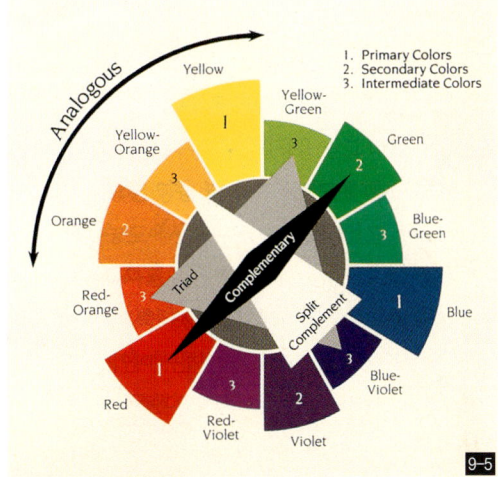

그림 9-5. 색채 조화.
그림 9-6. 극락조화와 화기 색의 조화.

9-1-6. 질감(質感, texture)

질감은 디자인 내에서 어떤 물체나 요소의 시각적, 혹은 촉각적 표면의 특성이다. 시각적 질감은 촉각적 감각을 일깨우는 표면의 윤곽이다. 실제로 그 물체의 질감을 만져서 느껴지지 않는다고 해도 기억 속에 시각적으로 남아 있는 느낌이 있다. 구름은 만질 수 없지만 폭신폭신하고 부드러운 것으로 지각된다. 질감은 흔히 간과되기 쉬운 디자인 요소지만 어떻게 잘 활용하느냐에 따라 독특함을 만들어 낼 수 있다.

질감은 바라보는 거리에 따라 달라진다. 멀리서 바라본 식물은 질감이 밋밋하게 보이지만 가까이서 바라보거나 만지게 될 경우에는 다르게 느껴진다. 질감은 물체의 전체적인 특성과 관련되어 있거나 전체 속의 개별적인 부분, 즉 꽃, 가지, 잎 등에 따라 달라지기도 한다. 식물을 이용한 질감의 변화는 디자인 내에 변화와 흥미를 부여하며, 빛과 그림자를 혼합하면 질감은 디자인에 깊이와 변화를 준다.

질감은 거칠고 부드러움, 반짝이며, 칙칙함으로 표현한다. 화훼장식에서는 거칠거나 부드러움 두 가지로만 표현하는 경우가 많으며 이러한 질감이 혼합되면 깊이감이나 시각적 다양성을 만들어낼 수 있다. 장식물을 위한 재료 선택시 질감을 고려하는 것은 매우 중요하다. 비슷한 질감을 적절히 혼합하면 조화와 통일감을 주지만, 다양한 질감 또는 반대되는 질감을 잘 배열하면 디자인 효과는 강조되어진다.

역사적으로 부드럽고 반짝거리는 질감은 부와 상류계층의 상징으로 여겨졌으며 거칠고 매끈하지 못한 질감은 서민적이거나 비공식적인 분위기로 여겨졌다. 유리, 황동, 은, 또는 세라믹 등으로 만들어진 매끈하고 반짝거리는 질감을 가진 용기나 장식물은 우아하고 공식적인 분위기를 나타낸

그림 9-7. 나뭇가지의 거친 질감은 자연미를 느끼게 해준다.
〈백은정, 이향미〉

다. 바구니, 도기, 목재 등과 같은 거친 질감을 가진 용기나 장식물은 자연적이고 비공식적인 질감을 나타낸다(그림 9-7). 이러한 용기와 식물 외 장식물의 질감은 꽃과 식물소재의 질감과 조화를 이루어야 하며 식물소재를 돋보이게 해야 한다. 적절한 조화가 이루어지지 않으면 식물소재는 중요하지 않게 여겨진다.

모든 꽃과 잎은 질감을 가지고 있으나 그 중 이러한 질감이 두드러진 것들이 있으며 이들의 효과는 다르게 나타난다. 프로티아는 안스리움과 비교해 매우 다른 시각적 효과를 가진다. 칼라는 카네이션이나 맨드라미와 다른 감각적인 매력을 가지고 있다. 거친 질감은 시선을 끌므로 강조를 위하여 이용된다. 그러므로 식물소재의 선택시 전체 디자인을 잘 분석해야 한다. 극단적인 질감의 대조는 흥미와 즐거움을 유발시킨다.

실내공간에서 식물의 질감은 여러 가지 방법으로 인식될 수 있다. 고운 질감의 식물은 시각적으로 멀어지는 것 같은 느낌이 들며 반면에 거친 질감은 앞으로 나아가는 듯이 보인다. 디자인에서 고운 질감의 식물은 관람자의 시각에 가깝게 배치한다. 질감이 거친 식물은 관람자의 시점에서 보다 멀리 배치하는 것이 좋다.

9-1-7. 향기(香氣, fragrance)

향기는 화훼장식에 있어서 형태, 질감, 색과 마찬가지로 하나의 요소로 강조되면서도 필수적이라고 생각하지는 않는다. 그러나 향기는 꽃과 식물에 대한 또 하나의 즐거움으로서 후각에 대한 끌림은 우리의 자각을 높여주고 감각적인 즐거움을 증가시킨다.

오랜 세월에 걸쳐 인간은 식물의 향기를 깨끗하고 순결하며 질병을 막아주는 것으로 생각해 왔으며 꽃에 있어서 가장 중요한 부분으로 생각했다. 향기는 코에 있는 후각세포에 의해 감지되어 뇌로 전달되며 과거의 기억 속

에 저장된 정보와 맞아지게 된다. 그래서 향기는 어떤 과거의 기억과 연관되어 있어 시간과 공간을 거슬러 올라가 우리의 기억을 되살리게 하는 역할을 한다.

사람은 좋아하는 향기와 싫어하는 향기가 있다. 즉 치자나 히야신스와 같은 향은 어떤 사람에게는 좋을 수 있으나 다른 사람에게는 불쾌할 수가 있다. 꽃과 잎의 향은 사람을 황홀하게 하지만 화훼장식에 있어서 가장 무시되고 잘 이해되어 있지 않는 부분이다. 꽃향기는 달콤하고 민감하거나 자극적이고 대담한 느낌까지 다양하다. 꽃과 식물을 선택할 때 좋은 향기를 도입하도록 한다.

9-2. 디자인 원리

조화, 통일, 균형, 규모, 비, 강조, 리듬, 단순 등의 디자인 원리(原理)를 적절히 이용한 화훼장식물과 화훼장식 공간은 편안하고 아름다운 환경을 창출한다.

9-2-1. 조화(調和, harmony)

음악에 있어서 각각의 악기나 목소리는 합쳐져 아름답고 즐거운 소리를 이루어 낸다. 즉, 다양한 구성 요소들이 합쳐져 아름다운 전체 구성을 이루어 낼 경우 조화로운 구성이 이루어지는 것이다. 조화는 주제, 형태, 크기, 재료, 색채, 질감, 무늬(pattern)와 같은 요소들이 일치된 질서 속에서 통일된 균형을 이루고 있음을 뜻한다.

조화는 화훼장식에 있어서 필수적인 요소이다. 조화가 잘 되지 않으면 보기가 흉하다. 장식물의 통일된 이미지는 조화나 일치감이 있는 명료한 주제를 보여주게 되지만 구성 요소들이 산발적이고 미약하여 통일감이 결여된 장식물은 관찰자로 하여금 혼란을 야기시키고 주제를 불분명하게 만든다. 화훼장식물을 만들 때 주제와 목적이 결정되어 있으면 디자이너는 조화로운 디자인을 위해 더욱 쉽게 재료를 선택할 수 있다. 부분들의 조화는 같은 색의 사용시 쉽게 이루어질 수 있으며 형태와 선도 반복해서 이용할 수 있다. 조화있는 장식물을 만들기 위해 어떤 분위기와 주제가 필요한가? 크기, 형태, 질감, 색은 어떠한 것이 필요한가? 재료들은 서로 잘 어울리는가? 식물 외 장식물은 주제를 더 효과적으로 만드는가?

조화는 모든 구성원리가 적절히 적용되었을 때 성취될 수 있으며, 제대로 표현하기보다는 실패하기가 더 쉽다고 한다. 좋은 디자인이란 구성의 다양한 부분 요소들이 서로 잘 어우러져 전체의 모습으로 보이고 그 다음에 부분 요소들이 느껴져야 하며, 이 때 더 추가할 것도 제거할 것도 없는 상태라고 말할 수 있다.

9-2-2. 통일(統一, unity)

통일은 조화와 관련이 있으나 약간 다르다. 통일이란 단어는 통합이 되거나 완전해진 하나의 상태로서 전체 구성이 개개의 부분에 비해 훨씬 두드러진 것을 의미한다. 통일을 이루기 위해서는 화훼장식물이나 화훼장식 공간을 부분의 조합으로서가 아니라 하나의 단위로 보는 것이 필수적이다.

화훼장식에서의 통일은 근접, 반복, 전이로서 가장 잘 표현되어진다. 근접(近接, proximity)은 통일을 이루는 가장 쉬운 방법으로 꽃과 잎, 또는 식물들을 한 용기 안에 같이 넣어 형태와 크기, 질감, 색에 대한 통일감을 얻을 수 있다. 이 방법은 항상 조화롭지는 않으나 어떤 통일감을 만들어 낼 수는 있다. 반복(反復, repitition)은 통일감을 이루기 위해 가장 일반적이고 효과적인 방법이다(그림 9-8, 9, 10). 디자인 전체에 어떤 요소들을 반복하여 배열하게 되면 전체 디자인 구성에 일치감을 주어, 부분들을 서로간, 또는 전체와 연결시켜 통합시킨다. 그러나 지나친 반복은 단조로움으로 흐를 수 있으므로 주의해야 한다. 같은 물체나 형태, 크기, 색, 질감 등의 요소들이 반복에 이용될 수 있다. 전이(轉移, transition)는 보다 계획적으로 이루어진다. 전이는 한 요소에서 다른 요소로의 점진적인 변화를 의미하며 시선을 계속 움직일 수 있도록 구성 요소를 배열하거나 조합한다. 색은 전이를 만들기 가장 쉬운 요소로 주황색 꽃은 빨강꽃과 노랑꽃을 시각적으로 연결시켜 시선의 흐름을 부드럽게 만들며 통일감을 이루어 낸다.

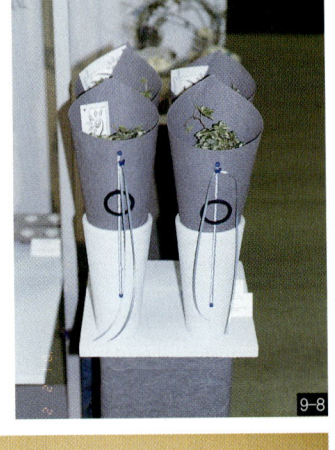

통일이 잘 이루어지면 논리적인 관계가 명백하고 부적절하게 보이지 않는다. 그러나 통일과 조화가 지나치면 단조로움으로 연결될 수 있다. 디자이너는 통일과 단조로움 간의 엄밀한 차이를 구별해야 하며 단조로움을 피하기 위하여 적절한 변화를 준다. 예를 들면 같은 색을 반복할 경우에 명도나 채도를 다르게 배열하거나, 같은 형태를 반복할 경우 크기나 색을 다르게 한다. 그 외 단조로움을 피하기 위하여 강한 강조점을 만들거나 장식물 전체 윤곽의 변화를 주면 흥미를 유발시킬 수 있다.

9-2-3. 균형(均衡, balance)

균형은 화훼장식 구성 내의 시각적인 평형감(平衡感)과 평정(平靜)의 느낌이다. 균형은 실제적인 물리적 균형과 시각적인 균형이 있다. 사람은 균형을 필요로 하며 물리적인 위협이 되는 불안정한 사다리나, 선반, 가지 등을 피하는 경향이 있다. 화훼장식물이나 화훼장식 공간 내에서 불균형은 물리적인 위험을 보이지는 않으나 혼란스러움으로 나타난다.

그림 9-8. 스탠드와 분(盆)과 포장지 색의 반복은 디스플레이 공간의 통일감을 보인다.
그림 9-9. 동일한 분식물의 반복으로 강한 통일감이 이루어지며 단순미가 강조된다.
그림 9-10. 동일한 색의 꽃꽂이의 반복으로 공간의 통일감이 이루어진다.

물리적 균형(physical balance)은 화훼장식물이 스스로 서 있을 수 있을 때 이루어진다. 예를 들면 용기는 꽃이나 식물을 지탱할 수 있는 적절한 크기와 무게, 형태를 가져야 하며 이러한 물리적 균형은 대부분 용기의 양쪽에 같은 양과 무게의 식물이 배열되면 이루어진다. 물리적 균형과 시각적 균형은 밀접하게 연결되어 있다. 실제로 물리적인 균형이 이루어져 있어도 균형이 잡힌 것 같이 보이지 않으면 불안하고 어색하게 느껴진다. 모든 화훼장식물이나 화훼장식 공간은 평형의 느낌을 주기 위해 시각적인 균형에 의존한다. 시각적인 균형은 편안한 느낌을 주면 이루어진다.

그림 9-11. 좌우 대칭으로 배치된 아레카 야자는 편안한 느낌을 이루어낸다.

시각적인 균형(visual balance)은 대칭 균형과 비대칭 균형으로 나뉜다. 대칭 균형(symmetrical balance)은 상상에 의한 중앙의 수직축을 기준으로 양쪽에 같은 요소가 동일하게 배열되면 이루어진다(그림 9-11). 대칭은 쉽게 균형을 이루며 편안하고 안정된 느낌을 만들어 주며 또한 공식적이고 위엄이 있는 듯이 보인다. 그러나 이 균형은 자연스럽지 못해 때로는 딱딱하고 인위적인 것 같이 보인다. 꽃꽂이에서는 축을 중심으로 꽃을 양면의 똑같은 자리보다는 약간 다른 위치에 배치함으로써 자연스럽지 못함을 해결한다. 구성 공간의 축의 양면에 동일한 식물이 놓일 경우 정형적인 대칭 균형이 만들어진다. 이러한 식물의 배치는 정적인 분위기를 만드는데 둘 중 한 식물이 상하거나 죽으면 균형이 깨진다.

비대칭 균형(asymmetrical balance)은 중심축을 기준으로 양면에 다른 요소가 배치되지만 동등한 시각적 무게감을 주어 같은 시선을 유도함으로써 이루어진다. 이것은 보다 자연스럽고 비정형적이며 시각적 움직임으로 인한 생동감을 만들어낸다. 그러나 비대칭 균형을 이루어내기 위해선 더 많이 생각해야 하며 상상력이 풍부해야 한다. 디자이너의 감각과 계획안, 의뢰인에 따라 영향을 받는다. 비대칭균형은 다양한 요소가 여러 가지 방법으로 배열되어 있어 오래 흥미를 끈다. 대부분 디자인은 강조의 요소를 가지고 있으며 성공적인 디자인에서는 강조의 부분을 중화시키는 배경과 같은 종속적인 요소가 필요하다. 구성내 공간의 대부분은 강조된 부분과 비대칭 균형을 이루기 위해 빈 공간이 필요하다. 빈 공간이 없는 디자인은 복잡하고 혼란스럽게 보인다. 비대칭균형은 색, 형태, 질감 등의 요소로 다양하게 이루어 낼 수 있다. 한 면에 몇 송이의 크고 밝은 색의 꽃은 다른 면에 있는 한 송이의 작고 어둡고 강한 꽃과 균형을 이룬다. 꽃꽂이에서 강조점에 배치된 한 송이의 질감이 거친 이국적인 느낌의 프로티아는 가장자리에 있는 작고 많은 꽃과 균형을 이룬다.

3부 화훼장식 디자인

그림 9-12. 비정상적으로 큰 규모는 강한 감동을 일으킨다. 〈1990. 일본 오사카 꽃박람회〉

9-2-4. 규모(規模, scale)

규모는 전체 공간이나 구성 내에서 구성 요소인 물체의 상대적인 크기이다. 성공적인 디자인을 위해 적절한 규모는 필수적이며 디자인 전체를 통한 규모는 일관성이 있어야 한다. 적절한 규모의 디자인은 정상적이고 편안하며, 규모가 잘 맞지 않으면 편안하지 않은 시각적인 긴장감을 만들어낸다. 디자인 전체의 크기와 형태는 내부에 포함될 요소의 규모를 결정한다. 즉 장식물의 크기와 그것이 놓일 공간과의 비례관계는 중요한 문제로서 의도하는 강세의 정도에 따라 적합한 비율을 가져야 한다.

적절한 규모를 결정하기 위한 측정치에 대한 기준은 인간의 몸의 크기를 이용한다. 그러나 적절한 규모는 디자인의 목적이나 디자이너의 감각, 의도하는 강세에 따라 달라져 드물게는 비정상적인 거대한 규모가 감동을 주기도 하고, 섬세하고 정교한 표현에서는 작은 규모로도 충분한 강조효과를 주기 때문이다(그림 9-12).

화훼장식물의 제작시 용기의 크기는 화훼장식물의 크기와 형태를 결정하는 중요한 요소이다. 작고 섬세한 용기는 작고 고운 꽃이나 식물이 이용되어야 하며 크고 무거운 용기는 크고 눈에 띄는 꽃이나 식물이 어울린다. 같은 구성내의 꽃들은 규모가 비슷해야 한다. 큰 꽃은 작은 꽃을 가려버리고 꽃 크기의 차이가 심하면 잘 어울리지 않는다. 화훼장식물은 그것이 놓일 테이블과 물리적으로나 시각적으로 크기가 맞아야 하며 동시에 주위 공간의 크기와도 맞아야 한다. 작은 공간에 수림을 형성할 수 있는 식물들의 배치는 나중에 한도를 벗어날 정도로 커져서 그 공간을 압도할 수 있으므로 낭패를 겪을 수 있다.

규모에 있어서 또 중요한 점은 질감과 색이다. 거친 질감의 꽃은 시선을 유도하기 때문에 커 보이며 밝고 짙은 색은 시선을 유도하므로 더 커 보인다. 좁은 공간에는 섬세한 질감의 식물을 배치해야 적절한 규모를 이룰 수 있다.

9-2-5. 비(比, proportion)

비는 디자인 안에서 부분과 다른 부분들 또는 부분과 전체와의 관계를 뜻한다. 비는 폭, 길이, 두께, 높이에 의한 치수와 관계가 있으며 조화와 균형과 대비의 효과가 고려되어야 한다. 디자인의 비가 적절하지 않으면 조화롭지 못하며 균형이 이루어지지 않는다. 디자이너는 식물과 용기와의 비, 그리고 이 식물과 다른 가구와의 비, 그리고 이들이 놓일 전체 공간과의 전체적인 비를 검토하여 디자인의 비가 효과적으로 선택되도록 한다. 비는 가장 다루기 쉬운 구성 형식이며 보는 사람의 감정에 직접적인 호소력을 지니고 있다.

비는 균형과 밀접한 관계를 이루고 있는데 균형이 이루어지지 않으며 적절한 비도 이루어지지 않는다. 초기의 그리이스인들은 좋은 비에 대한 몇 가지 비밀을 발견했는데 이것은 화훼장식에도 적용할 수 있다. 직사각형의 가로 세로의 비가 3:2인 황금직사각형의 비에 의한 수는 2, 3, 5, 8, 13, 21 등으로 나간다. 앞의 두 수의 합은 뒷 수와 같다. 황금분할(黃金分割)이라는 비는 형태나 선의 분할시 이용하는데 작은 부분과 큰 부분의 비는 큰 부분과 전체의 비와 같다. 황금분할비는 화훼장식시 용기 3과 꽃 5로 용기와 꽃의 높이의 비에 이용될 수 있다. 이 외에도 꽃이나 식물의 높이는 용기의 두 배가 되는 비도 이용된다(그림 9-13). 어떤 면적을 나눌 때는 절반으로 나누는 것보다 1:2나 1:3으로 나누는 것이 좋으며 화훼장식물을 테이블에 놓을 때도 한가운데 놓이는 것보다 1:2나 1:3의 자리에 놓는 것이 훨씬 더 자연스럽고 보기 좋을 경우가 있다. 그러나 이러한 비는 디자이너의 감각과 디자인의 목적에 따라 달라진다.

색의 비에 있어서, 식물의 크기와 색은 식물이 배치될 공간과 가구의 크기와 색과 잘 맞아야 한다. 즉 식물 식재는 강조의 목적이 아니라면 공간에 종속되어야 한다.

그림 9-13. 용기 높이와 꽃 높이의 비(比)는 적절해야 편안한 느낌을 준다. (1999년 Daniel Ost 데몬스트레이션 쇼)

그림 9-14. 매스 디자인의 꽃꽂이에서 강조는 보통 용기 바로 위 앞 부분의 무게 중심 부위에 이루어지며 강조되지 않은 꽃꽂이보다 훨씬 더 시선을 유도한다.

9-2-6. 강조(强調, emphasis)

디자인에서 가장 흥미를 끄는 방법은 강조를 위한 요소를 포함시키는 것이다. 강조는 다른 재료들과 대비를 이룰 때 이루어진다(그림 9-14, 15). 강조점은 디자인의 나머지 부분에 비해 두드러지기 때문에 사람들은 디자인에서 이 부분을 가장 먼저 보게 된다. 구성 내에서 디자인의 크기, 모양, 위치에 따라 강조 요소는 한 개 또는 여러 개가 될 수도 있다.

실내공간에서 주위와 대조를 이룸으로서 두드러져 보이는 조각, 조명, 깃발, 분수, 그림, 식물, 꽃꽂이 등은 그 공간의 강조가 될 수 있다. 디자인 내에 강조를 할 때는 디자인 공간을 시각적으로 잘 검토한다. 접대 공간의 테이블은 강조를 위해 꽃꽂이나 식물이 필요할 지도 모른다. 화훼장식물의 제작시에는 그 장식물 전체를 잘 살펴보아 사람들의 시선을 강하게 유도할 필요가 있는지를 살핀다.

그림 9-15. 발코니 정원은 보통 정면 중앙 아랫부분에 수경요소를 도입하여 강조부위를 형성한다.

꽃꽂이에서 강조점의 위치는 디자인의 중앙이거나 비대칭일 경우에는 중앙에서 약간 벗어난 곳에서 화기부위의 아래쪽인 경우가 많다. 또 디자인 내 두 가지 다른 부위를 연결하기 위해 중간에 위치하는 경우도 있으며, 디자인에 따라 여러 위치에 존재하기도 한다. 다른 부위와 고립된 상태에서 이루어지는 경우의 강조가 가장 효과적이다. 강조점은 한 개 이상일 수도 있으며 여러 개일 경우 상당히 흥미로운 디자인이 되나 지나친 경우에는 혼잡스러울 수 있다. 강조점은 다른 부위와 다르면 만들어질 수 있으며 이것은 대비에 의한 것이다. 꽃꽂이에서 어두운 색의 꽃은 시각적인 무게가 무거우므로 중앙의 강조점에 배치하며 가장자리는 엷은 색의 꽃을 배치한다. 헬리코니아, 극락조화, 안서리움과 같은 폼 플라워나 크고 활짝 핀 꽃, 질감이 거친 꽃은 그렇지 않은 꽃에 비해 시선을 유도한다. 중앙에는 간격을 조밀하게 배치하고 가장자리는 느슨하게 배치함으로써 중앙을 강조할 수 있다. 그 외에도 화훼장식에서 첨경물의 배치, 밖으로 뻗어나가는 선, 꽃의 방향, 나뭇가지를 이용한 프레이밍(framing), 전체에서 벗어난 다른 부위로의 격리방법 등이 강조를 하는 방법이다.

강조는 지나치거나 디자인에 어울리지 않으면 안되며 여전히 디자인의 일부로 남아 있어야 한다. 모든 디자인에 꼭 강조점이 있을 필요는 없다.

9-2-7. 리듬(rhythm)

리듬은 같은 요소들에 의한 시각적인 움직임을 말한다. 화훼장식물 전체를 통해 표현되는 리듬은 음악에서 처럼 감정을 일으킨다. 리듬을 만들기 위해 꽃과 식물, 그 외 소재들의 배열을 강조점과 관련시키며, 시각적인 성공을 위하여 강조점에서 디자인의 모든 부분으로 또는 둘레를 시선이 움직이도록 하는 것이다. 이러한 리듬은 비슷한 요소의 반복에 의해 이루어지며 움직임과 감정을 일으킨다. 이러한 감정을 일으키는 리듬의 패턴(pattern)은 느림, 휴식, 조용함, 빠름, 행복, 섣부름 등이다.

실내 공간내의 리듬은 방문객을 현관문에서 로비를 통하여 안내대로 움직이도록 하는데 이용될 수 있다. 비슷한 식물이나 물체로 인한 시각적인 재상기(再想起)는 반복된 식재 패턴으로 인해 사람을 계속 걷게 만들면서 로비(lobby)를 통한 움직임을 만들어낸다. 대규모의 실내공간에서 화훼장식물에 의한 리듬은 백화점의 쇼핑자들을 장소에서 장소로, 혹은 방문객, 고객, 종업원들을 사무실 공간에서 아트리움을 통하여 움직이도록 돕는데 이용된다.

리듬은 비슷한 색, 형태, 질감, 선에 의한 반복으로 이루어질 수 있다. 시선을 유도하는데 밝고 강한 색은 강한 효과를 보인다. 이것은 디자인 내에서 시선을 옮기기 위해 자동적으로 비슷한 색을 찾게 되기 때문이다. 꽃꽂이에서 중앙에서 뻗어나가는 방사선을 이루는 꽃과 잎의 배열은 시선을 중앙에서 가장자리로 또 다시 중앙으로 반복해서 여러 번 움직이도록 한다. 그러나 만약 가지가 겹쳐져 있을 경우에는 시선의 움직임은 차단이 되며 리듬감이 없어진다.

화훼장식에서 전이(transition)는 연속이라 불리기도 한다. 색, 명도, 채도, 크기, 형태, 간격, 질감의 점진적인 변이는 리듬감있는 시각적인 통로를 만든다. 부분적으로 색이 매우 다른 꽃다발은 강조점에서 가장자리로 시선이 매우 빠르게 움직이도록 하며 색의 차이가 적은 경우 점진적인 색의 변화일 경우에는 시선이 느리게 움직인다. 보통 중앙의 강조점에서 가장자리로 갈수록 간격은 벌어지게 되며 리듬감이 형성된다. 특히 단색의 장식에서 점진적인 질감의 변화도 리듬감을 형성한다.

9-2-8. 단순(單純, simplicity)

디자인에서의 명료함은 매우 중요하다. 아름다움은 많은 양의 재료를 장식하는 데서 창조되는 것이 아니며 혼잡한 디자인은 리듬을 잃게 되고 주제를 불분명하게 하여 오히려 다른 요소들에게까지 역효과의 결과를 초래한다.

단순한 디자인에서는 강조점을 비롯한 주제가 명확해질 수 있다. 그러나 복잡해질수록 더욱 명확한 강조점과 대비를 수반하는 요소가 필요하게 되어 고도의 기술을 요구하게 되며 그 결과 역시 불확실한 위험을 안게 된다. 사용되는 재료의 숫자와 분량의 증가는 역효과도 낼 수 있다는 것을 유의하여야 한다.

4부 절화장식의 기본 기술

절화장식물은 선(線)적인 요소를 지닌 절화를 주 소재로 절엽, 절지 등의 식물과 기타 다양한 무생물 소재를 잘 어우러지게 조합하여 만들어진 미적 가치가 높은 조형물이다. 절화 중 생화를 이용한 장식은 물을 흡수할 수 있도록 항상 줄기 끝과 물이 연결됨과 동시에 원하는 형태를 만들어내기 위하여 줄기를 지탱할 수 있는 여러 가지 고정방법을 적용해야 하며, 건조화와 조화를 이용한 장식은 물을 흡수할 필요가 없기 때문에 조형(造形)을 위한 줄기 고정방법이 자유롭다.

이러한 기본 조건을 충족시키면서 표현할 수 있는 꽃꽂이, 꽃다발, 리스, 갈란드, 형상물, 콜라주 등 다양한 형태의 절화장식물에 대한 기본적인 제작 기술을 살펴보자.

10. 절화 줄기의 고정방법

절화장식물 구성의 안정성과 질은 줄기의 고정에 달려있다. 충분한 수분이 공급되고 안정적인 장식물을 효율적으로 만들어내기 위해 줄기의 고정기술을 터득하는 것은 중요하다. 고정된 부위는 특별한 경우를 제외하곤 보이지 않게 가려주며 이 부위를 얼마나 깨끗하게 잘 감추어 주는가에 따라 장식물의 성공여부가 결정된다고 해도 과언이 아니다. 조형과 수분흡수를 고려한 절화 줄기의 고정방법은 다음과 같다.

10-1. 용기에 꽂음

가장 기본적인 절화장식의 줄기 고정방법은 물을 담은 용기(容器)에 절화를 꽂아 줄기가 용기의 입구에 기대어 자연스럽게 늘어지도록 하는 것으로 가장 쉽게 이용되는 고정방법이다. 이 방법으로 조형되는 형태는 단순하나 깔끔하고 물을 갈아주는 관리면에 있어서 편리하다(그림 10-1). 최근의 현대식 디자인에서는 독특하고 아름다운 디자인을 위하여 용기에 단순히 절화를 꽂는 것보다는 훨씬 더 복잡하고 복합적인 고정방법을 이용하고 있다.

그림 10-1. 용기에 꽂음.

10-2. 플로랄 폼 이용

용기에 단순히 꽃의 줄기를 넣어 이루어지는 형태는 단순하며 특정한 형태를 만들어내기 어렵다. 절화가 물을 흡수함과 동시에 원하는 형태를 만들어내기 쉽도록 오아시스(OASIS)라는 상품명으로 불리우는 플로랄 폼(floral water foam)에 절화를 꽂는다. 플로랄 폼은 꽃꽂이를 위해 특별히 제작된 다공성 물질로 녹색이며 벽돌모양뿐만 아니라 이용 목적에 따라 다양한 형태와 질로 생산되기 때문에 세계적으로 가장 많이 이용되고 있다(그림 10-2). 플로랄 폼은 물에 담구어 물을 충분히 흡수하도록 해야 하며 줄기를 꽂을 때 플로랄 폼 내에 한번 구멍이 생기면 그대로 남아있게 되므로 줄기의 절단면과 플로랄 폼의 면이 항상 닿아 있도록 주의해야 한다. 장식 형태에 따라 플로랄 폼의 크기는 줄기가 고정되고 수분이 충분히 공급될 수 있으면 크기가 작을수록 가볍고 경제적이다. 건조소재나 조화는 국내에서 우레탄이라 불리는 드라이폼(floral dry foam)이 이용되며 조화는 경제적인 측면에서 스티로폼(styrofoam)을 사용하기도 한다.

그림 10-2. 다양한 형태의 플로랄 폼과 방수테이프, 핀 홀더(pin holder), 그리고 핀 홀더를 고정하는 플로랄 점토. (OASIS® floral foam)

10-2-1. 플로랄 폼 적시기

생화를 꽂기 전에 플로랄 폼은 충분히 물에 적셔야 한다. 깨끗한 물이나 보존용액에 띄워, 물이 충분히 배어들면 한 개의 블록(block)은 2L 정도의 물을 함유한다. 폼에 따라 흡수율이 다르며 블록이 완전히 포화되는데 1-2분 정도 소요된다. 물이 빨리 폼에 침투하게 되면 공기방울이 내부에 자리잡게 되므로 폼을 강제로 밀어 넣어 포화시켜서는 안 되며 거품이 멈출 때까지 물 속에 그대로 둔다. 칼로 여러 조각으로 잘라 내부에 공기방울이 있는지 확인할 수 있는데, 이렇게 하면 내부의 공기방울을 제거하고 폼을 완전히 포화시킬 수 있다. 폼 블록을 포화시킨 후에 잘라서 용기에 넣고 꽂을 꽂는다. 물에 담기기 전에 잘라서 넣을 수도 있다. 일단 사용한 폼은 재사용할 수 없는데, 수분보유력이 떨어지므로 꽃이 일찍 시든다. 물에 적신 후 사용하지 않고 말랐을 경우에도 마찬가지이다.

10-2-2. 플로랄 폼 자르기

플로랄 폼은 칼로 자르는 것이 좋으며, 가위나 철사를 이용해 자르면 표면이 고르지 못하게 된다. 전체 블록에서 용기에 필요한 만큼의 폼을 잘라낸다. 폼 블록과 용기 옆면에 충분한 공간을 두어 물을 채운다. 블록이 용기의 모든 면을 꽉 채운다면 물구멍을 만들어 준다. 즉, 블록의 한쪽 구석을 잘라 내거나 막대기로 찍거나 하여 용기에 물을 채우기 쉽게 해준다.

10-2-3. 플로랄 폼 고정하기

폼이 용기 내에서 쉽게 움직이면 꽃이 상하기 쉽고, 취급, 운송과정에서 꽃들이 용기 밖으로 분리될 수 있다. 폼은 디자인에 따라 용기 위 부분으로 2㎝ 정도 올라오거나 내려가기도 한다. 용기 내에 폼을 고정하기 위하여 방수테이프, 고정핀, 접착제 등이 이용된다. 방수테이프는 0.6㎝ 넓이로 투명, 녹색, 흰색의 것이 있다. 방수테이프는 폼의 위를 지나서 용기 옆쪽으로 붙이며 테이프는 안보이게 해야 하므로 최소한으로 사용한다. 방수테이프는 물에 젖은 플로랄 폼에 잘 붙지 않으므로 깨끗하고 마른 용기의 표면에 붙인다. 고정핀은 용기바닥에 접착제나 테이프, 플로랄 점토로 쉽게 붙일 수 있다. 물로 포화된 플로랄 폼을 고정핀 위에 놓아 눌러 고정시킨다. 글루건으로 녹인 접착제 역시 플라스틱 용기에 폼을 붙이는데 이용될 수 있다. 접착제를 붙이려면 폼이 마른 상태여야 한다. 폼에 접착제를 묻힌 부분을 용기 바닥에 대고 완전히 붙도록 몇 분 기다린 후 폼을 물로 포화시킨다. 폼을 포화시키기 위해 폼이 붙어 있는 용기의 일부를 보존용액에 잠시 담그는 것이 좋다. 접착제를 이용하면 많은 용기들을 미리 준비해 둘 수 있는 장점이 있다.

그림 10-3. 철망을 이용한 줄기고정 방법.
〈D. Brinton, 1990, p10.〉

10-3. 침봉(針峰, needlepoint holders)

침봉은 바닥이 무거운 납으로 되어 있으며 그 위에 날카로운 핀이 촘촘하게 박혀있는 것으로, 나뭇가지를 주 소재로 조형하는 한국꽃꽂이의 줄기 고정에 이용된다. 플로랄 폼에 비해 재사용이 가능하고 수반 위에 꽃을 꽂을 때 납작하여 부피감을 주지 않기 때문에 좋은 점이 있으나, 다양한 형태의 조형이 어려우며 꽃을 고정하기에 부적합하기 때문에 자유로운 양식의 현대적인 꽃꽂이에는 제약이 많이 따른다.

10-4. 철망(chicken wire) 이용

용기 안에 철망을 둘둘 말아 넣어 철망의 구멍사이로 꽃과 나뭇가지를 걸치는 방법으로 플로랄 폼만큼 섬세한 형태를 만들지는 못하지만 소재에 따라 자연스럽고 느슨한 형태를 만드는데 도움이 된다. 무겁고 굵은 줄기를 꽂을 때 플로랄 폼의 표면에 철망을 부착하면 줄기를 지탱하기가 쉽다. 또 철망으로 리스나 갈란드를 위한 틀, 기둥, 동물 모양 등 다양한 형태를 만들어 절화를 고정하는 지지물로 이용한다(그림 10-3). 이 때 수분공급은 내부에 플로랄 폼, 소형 개별 워터 튜버를 이용하거나 경우에 따라 수분의 공급없이 이용하기도 한다.

10-5. 줄기를 얽거나 격자(格子, grid)를 만듬

 플로랄 폼은 일회용으로 사용 후 폐기 처분해야 하는 환경오염물질이므로 최근에 가능한 한 플로랄 폼을 이용하지 않는 줄기 고정방법을 선호하는 움직임이 있다. 이러한 방법 중 잎이 달려있는 줄기 자체를 이용해 손쉽게 격자를 만들 수 있다. 이것은 전통적인 기술로 줄기를 이용해 격자를 만들게 되므로 용기 내부의 고정재료를 가릴 걱정을 할 필요가 없으며 빠르고 간단하다. 예를 들어 루모라 고사리 잎을 이용할 경우 한 줄기를 꽂고 계속해서 다른 줄기들을 꽂게 되면 줄기들은 서로 얽히게 되어 단단한 격자가 만들어지게 되며 그 사이에 꽃을 꽂으면 꽃이 고정된다.

 특히 유리용기를 이용할 경우 내부에 플로랄 폼과 같은 고정재료가 들어가면 보기 좋지 않으므로 유리용기 입구에 격자모양으로 방수테이프를 부착시켜 그 사이사이 구멍으로 줄기를 꽂을 수 있다. 이러한 격자는 철망으

그림 10-4. 철망을 이용한 줄기고정방법. (D. Brinton, 1990, p11.) 　그림 10-5. 나뭇가지로 격자를 만들어 줄기를 고정한다. (1999년 금연회 전시회)

로도 만들 수 있는데, 철망 끝을 눌러서 화기 가장자리에 맞추고 투명한 방수테이프나 클립으로 고정시킨다(그림 10-4). 이러한 격자는 플라스틱이나 비닐을 이용한 상품으로도 개발되어 있다. 격자는 디자인 형태에 따라 다양한 재료와 방법으로 만들어낼 수 있다.

 용기 내부에 나뭇가지를 잘라 버팀목을 한 줄, 혹은 격자로 끼워 그 사이에 줄기를 꽂아 고정시키는 방법도 있다. 경우에 따라 고정 부위를 가리지 않고 그대로 장식의 한 부분으로 이용하기도 한다(그림 10-5).

4부 절화장식의 기본 기술

그림 10-6. 짧은 줄기는 유리관에 꽂아 연결시킨다. 〈1999년 Daniel Ost 데몬스트레이션 쇼〉

10-6. 워터 튜버(water tube)와 유리관 이용

줄기가 짧아 용기 속의 물이나 플로랄 폼에 도달할 수 없는 꽃은 튜버나 유리관에 꽂아 필요한 곳에 배열하여 이용할 수 있다(그림 10-6). 특히 유리관은 그 투명한 유리의 아름다움과 깨끗함을 그대로 드러나게 하여 장식물의 일부가 되게 할 수 있다. 튜버는 뚜껑이 달려있어 비스듬히 기울여도 되는 장점을 지니고 있다.

10-7. 끈, 실, 철사, 테이프 등으로 묶거나 핀(pins)이나 꽂이(picks)로 찔러 줌

최근에는 라피아(raffia)로 줄기를 묶어 그대로 용기에 꽂을 수 있는 꽃다발이 많이 이용된다. 이러한 꽃다발은 라피아 외에 끈, 실, 철사, 테이프 등의 다양한 묶는 재료를 이용할 수 있으며, 이러한 재료들은 꽃꽂이 제작시 줄기를 서로 묶어 연결하거나 필요한 구조물에 줄기를 부착시킬 때도 많이 이용된다(그림 10-7). 핀이나 꽂이로 찔러(그림 10-8) 다양한 식물재료를 부착시키기도 한다. 철사는 무거운 꽃이나 약한 줄기를 지탱하는데 이용되며, 재료들을 묶을 때 이용된다. 또, 코사지, 부토니어, 머리장식, 신부꽃다발 등을 만들 때 줄기 대신으로도 이용된다. 실과 같이 긴 철사는 갈란드나 리스를 만들 때 줄기를 리스 틀에 고정시키기 위하여 사용한다. 핀이나 꽂이를 이용할 경우 가능한 한 식물체에 상처를 주지 않는 것이 수명연장을 위해 좋다. 장식물에 따라 이러한 묶거나 찌른 부위를 가리지 않고 그대로 보여주기도 한다.

그림 10-7. 줄기를 묶어 용기에 세워준다. 〈김진홍〉
그림 10-8. 줄기에 꽂이를 부착하여 길게 연결시킨다.

4부 절화장식의 기본 기술

그림 10-9. 지지물을 이용하는 방법.

10-8. 돌, 구슬, 나뭇가지 등의 지지물을 이용하거나 다른 물체에 기댐

용기 내에 돌이나 구슬, 또는 여러 가지 지지물을 넣어 줄기를 그 사이에 넣어 고정시키거나, 용기의 외부에 나뭇가지나 다양한 지지물을 세워 그 지지물에 기대게 함으로써 줄기를 고정시킨다(그림 10-9). 유리 용기일 경우 모양과 색, 질감이 아름다운 재료를 내부에 넣어 시각적 효과를 높일 수 있다.

10-9. 줄기를 엮음

이용되는 긴 줄기나 잎을 여러 가지 방법으로 엮어 고정과 장식효과를 동시에 이루는 방법이다. 자유로운 현대식 디자인에 많이 이용되는 방법이며 용기에 닿지 않는 줄기의 수분 흡수를 위해 튜버나 시험관을 이용하며, 필요에 따라 줄기를 엮기 위한 지지물을 이용한다.

10-10. 접착제 이용

생화 전용 접착제를 이용해 필요한 부위를 접착시켜 디자인을 견고하게 지탱한다(그림 10-10). 줄기보다는 주로 표면에 잎을 부착시켜 무늬를 낼 때 많이 이용한다. 많이 이용되는 것으로 생화용 액상 플로랄 접착제, 스프레이 접착제가 있다. 건조소재나 조화용으로는 글루포트나 글루건(glue gun)을 이용해서 쓰는 글루스틱(glue stick)이 있다.

그림 10-10. 접착제를 이용하는 방법. 〈1999년 Daniel Ost 데몬스트레이션 쇼〉

10. 절화 줄기의 고정방법

10-11. 철사 꽂기

절화의 줄기내부나 외부에 철사를 꽂아 약한 줄기는 강하게, 아래로 처진 꽃은 위로 향하게 해주며, 비틀어진 줄기는 곧게, 곧은 줄기는 휘어지게 만들어 준다. 꽃모양, 줄기두께, 철사를 꽂는 이유에 따라 적합한 철사꽂기 기술을 적용해야 한다. 철사꽂는 방법은 꽃받침 꿰뚫기, 후크(hook)형 철사넣기, 줄기속에 철사넣기 등이 있다.

장미나 카네이션에서 줄기가 약하거나 꽃이 아래로 처져 있을 경우 꽃받침에 철사를 살짝 찔러서 나선형으로 줄기둘레를 감아 내려온다. 거베라와 같은 줄기가 약한 납작한 꽃에 이용하는 후크형 철사넣기 방법은 철사 끝을 구부려 후크를 만들고 꽃의 위쪽에서 아래로 후크가 보이지 않을 정도로 철사를 밀어 넣어 꽃 아래 줄기 밖으로 철사가 나오게 한다. 줄기에 철사를 부착시키면 구부려 다양한 흐름의 선을 만들어낼 수 있다. 속이 비었거나 꽉 차있는 줄기인 경우 줄기 기부에서 내부의 위쪽으로 철사를 넣어 지탱해준다. 철사가 줄기나 꽃을 상하게 하지 않도록 천천히 조심스럽게 밀어 넣는다.

11. 꽃꽂이

꽃꽂이(flower arrangement)는 꽃을 잘라 줄기가 물을 흡수할 수 있도록 용기에 꽂는데서 시작된 이래 다양한 줄기고정과 배열방법을 이용하여 아름다운 형태로 조형되는 절화장식물이다. 오늘날 이러한 꽃꽂이는 꽃꽂이가 배치되는 장소의 용도와 특성, 이용자의 요구사항, 디자이너의 개성, 이용 소재, 그 나라의 문화적 특성 등에 따라 헤아릴 수 없이 많은 형태와 구성양식으로 표현된다. 최근의 전시회에서 선보이는 작품들은 구조물이나 식물 외 소재들과 어우러진 대형 조형물로 많이 소개되지만, 실용적인 면에서는 꽃줄기의 한정된 길이로 인하여 규모가 작은 전형적인 형태의 꽃꽂이가 일반적으로 이용된다. 이 장에서는 꽃꽂이를 처음 배우는 초보자들의 이해를 돕기 위한 기본기술에 대해 살펴보자.

11-1. 꽃꽂이의 형태

꽃꽂이는 헤아릴 수 없이 다양한 형태와 구성으로 표현될 수 있지만 선(線)적인 요소인 절화를 주 소재로 조형되므로 일반적으로 이용되는 형태가 있다. 이러한 일반적인 형태는 초보자들에게 꽃꽂이의 조형을 이해시키고 숙달시키기 위한 기본형(基本形, basic shapes)으로 이용되며 초보자들은 기본형을 통하여 줄기의 고정과 조형, 그리고 표현방법을 이해하고 제작기술을 숙달시켜, 배치공간에 어울리는 아름다운 꽃꽂이를 위한 자유롭고 개성있는 디자인으로 나아간다.

꽃꽂이의 입체적인 형태는 정면(正面), 측면(側面), 상면(上面)으로 설명할 수 있다. 이용 목적에 따라 꽃꽂이는 한 방향에서 바라보는 형태(일방형, one-sided shape)와 사방에서 바라볼 수 있는 형태(사방형, all-sided shape)로 조형되며, 소재와 소재사이의 공간을 가득 채우거나 또는 빈 공간을 남기냐에 따라 소재 개개의 모양이 강조될 수도 있고(line design), 소재가 어우러진 전체의 모습(mass design)으로 표현될 수도 있다.

기본적인 꽃꽂이의 조형은 선적인 요소인 절화를 주 소재로 조형되므로 공통적인 윤곽의 특징이 있다. 일방형에서 정면은 다양한 모양으로 표현될 수 있으나 측면은 직각삼각형과 비슷한 모양, 상면은 반원형으로 나타나는 것이 일반적이다. 사방형은 대부분 정면과 측면 혹은 후면(後面)의 모습이 같으며, 상면은 원형으로 만들어진다. 그러나 사방형 중 수평형과 같이 전후와 좌우와 모습이 다르게 만들어지기도 한다.

기본형을 비롯한 다양한 꽃꽂이의 유형을 줄기배열, 구성형식, 표현양식의 세 가지 측면에서 살펴보자(2장 화훼장식의 분류 참조).

11-1-1. 줄기배열에 따른 꽃꽂이의 형태

꽃꽂이에서 절화 줄기는 방사선, 병행선, 교차선, 그리고 감는선의 모양으로 배열되며 이러한 줄기 배열 방식에 따라 독특한 형태와 구성이 이루어진다. 꽃꽂이는 줄기 배열이 복합적으로 이루어지기도 하며 경우에 따라 줄기를 짧게 잘라 꽃으로만 배열하기도 한다.

4부 절화장식의 기본 기술

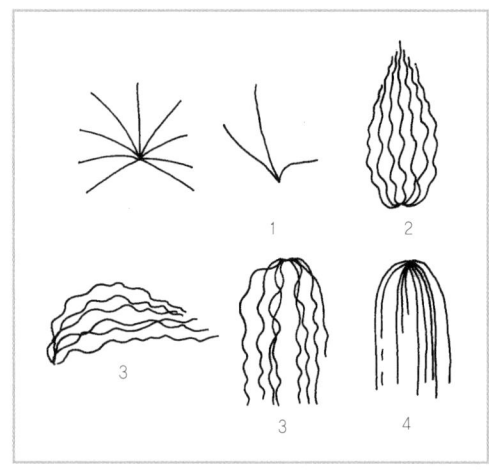

그림 11-1. 방사선 줄기배열 (1. 밖으로 벌어짐, 2. 세 방향으로 갈라짐, 3. 흐르는 선, 4. 낙하).

(1) 방사선 배열(radial arrangement of lines)

방사선(放射線) 줄기배열은 오랜 옛날부터 꽃꽂이에서 가장 일반적으로 이용되어 왔던 줄기 배열로서 절화의 특성에 따른 자연스러운 조형의 결과이다. 방사선 줄기 배열은 모든 줄기의 선이 한 개의 초점(焦點)에서부터 부채살처럼 다방면으로 전개되거나, 또는 한 점을 향하여 모여오는 것과 같이 구성되는 줄기배열 방법이다. 기점(基點) 부분에서는 선의 교차가 없으나 끝에서는 감기거나 자유로운 움직임이 있어도 좋다(이지언, 1998). 방사선의 방향은 모두가 전체의 방향으로 향해야 하는 것으로 생각할 수 있으나 각 식물이 가지고 있는 특징을 살려 움직임에 따라 여러 가지 변형이 가능하다. 방사선은 밖으로 벌어짐, 세 선으로 갈라짐, 흐르는 선, 낙하(落下) 등이 있다(그림 11-1). 일방형과 사방형으로 구분하여 살펴보자.

① 일방형(一方形, one-sided shapes)

방사선 줄기 배열에서 일방형은 선적인 디자인(line design)이나 매스 디자인(mass design)으로 표현된다. 선적인 디자인은 전통적인 한국식 꽃꽂이와 형-선적(formal-linear) 구성의 꽃꽂이에서 많이 이용되며 이 외에도 다양

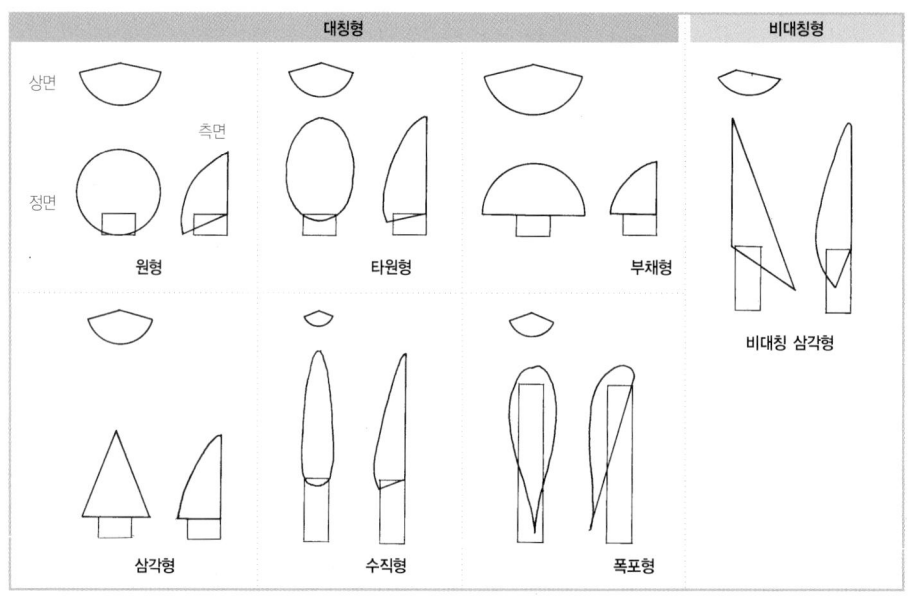

그림 11-2. 일방형 꽃꽂이의 형 (1. 대칭형: 원형, 타원형, 부채형, 삼각형, 수직형, 폭포형, 2. 비대칭형: 비대칭삼각형).

한 형태로 이루어진다. 일방형의 매스 디자인은 실용적으로 많이 이용되는 형태로서 정면 윤곽(輪郭)의 모양이나 특성에 따라 이름이 불리워진다. 대칭형으로는 반원형(semicircular shape), 원형(circular shape), 타원형(oval shape), 부채형(fan shape), 삼각형(triangle shape), 수직형(vertical shape), 폭포형(waterfall shape) 등, 비대칭형으로는 비대칭삼각형, 폭포형 등이 있으며 이 외에 헤아릴 수 없이 다양한 형태로 표현될 수 있다(그림 11-2). 가장 많이 이용되는 대칭형 삼각형 꽃꽂이의 기본적인 제작방법을 예로 들어보자(그림 11-3).

그림 11-3. 일방형 삼각형 꽃꽂이의 제작방법.

ⓐ 삼각형에 어울리는 용기를 준비하고 플로랄 폼을 용기 위로 2cm 정도 올라오도록 고정한다.
ⓑ 용기 높이와 적절한 비(比)를 이루는 길이의 꽃을 플로랄 폼 가장 뒤쪽 중앙에 꽂아 높이를 정한다.
ⓒ 플로랄 폼 측면 뒷부분 맨 아래쪽으로 꽃을 약간 앞쪽으로 각도를 기울여 꽂아 꽃꽂이의 폭을 정한다.
ⓓ 플로랄 폼 정면 중앙의 아래 부분에 강조점(focal point)을 형성하기 위하여 가장 크고 뚜렷한 형태의 폼 플라워(form flower)를 꽂는다. 폼 플라워의 길이는 측면에서 바라볼 때 높이와 적절한 비율로 정한다. 높이와 폭과 강조의 꽃은 정면과 측면에서 가장자리 윤곽을 형성하기 위해 가장 기본이 되는 꽃이다. 높이와 폭의 골격 형성에는 라인 플라워(line flower)를 많이 이용한다.
ⓔ 삼각형의 윤곽을 형성해 주기 위해 라인 플라워를 높이와 폭과 강조의 꽃 사이 사이에 꽂는다. 폼 플라워는 시선을 끌고 리듬감과 통일감을 주기 위하여 삼각형 윤곽 내부에 좀 더 배치한다.
ⓕ 그 다음 매스 플라워(mass flower)로 윤곽 내부를 고르게 채운다. 크고 짙은 꽃은 중심에 가깝게 작은 꽃은 가장자리에, 중심에 가까울수록 꽃들의 간격은 좁게 배열한다.
ⓖ 마지막으로 필러 플라워(filler flower)로 빈 공간을 채워 주며, 플로랄 폼은 잎이나 이끼로 보이지 않게 가려준다. 꽃 이외의 잎도 적절하게 배치할 수 있다. 꽃의 배열은 지나치게 조밀해서도 안되며 너무 느슨하여 엉성해 보여서도 안 된다. 또한 깊이감을 주기 위해 내부로 짧게 들어가거나 윤곽 밖으로 약간 튀어나올 수 있다.
ⓗ 꽃의 줄기는 플로랄 폼 내부의 한 점에 모이도록 방사선의 방향을 잘 잡아 꽂아준다.
ⓘ 필요에 따라 리본이나 다양한 장식물을 강조점에 배치한다.

반원형이나 원형, 타원형, 부채형, 수직형은 높이와 폭만 조절해 주면 삼각형과 비슷한 방식으로 제작된다. 비대칭 삼각형일 경우에는 높이는 같은 방식으로 결정되나 양쪽 폭의 길이와 각도가 달라진다. 이러한 방법은 실용적으로 많이 이용되는 꽃꽂이의 한 가지 방법일 뿐 다양한 방법과 아이디어로 독창적으로 아름답게 구성할 수 있다.

② 사방형(四方形, all-sided shapes)

방사선 줄기배열에서 사방형은 대부분 매스 디자인(mass design)으로 이루어지며 실용적으로 많이 이용되는 꽃꽂이다(그림 11-4). 반구형(半球形), 원추형(圓錐形)과 같이 입체적인 형태에 따라 이름이 불리워지거나 일방형과 마찬가지로 정면 윤곽의 모양에 따라 원형, 반원형, 수직형, 수평형(水平形, horizontal shape)의 이름으로 불린다. 수평형은 상면의 윤곽을 다이아몬드형이나 타원형으로도 만들 수 있다. 정면과 측면에서 반원형으로 보이는 반구형의 제작방법을 예로 들면 다음과 같다(그림 11-5).

ⓐ 반구형에 어울리는 둥근 용기에 플로랄 폼을 2cm 정도 위로 올라오도록 고정한다.
ⓑ 플로랄 폼 상면 중앙에 수직으로 줄기를 꽂아 높이를 정한다.
ⓒ 플로랄 폼의 네 측면 중앙 아래부위에 초점에서부터 같은 길이가 되도록 수직선과 직각으로 줄기를 꽂아 꽃꽂이의 폭을 정한다. 네 면의 줄기 길이는 같도록 한다.
ⓓ 높이와 폭 사이 사이에 꽃의 줄기를 방사선 배열로 꽂아 반구형의 골격을 형성해 준다. 꽃줄기는 반구형의 윤곽을 벗어나지 않도록 한다.
ⓔ 필요에 따라 높이와 폭의 중간 정도에 몇 개의 폼 플라워를 꽂아 시선이 유도되도록 한다.
ⓕ 전체 윤곽 내부에 매스 플라워를 골고루 꽂아 반구형의 부피를 형성하도록 한다.

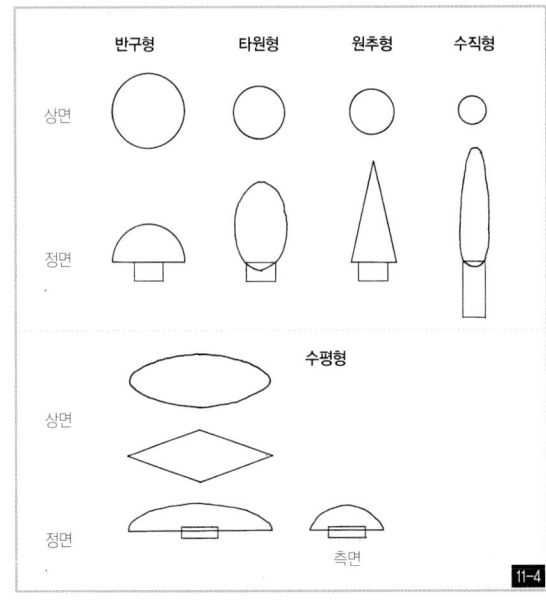
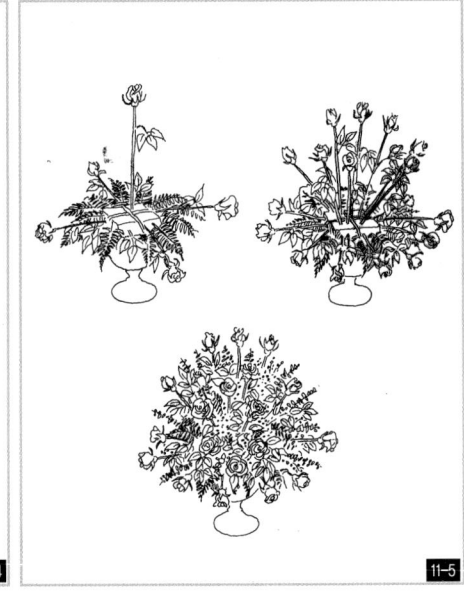

그림 11-4. 사방형 꽃꽂이(반구형, 타원형, 원추형, 수직형, 수평형).
그림 11-5. 반구형 꽃꽂이의 제작방법.

ⓖ 마지막 남은 빈 공간을 필러 플라워로 채워 준다.
ⓗ 플로랄 폼이 보이지 않도록 잎이나 이끼로 가려 주거나 필요시 잎을 꽂는다.

이러한 반구형에서 좌우의 폭의 길이를 전후의 길이보다 길게 만들면 옆으로 긴 수평형이 되며 높이를 길게 만들어주면 원추형이 된다. 높이와 전후좌우의 폭의 길이에 따라 다양한 형태를 만들 수 있으며 이용되는 식물소재와 비식물소재에 따라 같은 형태라도 다양한 이미지로 표현된다. 또 전체 윤곽을 바꾸지 않은 채로 꽃줄기 길이의 높낮이에 따라 깊이감을 형성하여 보다 자연스러운 느낌으로 표현할 수도 있으며 꽃 사이의 빈 공간을 보이지 않을 정도로 가득 채워 덩어리를 형성할 수도 있다.

선적인 디자인으로 표현된 사방형은 꽃줄기나 나뭇가지가 위로 높이 솟거나 옆으로 사선 혹은 곡선으로 돌출되도록 배열하며 다른 소재들을 짧게 꽂아 이러한 소재의 선이 가리지 않도록 해 준다. 표현양식에 따라 이러한 선의 표현에 규칙이 있는 경우가 있다.

(2) 병행선 배열(parallel arrangement of lines)

병행선(並行線) 배열은 여러 개의 초점으로부터 나온 줄기의 배열이 모두 같은 방향으로 병행을 이루며 뻗어있는 것이다. 수직, 수평, 사선의 어떤 방향으로도, 또는 직선과 곡선 등 어떤 형태로도 가능하며 일방형이나 사방형, 그리고 일방형은 대칭형 또는 비대칭형으로도 구성할 수 있다. 현대식 디자인 또는 자연적인 분위기의 꽃꽂이 구성에서 많이 이루어지고 있다(그림 11-6, 7).

병행선배열 구성에서는 플로랄 폼을 용기 약간 아래로 내려가게 고정하며 소재를 그루핑(grouping)시켜 배열하는 경우가 많다. 병행선 줄기배열을 이용하여 사면의 모양이 똑같은 높이가 긴 직육면체를 만들어보자. 측면은 직사각형, 상면은 정사각형인 사각기둥을 제작하는 방법은 다음과 같다(그림 11-7).

그림 11-6. 병행선 줄기배열. 〈1999년 Daniel Ost 데몬스트레이션 쇼〉
그림 11-7. 병행선 줄기배열. 〈1999년 Daniel Ost 데몬스트레이션 쇼〉

4부 절화장식의 기본 기술

그림 11-8. 교차선 줄기배열.

① 사각용기에 플로랄 폼이 약간 아래로 내려가게 가득 채워 고정시킨다. 직선을 나타내는 절화나 절엽, 또는 절지를 플로랄 폼의 사각 가장자리에 수직으로 꽂아 정면에서의 높이와 상면 정사각형의 크기를 결정한다. 높이는 용기의 높이와 상면 정사각형의 크기에 비례하여 결정한다.
② 소재를 플로랄 폼의 중앙부에서부터 수직으로 꽂기 시작한다. 소재의 간격과 구성은 디자이너의 의도에 따라 다르게 표현된다.
③ 플로랄 폼을 보이지 않게 소재와 어울리는 재료로 가려 준다.

이러한 형태는 선택된 소재의 종류에 따라, 또 직육면체의 높이와 두께에 따라 다양한 이미지로 연출될 수 있다. 높이와 두께의 변화에 따라 정육면체도 만들 수 있으며, 원기둥, 또는 옆으로 누운 직육면체도 만들 수 있다. 이러한 조형의 기술은 쉽게 이룰 수 있으나 단순히 형태를 만들어내는 것이 아니라 원하는 주제를 전달하고 장식의 효과를 거두기 위해 소재의 종류, 소재의 혼합, 배색, 질감 등 다양한 디자인 요소를 고려해야 한다.

병행선 배열을 이용하여 일방형을 만들게 되면, 공간을 모두 채우느냐, 아니면 빈 공간을 남기냐에 따라 다양한 정면의 윤곽을 만들어 낼 수 있다. 측면은 직각삼각형과 비슷한 모양을 취하게 되며 상면은 사각형, 원형 등의 다양한 모양이 될 수 있다.

(3) 교차선 배열
(crossing or overlapping line arrangement)

교차선(交叉線) 배열은 여러 개의 초점으로부터 나온 줄기의 선이 제각기 여러 각도의 방향으로 뻗어서 서로 교차하는 상태로 줄기가 배열된 것이다(그림 11-8). 교차는 병행의 변형으로 다루어지고 있으나 최근에는 교차선의 아름다움을 강조한 구성이나 이것의 변형 또는 복합형이 많아 병행선에서 분리하여 다루어진다. 1980년대에 자연관찰의 시점(視點)의 변화로부터 시작된 배열로 자연에서 식물의 모습을 잘 관찰하면 교차선을 느낄 수 있다. 겨울의 호반에 줄기가 꺾인 채 복잡하게 겹쳐 있는 풀은 매우 인상적인 정경이다(이지언, 1998).

그림 11-9. 구형으로 감는선 줄기배열. 〈1999년 금연회 전시회〉

(4) 감는선 배열(winding line arrangement)

감는선 배열은 1990년대에 교차선 배열에서 발전된 형으로 서로 구부려져서 휘감기는 유연한 선의 흐름으로 이루어진다. 특히 구조적 구성에서 이러한 배열이 많이 이용되고 있다. 구조적 구성 중 골조(骨組) 구성에 많이 쓰이는데 덩굴식물의 긴 줄기를 휘감아서 만드는 것이 일반적이며 줄기가 잘 휘는 절화류를 구부려서 이용하기도 한다. 감는선 배열에는 구형으로 감은 모양(그림 11-9), 둥글게 돌려놓은 모양, 얼기설기 엮은 모양 등의 여러 가지 변형이 있다(이지언, 1998).

(5) 줄기 배열이 없는 구성 (free line of arrangement)

절화의 줄기가 어떤 일정한 규칙없이 배열되어 있거나 줄기를 짧게 잘라 꽃송이나 꽃잎만을 사용하여 구성하는 방식이다.

11-1-2. 구성형식에 따른 꽃꽂이

꽃꽂이는 구성 형식에 따라 다양한 형태적인 특성을 보인다. 장식적 구성, 식생적 구성, 구조적 구성, 형-선적 구성, 오브제적 구성에 따른 꽃꽂이의 형태를 살펴보자.

(1) 장식적 구성(decorative composition)

장식적(裝飾的) 구성은 식물이 자연의 식생에서 보여주고 있는 모습과는 관계없이 디자이너의 의도로 소재를 자유롭게 인위적으로 구성하여 장식성이 높은 자유로운 형태를 구축하는 구성이다(그림 11-10). 이 구성은 개개의 꽃의 독자적인 매력보다는 전체적으로 풍성한 부피감과 호화롭고 역동적인 효과를 보이는 형태로 표현한다. 절화장식에서 자연스럽게 가장 먼저 이용되어 온 구성으로서 전형적인 형태는 유럽의 전통적인 양식으로 대칭형의 방사선 줄기배열이며 지금도 많이 사용되고 있다. 비대칭의 변칙적인 구성도 대단히 매력적이다(이지언, 1998).

그림 11-10. 장식적 구성.

(2) 식생적 구성(vegetative composition)

식생적(植生的) 구성은 식물의 생리, 생태적인 면을 고려하여 식물이 자연상태에서 살아있는 것과 같은 형태로 조형하는 것이다(그림 11-11). 그러나 식생적 구성은 디자이너가 해석하는 자연을 장식물 속에 재구축하여 새로운 질

그림 11-11. 식생적 구성.

서를 표현하는 구성법으로 완전한 자연의 모방은 아니다. 식생적 구성에는 전통 한국식 꽃꽂이가 있으며, 외국의 식생적 구성은 1950년 경 독일의 플로리스트들이 자연에 눈을 뜨기 시작하면서 오래 전부터 이용되어 온 장식적 구성에 대항하여 생겨난 개념으로, 디자이너의 자유로운 의도로 디자인하는 장식적 구성과는 확연하게 대비되는 구성이며 현대적 양식의 기본형태라고 말할 수 있다. 식생적 구성은 방사선 줄기배열로 이루어지기도 하지만 많은 경우 병행선, 혹은 교차선 줄기배열로 구성된다. 최근 국내에서도 선호되는 구성양식이다.

(3) 구조적 구성(structural composition)

그림 11-12. 구조적 구성.

구조적(構造的) 구성은 장식적 구성이 발전되어 나타난 새로운 구성이다. 구조적 구성은 각각의 소재가 가지고 있는 형태, 크기, 색, 재질감뿐만 아니라 소재의 배열이 나타내는 표면의 조직이나 구성, 재질감(材質感), 즉 구조의 효과를 전면에 부각시키는 구성방법으로 다양한 질감을 가진 꽃이나 잎이 집합되어 형성된 구조가 매우 두드러져 보인다. 소재를 보다 강조하기 위하여 천, 철사, 털실, 깃털, 유리구슬 등 질감이 명확한 인공소재를 식물소재와 조합시키기도 한다.

구조적인 구성은 소재가 단단하게 밀집된 초기의 디자인에서부터 느슨하게 풀린 것으로, 그리고 짜여진 것, 흘러내린 것, 층을 이룬 것 등의 형태로 발전하였다. 무엇에 중점을 두었는가에 따라 재질감을 강조한 구성, 골조(骨組)를 강조한 구성(그림 11-12), 또는 쌓기를 강조한 구성과 이들의 조합으로 이루어진 구성 등이 있으며 줄기 배열을 자유롭게 이용할 수 있다(이지언, 1998).

(4) 형-선적 구성(formal-linear composition)

일방형 또는 사방형으로 만들 수 있는 이 양식의 꽃꽂이는 소재의 형과 깔끔한 선, 그리고 각도를 강조하여 형과 선이 두드러지게 대비되는 방사선 줄기배열의 비대칭인 구성이다(그림 11-13). 특히 형 또는 매스(mass)를 최소로 표현하고 여백(negative space)을 이용하여 꽃, 잎, 줄기의 아름다움을 강조한다. 소재는 형, 선, 색, 질감 등을 강조하기 위하여 보통 모아서 배치한다. 선은 수직선일 수도 수평선, 대각선, 또는 곡선일 수도 있다. 질감은 서로의 중요성을 부각시키기 위하여 대조적으로 표현된다. 미적으로 흥미가 있는 디자인을 구성하는 점에 중점을 두어 자연에서 자라는 본래의 모양보다 꽃을 짧게 쓰기 때문에 꽃 원래의 형태를 잃어버리는 경우가 많다. 용기는 낮아도 되지만 키가 큰 병모양의 용기가 효과적이다. 이 구성에서 특히 용기는 전체 디자인의 중요한 부분이 된다.

① 형 - 선적 구성양식과 이용되는 소재와 조화를 이룰 수 있는 용기를 선택한다. 플로랄 폼은 수평선과 아래로 늘어지는 줄기를 꽂기 위하여 용기 위 2cm 정도 올라오도록 고정한다.
② 선적인 소재를 꽂아 디자인의 높이를 설정한다.
③ 비슷한 꽃모양을 서로 모아서 꽂는다.
④ 구성내의 여러 그룹들 간에 충분한 공간을 둔다.
⑤ 디자인의 중심부를 채우고 플로랄 폼을 감추어 디자인을 완성한다. 클러스트링(cluster-ing), 레이어링(layering), 테러싱(terracing) 등과 같은 기법들이 많이 이용된다.

11-1-3. 표현 양식(樣式, style)에 따른 꽃꽂이의 형태

다양한 표현 양식으로 이루어지는 꽃꽂이는 특히, 시대와 국가에 따라 특징적인 형태를 보인다. 국내에서 많이 이용되는 전통 한국식 꽃꽂이는 나뭇가지의 아름다움을 강조하는 디자인으로서 독특한 형태를 가지고 있으며, 유럽의 전

그림 11-13. 형-선적 구성.

통적인 양식은 오늘날 실용적으로 가장 많이 이용되는 방사선 줄기배열의 매스 디자인(mass design)이다. 이러한 전통적인 양식(traditional style)은 전 세계의 양식이 혼합된 다양한 현대적인 양식과 함께 사람들의 실생활에 많이 이용되고 있다. 전통 한국식 꽃꽂이와 전통 유럽식 꽃꽂이, 그리고 이용되는 나라에 상관없이 많이 알려져 있는 현대적 양식의 꽃꽂이를 살펴보자.

(1) 전통 한국식 꽃꽂이

오늘날에도 많이 이용되는 전통 한국식 꽃꽂이는 자연에서 식물이 자라는 모습을 화기에 재현한 자연적인 구성으로 특히 나뭇가지의 선의 아름다움을 강조한다(그림 11-14). 대부분 일방형으로 제작되며 줄기 배열은 한 점에서 세 갈래로 뻗어나가는 방사선에 속하며, 줄기의 고정은 수반(水盤)에는 침봉을, 병에는 나뭇가지, 돌, 철망 등의 다양한 버팀목을 이용하여 고정한다.

자연에서 식물이 자라는 형태를 살펴보면, 전체적으로 위로 똑바르게 자라는 직립형(直立形), 옆으로 기울어 자라는

그림 11-14. 전통 한국식 꽃꽂이. (1999 금연회 전시회, 이종숙)

4부 절화장식의 기본 기술

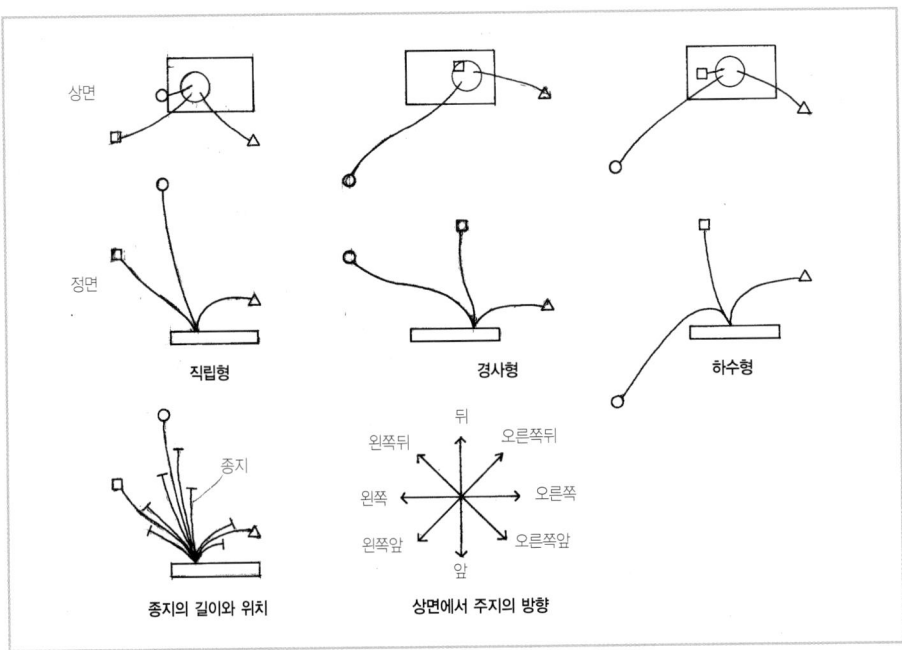

그림 11-15. 전통 한국식 꽃꽂이의 화형 (○1주지, □2주지, △3주지).

경사형(傾斜形), 아래로 늘어지는 하수형(下垂形)으로 나눌 수 있으며, 이러한 식물이 지닌 자연스런 모습을 용기(容器) 혹은 화기(花器)에 새롭게 연출하여 만든 기본적인 형태를 화형(花形)이라 한다. 이러한 화형을 연출하는 반복적인 연습을 통해 전통 한국식 꽃꽂이에 대한 감각과 안목을 키우고 이를 바탕으로 어느 정도의 수준에 이르면 화형에 구애받지 않고 자유롭고 개성적인 꽃꽂이를 표현한다(홍성옥, 1992).

① 화형의 구성

화형은 세 개의 주된 선인 세 주지(1주지, 2주지, 3주지)의 길이와 각도에 의해 윤곽이 구성된다. 주지(主枝)의 길이는 선택된 화기의 크기, 색, 질감과 소재의 형태, 꽃을 꽂는 목적, 분위기 등을 고려하지만, 보통 1주지의 길이는 선택된 화기의 크기와 넓이, 높이에 따라 결정되며, 2, 3주지의 길이는 1주지의 길이에 의해 결정된다.

1주지는 세 주지 중에서 제일 긴 주지로, 꽃꽂이의 중심적인 역할을 하며, 그 길이와 방향에 따라 꽃꽂이의 화형이 결정된다. 즉 1주지가 바로 세워졌으면 직립형, 기울어졌으면 경사형, 아래로 늘어지면 하수형이 된다(그림 11-15). 1주지의 길이는 화기(花器)의 크기(넓이+높이)의 1.5배가 보통이며 대형은 2배, 소형은 1배가 적당하다.

2주지는 세 주지 중에서 중간 길이로, 꽃꽂이의 넓이와 부피를 결정하는 역할을 한다. 2주지의 길이는 1주지의 3/4 정도가 적당하다. 그러나 이것은 대부분 1주지와 같은 소재로 쓰는 경우에 해당되며, 1주지보다 크거나 굵고 무겁게 보일 때는 1주지의 1/2이나 1/3 정도로 짧게 해도 된다. 또한 1주지의 선이 약할 때는 3/4, 잎이 넓을 때는

1/3로 하는 것이 좋다.

3주지는 꽃꽂이의 넓이, 높이, 부피의 전체적인 조화를 마무리짓는 역할을 한다. 3주지의 길이는 일반적으로 2주지의 3/4 정도가 가장 알맞다. 그러나 소재의 생김새에 따라 달라지는 경우도 많은데, 예를 들면 가지 끝보다 아래에 잎이 많거나 강하게 보일 때는 조금 더 길게 잡으며, 반대로 가지 끝에 잎이 많고 밑가지가 약해 보이면서 긴 것은 조금 짧게 잡는 것이 바람직하다. 주지가 직선일 때는 가지의 끝부분에서 뿌리쪽으로 길이를 재며, 곡선일 때는 가지의 끝과 뿌리쪽을 이은 가상선을 잡아서 그 길이를 재야 한다.

종지(從枝)는 각 주지에 속하는 보조가지로서 주지의 부족한 선을 보충하여 전체의 형태를 보완해주는 역할을 하며 반드시 주지를 중심으로 꽂는다. 그러므로 꽂는 숫자에는 한이 없지만 지나치게 많이 사용하면 주지가 약해 보이기 쉽다. 종지의 길이는 각 주지보다 짧게 하며 주지에 가깝게 꽂아 주는 것이 원칙이고 길이를 변화시켜 다양하게 꽂을 수 있다.

종지는 꽃꽂이의 아름다움에 중요한 영향을 미치므로 주지와 마찬가지로 주의해서 다루어야 한다. 꽃꽂이의 화형을 연습할 때는 수반꽂이부터 시작한다. 줄기의 고정에는 침봉을 사용하며 침봉은 화기 전체를 3으로 볼 때 2 : 1의 위치가 가장 적당하다고 볼 수 있다.

② 기본 화형

1주지를 거의 수직에 가까운 형태로 꽂는 직립형(直立形, 바로세우는 형)은 전체적으로 시원하며 강하게 솟아 오르는 듯한 긴장감을 느끼게 한다. 1주지를 수직으로 세운다고 해서 0도를 고집할 필요는 없다. 어차피 식물을 인위적으로 꽂는 것이기 때문에 식물의 자연 형태를 살려 무리가 없는 한도 내에서 꽂는다. 즉, 0-15도 정도는 전후좌우로 기울여도 자연스럽기 때문이다. 2주지는 왼쪽 앞옆에 정면과 측면에서 보아 수직선에서 45도 각도로, 그리고 3주지는 오른쪽 앞옆에 75도 각도로 꽂는다. 그러나 반드시 45도, 75도를 정확히 맞출 필요는 없다. 소재의 형태에 따라 40-50도, 70-80도 정도의 범위 내에서 꽂으면 된다. 이것은 어느 화형이나 마찬가지이다.

경사형(傾斜形, 기울이는 형)은 직립형에서 변형된 형이다. 말하자면 세 개의 주지 가운데에서 가장 구성력이 강한 주지가 수직으로 세워지는 것이 직립형이라면, 1주지가 좌우 어느 한쪽으로 기울어지는 것이 경사형이 된다. 경사형은 직립형에서 1주지와 2주지의 위치, 각도를 서로 바꾼 결과가 된다.

1주지가 수평선(90도)보다 훨씬 아래로 늘어지는 형태를 하수형(下垂形, 늘어뜨리는 형)이라 부른다. 1주지는 90-140도 이상의 각도로 늘어지며 2, 3주지도 중앙(수직선)에서 앞으로 늘어진다. 2, 3주지의 각도는 어느 정도의 변화가 가능하다. 꽃꽂이를 높은 장소에 놓거나 벽에 걸어야 할 때 이 화형이 많이 쓰인다. 늘어지는 특성을 가진 소재를 사용하면 자연스러움과 생동감을 실내에 그대로 들여놓은 것 같은 멋진 분위기를 연출할 수 있다. 어디에서나 흔히 볼 수 있는 개나리, 조팝나무, 노박덩굴, 청미래덩굴 등과 같이 가지에 꽃이나 열매가 많이 매달려 한쪽으로 늘어지는 소재들이 많이 쓰인다. 이 화형은 앞으로 늘어지는 형이기 때문에 높은 콤포트(compote)나 길게 생긴 병에 꽂는 것이 좋다.

4부 절화장식의 기본 기술

③ 제작

　소재가 적절히 손질되면 침봉에 나뭇가지부터 꽂기 시작한다. 침봉에 나뭇가지를 꽂는 작업은 쉬운 일이 아니며 특히 연약한 줄기를 가진 꽃은 더욱 힘들다. 최근에는 용기와 소재에 따라 플로랄 폼을 이용하기도 한다. 꽃꽂이의 순서는 다음과 같다. 수반을 준비하여 적절한 위치에 침봉을 고정시킨다. 1주지의 길이와 각도를 정하여 침봉에 꽂는다. 2주지를 꽂는다. 3주지를 꽂는다. 꽃을 세 주지의 내부에서 주지의 길이와 적절히 맞추어 주지 앞에 꽂는다. 종지를 꽂는다. 잎으로 침봉을 가린다.

그림 11-16. 전통 유럽식 꽃꽂이.

(2) **전통 유럽식 꽃꽂이**

　각양 각색의 아름다운 꽃들을 방사선 줄기 배열로 구성한 전통 유럽식 꽃꽂이는 배열된 줄기 사이의 빈 공간이 작아 소재 개개의 모습보다는 소재가 어우러진 전체의 모습으로 표현되는 것이 특징적이다. 이러한 구성의 꽃꽂이 형태는 오늘날 많이 이용되는 일방형인 반원형, 원형, 타원형, 삼각형, 수직형, 부채형, 호가스형, 초생달형, 폭포형 등, 그리고 사방형인 반구형, 원추형, 수평형 등이며(그림 11-16), 이러한 형태를 기본으로 보다 독특한 양식을 가지고 있어 특별한 명칭을 가지고 있는 것이 있다.

① **비더마이어 디자인(biedermeier design)**

　비더마이어는 1815년에서 1848년 사이 오스트리아와 독일에서 시작된 양식으로 프랑스의 황제시대 그리고 영국의 섭정시대의 디자인(English Regency design)과 비슷한 무거운 분위기의 가구 양식과 관련되어 있다. 비더마이어 양식은 꽃들을 빈 공간없이 촘촘하게 배열하여 원추형이나 반구형으로 조형하며 같은 꽃이나 같은 색의 꽃을 모아 상면(上面)에서 보아 동심원(同心圓) 무늬를 이루도록 배열하거나 꼭대기에서 나선형(螺旋形)으로 내려오도록 배열하는 것이 특징적이다. 색, 형, 질감의 대조가 시각적인 관심을 끌게 된다.

② **밀 드 플레 디자인(mille de fleurs design, mille fleurs design)**

　19C 중반 유럽에서 나타난 밀 드 플레는 '천송이의 꽃' 이라는 의미로 다양한 색상과 형태의 꽃들을 사용하여 풍요로운 인상을 표현하고 있으며 정면의 윤곽이 반원형이 일반적이다.

③ **폭포형 디자인(water fall design)**

　아래로 흘러내리는 폭포수를 연상시키는 이미지로 연출된 폭포형 디자인은 1900년대 초기에 유럽에서 원래는 신부부케를 위해 제작되었다. 식물 소재 외에 반짝이는 유리 구슬이나 깃털 등의 소재들을 이용하여 물이 햇빛에 반짝이며 흘러내리는 느낌을 표현하고, 베어 그래스, 스프렝게리, 아스파라가스 등 다양한 덩굴과 가지 등을 이용하여 긴 곡선을 표현하였다. 또한 마구 뒤섞인 듯한 폭포수를 연상시키고 깊이감을 주기 위해 소재들을 여러 겹으로 배열하는 것이 특징적이다(그림 11-17).

④ 더취 플레미쉬(Dutch-flemish) 양식

17세기 네덜란드 화가들의 그림에서 보여지는 더취-플레미쉬 양식은 끝없이 다양한 꽃들과 잎으로 가득 찬 타원형의 꽃꽂이이다. 꽃은 거의 겹치지 않으며 하나 하나의 특징이 그대로 살아 있으며 줄무늬 튤립을 비롯한 다양한 꽃과 조개, 벌레와의 연출 또한 특징적이다(그림 3-7 참고).

그림 11-17. 폭포형 디자인. 〈Professional Floral Designer, 1995, 1/2, p41.〉

(3) 현대식 꽃꽂이

현대적인 양식(contemporary design style)이란 전통적인 양식과 새로운 양식을 모두 포함하여 오늘날 이용되는 양식을 말하지만 경우에 따라 새로운 양식을 현대적인 양식(modernistic design style)으로 표현하는 경우도 많다. 기본형은 주로 단순한 형태의 전통적인 양식으로 이루어져 있으므로 어느 수준에 이르게 되면 여러 양식이 혼합된 자유롭고 창의적인 현대식 꽃꽂이를 익힌다.

현대식 꽃꽂이는 방사선 줄기 배열을 비롯하여 병행선, 교차선, 감는선 줄기 배열과 줄기배열이 없는 다양한 줄기고정 방법을 이용하여, 장식적인 구성, 형-선적 구성, 식생적 구성, 구조적 구성, 오브제적 구성 등의 다양한 구성으로 자유롭게 표현되고 있다. 이용되는 소재도 절화, 절엽, 절지 등의 식물 소재 외에 철물, 목재, 돌, 구슬, 철사, 리본 등의 다양한 비식물소재를 이용하여 매우 창의적이고 독특한 방식으로 발전되고 있다(그림 11-18). 특정한 명칭이 있는 몇 가지 현대적인 양식을 살펴보자.

그림 11-18. 현대식 꽃꽂이.

① 풍경식 디자인(landscape design)

풍경식은 식생적 구성(vegetative composition)으로 이루어지는 디자인으로서 많은 꽃들이 흐드러지게 핀 넓은 정원을 연상시키므로 정원 양식(garden design)이라고도 한다. 대체로 병행선 줄기배열로 소재를 그루핑(grouping)하여 배열하게 되며 돌, 이끼, 나뭇가지 등 다양한 소재들을 이용하게 된다. 그루핑 된 소재간의 간격을 두어 소재들이 두드러져 보이게 하는 경우가 많으며 바닥처리시 이끼를 이용하여 정원의 토양같이 표현한다(그림 11-19).

② 뉴 컨벤션 디자인(new convention design)

뉴 컨벤션 디자인은 병행선 줄기배열로 이루어지는 식생적 구성의 변형된 양식이며, 수직으로 그룹을 이루어 배열한 꽃과 잎, 줄기와 정면, 측면, 후면으로 직각을 이루는 낮은 선을 만들어 이루어진 형태이다(그림 11-20). 수평선은 수직선보다 길이가 짧고 소재의 양도 적게 배열되며 모든 수직선의 소재가 반복될 필요는 없다. 그룹으로 모인 소재들간에 빈 공간을 잘 살려 소재들이 돋보이도록 한다. 이렇게 직각으로 배열된 소재의 선은 강한 흥미를 유발시킨다. 레이어링(layering), 테러싱(terracing), 파베잉(pave´ing) 등의 기법을 이용하여 이끼, 잎, 꽃머리를 잘 배열하여 마무리한다.

③ 파베 디자인(pap´e design)

파베(pah-VAY)란 보석 디자인에서 작은 보석들을 바탕 금속이 보이지 않도록 빽빽하게 모아 배치하는 데서 유래한 것으로 편평한 용기에 꽃, 잎, 줄기 등의 소재들을 플로랄 폼이 보이지 않도록 조밀하게 배치하여 색과 질감을 대비시켜 구성하는 방법이다.

11-2. 꽃꽂이의 형태, 크기, 표현양식에 영향을 미치는 요인

꽃꽂이는 이용 목적에 따라 생활공간 장식용, 축하용, 결혼식과 장례식 등의 행사용, 디스플레이용, 전시회용 등으로 나뉠 수 있다. 국내에서 꽃꽂이를 비롯한 다양한 절화장식은 대부분 축하용이나 행사용으로 이용되고 있으며 꽃꽂이의 형태와 표현양식은 이러한 꽃꽂이의 용도와 목적에 따라 달라진다. 예를 들면 교회, 장례식, 결혼식 등과 같은 공식적인 장소에서는 크기가 큰 정형적인 대칭형이 많이 이용되

그림 11-19. 풍경식 디자인.

그림 11-20. 뉴 컨벤션 디자인.

며 보다 일상적인 장소에는 비정형적인 형태가 많이 이용된다.

꽃꽂이의 형태와 크기에 영향을 미치는 요인은 여러 가지가 있으나 가장 중요한 요인은 그 꽃꽂이가 놓일 장소의 조건이다. 어떤 위치에 놓을 것이며 어떤 각도에서 보게 될 것이냐에 따라 형태와 크기가 결정되며, 일방형 혹은 사방형으로 만들어질 것인지도 정해진다. 또한 꽃꽂이가 놓일 테이블의 크기와 형태, 높이에 따라서도 꽃꽂이의 형태는 달라진다.

배치장소의 조건이 결정된 후 꽃꽂이의 크기와 형태를 결정하는 것은 꽃이 담길 용기의 크기와 형태이다(그림 11-21). 긴 용기는 긴 디자인에 둥근 용기는 둥근 디자인에 잘 어울린다. 꽃꽂이는 용도, 배치될 공간의 조건, 용기 등에 대한 충분한 자료의 수집과 분석이 이루어지는 디자인 과정을 거쳐야 공간과의 조화로운 표현이 이루어진다.

11-3. 용기

꽃꽂이는 용도와 배치되는 공간에 대한 조사분석 결과 필요한 디자인에 맞는 용기(容器, container) 또는 화기(花器)를 선택하여 이루어지나, 경우에 따라 화원의 판매용이나 선물용 꽃꽂이는 이 꽃꽂이가 놓일 장소를 모른 채 제작되는 경우가 많다. 이러한 경우 원하는 꽃꽂이의 형태와 크기, 표현양식에 가장 큰 영향을 미치는 것은 용기이다. 용기는 꽃꽂이를 위한 디자인의 기초로서 미적으로 아름다울 뿐만 아니라 기능적이어야 한다.

꽃꽂이용으로 적합한 용기는 물과 줄기를 충분히 담을 수 있어야 하며 용기의 입구는 줄기가 꽂힐 만큼 넓어야 한다. 또한 용기는 전체 무게를 지탱할 수 있을 만큼 무거워야 하며, 줄기를 고정하기 위한 어떤 도구도 감출 수 있어야 한다. 용기는 디자인에 따라 시각적 강조의 역할을 하기도 하며, 완전히 가려져 기능적으로만 이용되기도 한다. 특정한 용기없이 이루어지는 꽃꽂이는 구조물 속에 작은 유리관이나 워터 튜버(water tube)를 매달아 이용한다.

그림 11-21. 꽃꽂이의 크기, 형태, 표현 양식은 꽃꽂이가 놓일 장소의 조건과 용기에 의해 결정된다.

디자인에 맞는 형태와 크기, 재질, 색을 가진 용기의 선택은 통일감있는 디자인에 필수적이다. 용기의 선택시 첫 번째 고려사항은 형태로서 완성된 디자인과 시각적으로 흐름이 같아야 한다. 많이 이용되는 꽃꽂이 용기에는 병(vase), 수반(basin), 콤포트(compote), 항아리(jar, urn), 사발(bowl) 등이 있으며, 버드 베이스(bud vase), 로즈 볼(rose bowl) 등 특정한 이름이 있는 것도 있다. 선택된 용기의 형태에 따라 디자인의 형태가 결정되며 용기의 크기는 꽃과 배치될 공간과 시각적으로 적절한 비례가 이루어져야 하며, 꽃과 잎의 무게를 유지할 수 있도록

4부 절화장식의 기본 기술

물리적으로도 적절한 크기와 무게를 가지고 있어야 한다(그림 11-22).

용기의 형태와 크기 뿐 아니라 색, 질감, 무늬 등도 꽃꽂이의 양식과 분위기에 매우 큰 영향을 미치어 이러한 요소에 의해 분위기와 주제가 결정될 수 있다. 용기의 장식적 요소 또한 꽃꽂이 디자인의 양식과 조화를 이루어야 하며, 꽃꽂이가 놓이는 공간의 양식과도 어울려야 한다. 일반적으로 많이 이용되는 용기의 색은 연하거나 어두운 녹색, 황갈색, 갈색, 회색 등이다. 검정과 흰색의 용기도 이용되지만 꽃의 색을 선택할 때 주의해야 한다. 검정색 용기는 봄의 파스텔 색과 어울리지 않으며 지나치게 강한 대조를 이룬다. 흰색 용기는 노란색, 오렌지, 빨강색과 같은 짙은 색과 조화를 이루지 못할 수도 있으며 꽃보다 더 사람의 시선을 끌 수 있다. 꽃과 같은 색의 용기를 이용할 경우 색의 반복을 통한 조화와 통일을 이룰 수 있으며, 용기의 색이 강조의 기능을 가져 꽃을 부각시킬 수 있다.

용기는 유리, 플라스틱, 도자기, 바구니, 금속 등의 다양한 재료로 제작된다. 용기의 질감은 보통 꽃, 잎, 식물 외 소재들과 비슷한 질감을 사용한다. 광택이 있는 금속이나 도자기와 같이 질감이 매끈한 용기는 격식을 갖춘 느낌을 주어 부유한 느낌을 주며 거친 질감의 바구니와 나무소재는 일상적이거나 서민적이고 또한 자연적인 분위기를 낸다. 형태, 크기가 다양한 유리 용기는 단순하며 우아한 꽃을 표현할 때 많이 이용되며 빛을 투과하므로 독특한 분위기를 자아낸다(그림 11-23).

그림 11-22. 용기는 디자인에 적합한 기능과 아름다움을 가지고 있어야 한다.   그림 11-23. 유리 용기의 효과.

11-4. 식물소재의 손질법

식물소재를 구입해보면 잎이나 가지가 너무 무성하여 형태가 좋지 않은 것, 꽃이 지나치게 많은 것, 불균형하게 자란 것 등이 있다. 이러한 소재를 보고 어느 가지와 어느 잎을 잘라내고 꽃을 어느 정도 남길 것인가를 결정하는 것은 꽃꽂이의 구성에서 중요한 점이다. 화훼장식가는 소재의 아름다움을 느낄 수 있는 미적 감각과 안목이 있어야 하며 특히 식물소재가 자랄 때의 생육 특성을 잘 관찰하여 디자인에 이용할 수 있어야 한다. 구입된 소재에서 시들거나 손상된 부위의 꽃잎과 잎은 제거하고 잎이 너무 무성하면 솎아준다. 절화 줄기나 나뭇가지 아랫부분의 잎은 깨끗하게 제거한다.

꽃을 평평한 곳에 똑바로 세워놓고 보면 높고 낮은 부분으로 인한 방향이 있어 사람의 얼굴과 같은 표정을 만들어낸다. 꽃을 꽂을 때는 이러한 꽃얼굴의 방향을 잘 조절하여 다양한 표정을 만들어야 생동감있고 아름다운 꽃꽂이 구성을 이룰 수 있다. 가지의 끝과 잎도 위를 보고 있으며 잎은 앞면과 뒷면이 있다. 식생적인 구성에서는 가지와 잎의 방향을 잘 맞추어 꽂아야 한다.

특히 나뭇가지가 주 소재인 한국식 꽃꽂이에서 나뭇가지의 방향은 중요하며 가지의 방향은 다음 세 가지 기준으로 정한다. 가지와 잎의 앞면이 많이 보이는 쪽, 가지 끝이 앞을 보고 있는 쪽, 겹쳐진 가지가 적고 굴곡이나 움직임이 재미있어 보이는 쪽을 전체 방향으로 한다. 그러므로 이러한 가지의 방향을 고려하여 손질할 때 대칭으로 난 잔가지는 번갈아 쳐내어 공간을 살리고, 길이가 비슷하게 서로 평행으로 난 잔가지는 한쪽을 쳐내든지 아니면 한쪽가지의 길이를 짧게 해서 변화를 준다. 주된 가지의 선에 방해가 되는 무성한 잔가지나 잎은 쳐내며, 잎이 포개져 있거나 덩어리진 부분도 적당히 쳐낸다.

장식적인 구성이나 구조적 구성에서는 자연상태에서의 식물 소재의 생육 특성과는 다른 구성이 이루어지므로 디자이너의 의도에 따라 다양하게 소재를 손질한다.

11-5. 꽃꽂이의 다양한 표현 기법

꽃꽂이, 특히 현대적 구성양식의 꽃꽂이를 위한 소재의 배열에는 다양한 기법(techniques)들이 이용되고 있다. 이러한 디자인 기법들을 살펴보자.

(1) 밴딩(banding), 바인딩(binding), 번들링(bundling)

장식적인 목적으로 강조를 하거나 주의를 끌 필요가 있을 때 묶는 밴딩과 실제로 물리적인 소재의 결합을 위하여 묶어주는 바인딩이 있으며, 번들링은 밀짚이나 옥수수, 계피 막대 등의 비슷한 소재를 다발로 묶어서 장식시 이용하는 방법이다.

(2) 레이어링(layering), 테러싱(terracing)

레이어링과 테러싱은 플로랄 폼을 가려 주거나 꽃꽂이의 기초가 되는 밑부분을 아름답고 세밀하게 표현하기 위해 사용되는 베이징(basing)의 한 방법으로서 레이어링은 넓고 납작한 동일한 소재를 여러 겹으로 조금씩 겹치게 배열하는 것을 말하며, 테러싱은 동일한 소재들을 크기에 따라 일정한 간격을 두고 배치하여 디딤돌이나 계단처럼 연속적인 층으로 소재들을 수평으로 배치하는 기술이다.

그림 11-24. 그루핑(grouping). 《Professional floral designer, 1995, 3/4, p62.》

(3) 그루핑(grouping), 클러스터링(clustering), 조닝(zoning)

그루핑은 같은 종류, 색, 질감 등의 소재들을 같은 부위에 배열하여 이들을 두드러지게 보이도록 하는 방법이며(그림 11-24) 그룹간에 약간의 간격을 둔다. 클러스트링은 같은 종류, 혹은 같은 색의 소재를 두드러지게 보이도록 뭉치로 모아 꽂아주는 방법으로 꽃 개개의 의미는 없어진다. 조닝은 꽃들을 종류와 색에 따라 특정 지역에 배치하는 방법으로서 조닝된 소재간에는 공간을 넓게 비워 뚜렷한 구역을 형성한다(그림 11-25).

(4) 프레이밍(framing), 새도잉(shadowing), 시퀀싱(sequencing)

프레이밍은 디자인에서 어떤 부위를 강조하거나 아름답게 보이게 하기 위하여 그 주위를 둘러싸 그 속으로 바라보이도록 구성하는 방법이다. 새도잉은 소재를 같은 소재의 뒷쪽이나 좌우에 가깝게 배치하여 깊이감 혹은 입체감을 강조하는 방법으로 레이어링도 일종의 새도잉 방법이다. 시퀀싱은 크기, 색, 질감 등의 요소에 점진적인 변화를 주어 배열하는 기법으로 꽃을 배치할 때 중심에서 바깥으로 벗어나면서 어두운 색에서 점진적으로 밝은 색의 꽃을 배치하거나 큰 꽃에서 작은 꽃으로 배치하게 된다.

그림 11-25. 조닝(zoning)과 클러스트링(clustring). (Professional floral designer. 1997. 5/6. p26.)

(5) 초점(focal area)

초점은 꽃꽂이 디자인에서 보는 사람의 시선이 가장 집중되는 부위를 말하며 전통적인 방사형 줄기 배열의 디자인에서는 무게 중심이 있는 줄기가 모이는 부위에 크고 시선을 집중시키는 요소를 지닌 아름다운 꽃이나 장식물을 배치하여 초점을 형성한다. 현대식 디자인에서는 다양한 방법으로 초점이 형성되며 초점이 없이 디자인이 이루어지기도 한다.

12. 꽃다발, 리스, 갈란드, 형상물, 콜라주

절화를 주 소재로 제작되는 장식물에서 꽃꽂이 다음으로 많이 이용되는 장식물의 형태는 꽃다발, 리스, 갈란드, 형상물, 콜라주 등이 있다. 이들의 조형기술을 이해하게 되면 대부분의 절화장식물 제작에 대한 기본기술을 이해할 수 있으며 새로운 형태의 장식물 제작에도 응용할 수 있다. 또한 절화를 부소재로 제작되는 다양한 오브제적 구성의 조형물에도 응용할 수 있다.

12-1. 꽃다발(bouquet)

실생활에 꽃꽂이 다음으로 많이 이용되는 절화장식물은 꽃다발이다. 꽃다발은 꽃을 가득 모아 줄기가 모이는 부분을 끈으로 묶어 다발로 만든 형태를 말한다. 꽃다발은 증정용으로 제작되며 풀어서 용기에 담게 되는데, 최근의 꽃다발은 운반하기 편리한 점을 이용하여 구입 후 혹은 증정받은 후 그대로 용기에 담아 공간 장식을 할 수 있는 형태로 제작되고 있다. 유럽의 화원에서 가장 많이 팔리는 상품은 꽃꽂이용 꽃다발이다. 꽃다발은 이러한 증정용이나 공간장식의 용도 외에 몸장식을 위한 신부의 꽃다발이 있으며 더 작은 형태로 만들어 가슴에 꽂는 코사지(corsage)도 꽃다발의 변형으로 볼 수 있다.

자른 꽃을 가득 모은 형태인 꽃다발은 3000년 전 이집트 피라미드의 벽화에서도 찾아볼 수 있듯이 오랜 옛날부터 자연스럽게 이용되어 왔으며, 특히 18C 영국의 조지안 시대(Georgian period)에 실생활에 많이 이용되었다. 조지안 시대에 꽃과 식물의 향기는 전염병을 물리치는 신비한 힘이 있는 것으로 인식되어 생활공간에 도입되었고 사람들은 향기있는 꽃으로 만든 꽃다발을 외출시에 손에 들고 다녔는데, 이러한 꽃다발은 노우즈게이(nosegay), 혹은 터지 머지(tussie-mussie, tuzzy-mussy)라는 이름으로 불리웠다. 19C말 영국의 빅토리안 시대에 노우즈게이는 크게 유행하였으며 단순히 질병의 방지라는 의미를 벗어나 구애를 위한 메시지를 전달하는 역할로 발전하였다. 이 시대에는 금속으로 만든 포지 홀더(posy holder)라고 불리는 꽃다발 홀더(holder)가 제작되었으며, 꽃다발은 연회에서 싱싱함을 오래 유지할 수 있도록 축축한 이끼에 싸인 채 홀더에 넣어 가지고 다니게 되었다. 그 후 꽃다발은 결혼식에서 순결을 의미하는 백색의 신부 꽃다발로까지 발전되었다.

꽃다발은 크게 세 가지 방법으로 제작된다(그림 12-1). 꽃을 모아서 줄기가 모이는 부분을 끈으로 묶는 기본적인 방법과, 꽃의 줄기를 잘라 철사로 대체하여 줄기를 마음대로 구부릴 수 있게 한 뒤 다발을 만드는 방법, 그리고 플로랄 폼이 달린 꽃다발 홀더(holder)에 꽃꽂이처럼 꽃을 꽂아 꽃다발의 형태를 만들어내는 방법이 있다.

손에 들기 위해 가장 많이 제작되는 꽃다발의 형태는 정면에서 보았을 때 원형(round shape)이나 폭포형(waterfall shape)으로 나타난다(그림 12-2, 3, 4). 원형 부케는 오랜 옛날부터 많이 이용되었던 형태로서 한 가지 종류의 꽃으로만 구성하는 클러스터(cluster) 부케, 여러 종류의 꽃으로 구성하여 레이스 꽃받침을 이용하는 컬러니얼 스타일(colonial style) 부케, 꽃을 색과 종류별로 동심원 모양으로 만든 터지 머지(tuzzzy muzzy) 혹은 비더마이어(biedermeier), 가득 모아 부피감과 둥근 형태를 강조한 포지(posy) 등이 역사적으로 유행되었던 원형 부케의 이름이다. 폭포형 부케는 정면에서 보아 대칭적인 형태 외에 초승달형, S자형, 삼각형 등의 다양한 형태가 이용된다.

꽃꽂이용 핸드 타이드 부케(standing bouquet)는 만들어서 용기에 꽂거나 세울 수 있도록 제작하는데 최근 경연대회에서 선보이는 부케는 기발한 아이디어의 다양한 형태로 제작되어 디자이너의 메시지를 표현한다(그림 12-5).

그림 12-1. 꽃다발 제작방법(1. 줄기를 다발로 묶는다, 2. 줄기대신 철사로 대체하여 다발로 만든다, 3. 부케 홀더(holder)에 꽂는다).
그림 12-2. 원형 꽃다발. 《플로랄 투데이 2003. 11. p13. 렌 오크매드》
그림 12-3. 다발로 묶은 꽃다발. 《플로랄 투데이 2003. 10. p62. 다니엘 산타마리아》
그림 12-4. 폭포형 꽃다발.
그림 12-5. 스탠딩 부케(standing bouquet).

12-1-1. 핸드 타이드 부케(hand-tied bouquet)

핸드 타이드 부케는 옛날부터 많이 이용되어 왔던 꽃다발 형태이며 오늘날 그 이용도가 높아지면서 아름답고 독특한 구성형식으로 제작된다. 핸드 타이드 부케는 반평면적으로 제작되어 세울 수 없으며 포장하게 되는 형태와 정면의 윤곽이 원형이나 폭포형이며 세울 수 있는 형태로 나눌 수 있다. 원형 혹은

4부 절화장식의 기본 기술

그림 12-6. 증정용 부케. 《플로랄 투데이 2003. 6. p84. 이화은》
그림 12-7. 원형 핸드타이드 부케. 《플로랄 투데이 2003. 7. p8. 클라우스 와그너》
그림 12-8. 꽃다발의 나선형 줄기배열.
그림 12-9. 덩굴 구조물을 이용한 꽃다발. 《백은정, 이향미》

폭포형 꽃다발은 증정받은 후 바로 용기에 꽂을 수 있도록 마치 방사형 꽃꽂이의 구성과 비슷하게 제작된다(그림 12-6, 7).

꽃다발의 줄기는 두 가지 방법으로 모은다. 각 줄기는 모이는 점을 중심으로 나선형으로 가지런하게 배열되거나(그림 12-8), 또는 직렬로 모아 라피아(raffia) 등의 재료로 묶어 주며, 적당한 길이에서 줄기를 잘라 세웠을 때 반듯하게 설 수 있도록 꽃다발을 균형있게 만들어야 한다.

핸드 타이드 부케는 보다 손쉽게 크게 제작하기 위하여 격자 모양의 나뭇가지나, 둥근 고리, 덤불 등의 다양한 구조물을 이용하며(그림 12-9) 이러한 구조물은 장식물로서의 역할을 겸한다. 꽃과 잎 외의 다양한 식물 외 장식물들로 장식하게 되면 독특한 분위기를 연출할 수 있다.

12-1-2. 철사줄기를 가진 꽃다발

가볍고 손에 쥐기 쉽고 줄기를 마음대로 구부릴 수 있도록 꽃줄기 대신에 철사로 대체하여 꽃다발을 만들 수 있다. 이 방법은 신부 꽃다발 제작에 많이 이용되던 방식이지만 꽃이 싱싱함을 유지하는 지속시간이 짧고 특히 제작에 시간이 많이 걸리므로 최근에는 핸드 타이드 부케나 플로랄 폼에 꽂는 방식이 선호된다.

꽃에 철사를 꽂는 방법은(그림 12-10) 장미, 카네이션과 같이 꽃받침이 큰 꽃은 꽃받침 꿰뚫기방법(pierce method)으로, 심비디움이나 칼라와 같이 줄기가 두꺼운 꽃은 꽃줄기를 십자로 꿰뚫기 방법(cross method)을 이용하거나 줄기 기부에서 위로 찔러넣는 방법(insertion method), 국화, 거베라와 같이 납작한 꽃은 갈고랑꽃는 법

(hook method), 안개꽃이나 가는 잎은 몇 개를 모아서 감아주는 방법(wapped-wire method), 장미잎과 같이 작은 잎은 U자형으로 구부린 철사를 뒷면에 받쳐주는 방법(hairpin method), 디펜바키아와 같은 넓은 잎은 박음질하기(sewing method) 등의 방법이 이용된다. 꽃에 따라 나름대로 적당한 방법을 이용해서 철사를 꽂아주면 된다. 줄기에 철사를 꽂은 후 플로랄 테이프로 철사를 감아 주며 수분 공급을 위해 물에 적신 솜뭉치를 플로랄 테이프 감기 전에 줄기 기부에 부착시키기도 한다. 플로랄 테이프를 감은 철사 줄기를 모아 핸드 타이드 부케 만드는 방법과 같이 줄기를 모아 꽃다발을 만든다. 플로랄테이프가 감긴 철사를 모은 손잡이는 끈끈하므로 리본으로 잘 감아 손잡이를 깨끗하게 해 준다.

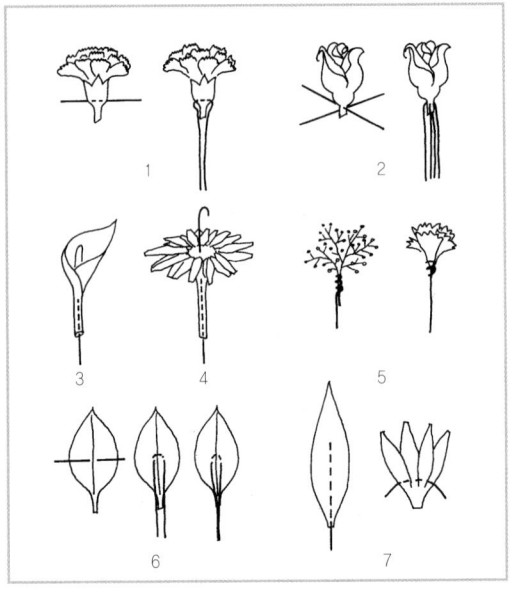

그림 12-10. 꽃에 철사 꽂는 방법(1. 꿰뚫기 2. 십자로 꿰뚫기 3. 줄기 기부에서 위로 찔러넣기 4. 갈고랑 꽂기 5. 모아서 감아주기 6. 헤어핀으로 받쳐주기 7. 박음질하기).

12-1-3. 플로랄 폼에 꽂은 꽃다발

플로랄 폼이 들어있는 부케 홀더(bouquet holder)를 홀더 받침대에 고정시켜 꽃꽂이하듯이 꽃을 꽂아 정면의 모양이 원형이나 폭포형 등의 형태가 되도록 꽃다발을 만들어 준다. 꽂힌 꽃이 절대 빠져서는 안되기 때문에 고정이 가장 중요한 작업이다. 줄기에 생화접착제를 발라 플로랄 폼에 꽂는 방법을 많이 이용하는데 줄기의 절단면에 접착제가 닿지 않도록 한다. 또 플로랄 폼에 꽂힌 줄기에 철사를 수직으로 꿰뚫어 빠지지 않게 하거나 줄기 위에 미리오클라다스의 줄기와 같이 가늘고 단단한 줄기 조각을 비스듬히 한 번 더 꽂아주는 방법도 이용된다. 홀더의 플로랄 폼은 작기 때문에 적절한 양의 꽃을 꽂아야 한다. 구성은 꽃꽂이에서와 마찬가지로 다양한 양식을 응용할 수 있다. 홀더의 뒷부분은 잎으로 잘 마무리하여 플로랄 폼이 보이지 않도록 한다. 잎을 꽂는 것이 어려우면 접착제로 뒷면에 부착시키기도 하며 필요에 따라 레이스 꽃받침과 보우(bow)를 부착시켜 준다.

12-2. 리스(wreath)

리스는 절화를 이용하여 고리 모양으로 만들어낸 장식물로 화환(花環)이라고 할 수 있으나 국내에서 일반적으로 불리는 화환과는 모양이 다르므로 리스라는 용어를 그대로 이용한다. 리스는 고대 그리스시대에 충성과 헌신의 상징으로 신에게 바치거나 영웅에게 바치는 장식물로 이용되었으며 머리에 쓰거나 옷에 부착하였으며 또, 생활공간에 장식되었다. 리스는 오늘날에도 일반적으로 많이 이용되는 반평면적인 장식물로서 화관(花冠)용, 테이블용, 벽걸이용뿐만 아니라 스탠드에 걸어 장례용이나 축하용으로 이용한다(그림 12-11, 12).

리스는 크게 두 가지 방법으로 제작된다. 나무덩굴이나 짚, 로프, 철사, 철망, 이끼 등으로 만든 둥근 고리 모양

그림 12-11. 다양한 구성으로 이루어진 리스.   그림 12-12. 다양한 구성으로 이루어진 리스.   그림 12-13. 다양한 소재로 이루어진 리스 제작을 위한 틀. 〈K. Hatala,1994, p12.〉

의 틀에 꽃을 모아 작은 다발을 만들어 실이나 철사를 감아 부착시키면서 둥글게 이어가는 방법과, 고리 모양의 플로랄 폼에 줄기가 보이지 않도록 절화를 짧게 꽂아 만든다(그림 12-13). 플로랄 폼을 이용하지 않는 리스는 수명이 짧으므로 건조소재나 조화를 이용하는 것이 좋으며 비교적 오래 싱싱함을 지속시키기 위해 플로랄 폼을 이용하는 것이 좋다. 리스는 꽃꽂이에 비해 단순한 형태로서 제작하기가 쉬우며 소재의 종류, 형태, 색, 질감 등에 따라 다양한 분위기를 연출할 수 있다. 가장 중요한 점은 둥근 고리의 크기와 고리 두께의 비가 적절해야 아름다운 리스를 제작할 수 있다.

리스를 많이 이용하는 외국에서는 두터운 리스 틀에 침엽수의 잎을 붙여 자동으로 끈을 감아주는 자동 리스 제작기가 리스의 규격에 따라 생산되고 있다(그림 7-8 참고).

12-3. 갈란드(galand)

갈란드는 절화와 절엽 등을 길게 엮은 장식물로 고대 이집트와 로마시대부터 행사에서 경축의 용도로 사용되었다. 갈란드는 길고 유연성이 있으므로 어깨에 걸치거나 기둥의 둘레를 감거나 벽난로 위나 난간, 문 등을 장식할 수 있으며 벽이나 천장에 드리울 수도 있고 식탁의 중심에 길게 늘어놓아 장식할 수도 있다. 또 길게 늘어지는 폭포형 꽃다발에 부착시키는 용도로 제작되기도 한다(그림 12-14).

길게 끈으로 연결된 갈란드용 플로랄 폼이 생산되어 편리하며, 일시적인 이용이거나 가벼워야 할 경우에는 플로랄 폼 없이 식물 소재들을 철사나 테이프, 또는 끈으로 묶어가며 이어주거나 긴 끈에 부착시키면서 이어주기도 한다. 꽃잎이나 꽃송이를 꿰어 길게 목걸이 모양으로 만든 갈란드, 작은 꽃다발을 길게 엮은 갈란드, 그리고 플로랄 폼에 꽂은 갈란드 등

그림 12-14. 갈란드.

다양한 갈란드가 이용되고 있다.

결혼식장, 연회장, 축제의 장식에 적합하고 녹색의 침엽이나 상록수의 잎, 솔방울이나 과일, 또는 견과류를 함께 묶은 갈란드는 성탄절이나 새해의 장식으로 적합하다. 완성된 갈란드의 폭은 일정하여야 하며 묶인 재료나 플로랄 폼에 꽂힌 재료들은 이탈되지 않도록 안전하게 제작되어야 한다. 갈란드의 끈은 재료들의 무게를 감당할 수 있을 정도로 질겨야 하며 재료들은 무게를 고려하여 갈란드의 길이에 적합하게 선택되어야 한다.

12-4. 형상물(形象物, figure)

절화를 이용하여 십자가, 별, 하트(heart), 곰, 토끼, 공 등의 형상물을 반평면적이거나(그림 12-15) 또는 입체적으로 만들어(그림 12-16, 17) 다양한 용도로 이용할 수 있다. 평면적인 형상물은 플로랄 폼을 붙인 시트(sheet)를 필요한 모양에 맞게 잘라 이용하거나 평면적인 십자가, 하트, 원, 고리 모양의 플로랄 폼을 이용하여 절화를 줄기가 보이지 않게 짧게 꽂아 만들 수 있다. 입체적인 형상물은 철망이나 철사로 원하는 형상물의 틀을 만들어 플로랄 폼이나 이끼를 채워 줄기를 짧게 자른 절화를 줄기가 보이지 않을 정도로 바짝 꽂거나 잎과 같이 꽂을 수 없는 경우에는 접착제를 이용하여 붙여서 만든다. 많이 이용되는 형태인 구형과 원추형은 플로랄 폼이 생산되므로 제작하기가 쉬우며 용기에 꽂아 나무를 전정한 것과 같은 모양으로 제작되었을 경우 토피아리(topiary)라고 불리기도 한다.

평면적인 십자가, 별, 하트 모양은 장례용 스탠드에 많이 이용되며, 곰, 토끼 등의 동물 모양과 구형이나 원추형의 형상물은 다양한 공간의 장식용 특히, 특정한 메시지를 전달해야 하는 공간장식에 이용된다. 축제용 꽃차의 장식에도 이러한 형상물 제작방법이 이용된다(그림 12-18). 기본적인 제작 방법은 간단하지만 어떤 형태와 소재를 선택하여 구성하느냐에 따라 다양한 표현이 나올 수 있다.

그림 12-15. 평면적인 십자가 모양의 형상물.
그림 12-16. 토피아리(topiary), 〈1999 금연회 전시회, 윤수련〉
그림 12-17. 하트(heart) 모양의 형상물.

12-5. 콜라주(collage)

그림 12-18. 축제용 꽃차 장식.

콜라주는 20세기에 등장한 독특한 시각예술 형태의 하나로서 천, 금속, 돌, 나뭇조각, 장식용 건조소재 등의 재료를 화면에 혼합하여 붙여서 구성하는 표현기법이다. 화훼장식에서의 콜라주는 그림이 있는 평면적인 화면에 입체적인 생화, 건조소재, 그리고 기타 다양한 식물 외 소재를 반평면적으로 배치하여 표현하는 장식물이며, 생화를 이용할 경우 물의 흡수없이 접착제로 접착하거나 여러 가지 고정 재료로 엮어 배치하기도 하며 물을 흡수할 수 있는 다양한 방법을 이용하여 장식을 지속시키기도 한다. 자연적이거나 추상적인 어떠한 구성도 가능하며 밑그림없이 완전히 식물 소재로만 이루어지기도 한다(그림 12-19, 20). 이용되는 소재의 종류에 따라 종이, 캔버스, 합판, 나뭇가지 등의 지지물(support)이 이용된다.

그림 12-19. 잎을 주 소재로 이용한 콜라주.
(Gardens illustrated, 1993, 8/9, p25.)

그림 12-20. 생화를 이용한 콜라주. 〈2001년 하이야트 호텔 연회장 장식〉

12-6. 기타 절화를 이용한 장식물

절화를 주 소재로 조형되는 꽃꽂이나 꽃다발, 리스, 갈란드, 형상물, 콜라주 외에 절화는 다양한 조형물의 부소재로 이용된다. 특히 이러한 조형물은 오브제적 구성 형식으로 표현되며 플로리스트들뿐만 아니라 플로럴 알티스트(floral artist)들의 주요 예술작품으로 제작된다. 국내에서도 다양한 표현이 시도되고 있으나 꽃의 유한성때문에 경제성과 비실용성으로 주로 전시회 작품용으로 소개되고 있으며 꽃을 배치하기 위한 대형 구조물의 제작에 응용된다.

오브제적 구성의 다양한 조형물에서 꽃은, 꽃송이뿐만 아니라 꽃잎으로 분리되어 이용되기도 하며 다양한 방식으로 이용되고 있다(그림 12-21, 22, 23). 꽃은 또한 생활 수준의 향상과 서양요리의 영향으로 요리장식용 또는 요리 재료로도 이용되고 있다.

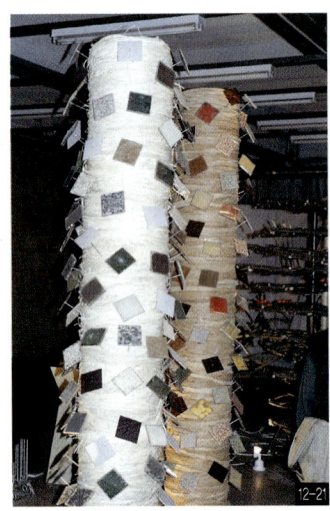  

그림 12-21. 건조 소재를 이용한 장식용 기둥. 〈계원조형예술대학 화훼디자인과〉
그림 12-22. 잎을 붙여 만든 의자. 〈계원조형예술대학 화훼디자인과〉
그림 12-23. 꽃을 부소재로 이용한 조형물. 〈계원조형예술대학 화훼디자인과〉

13. 건조소재를 이용한 장식

생화(生花, fresh flowers)는 이루 말할 수 없이 아름답고 신선하나 그 아름다움을 유지하는 지속시간이 짧은 단점이 있다. 건조화(乾燥花, dried flowers)는 지속성뿐만 아니라 생화와는 다른 독특한 형태와 색, 질감을 가지고 있어 그 아름다움 때문에 많이 이용되고 있다. 또 신부꽃다발과 같은 특별한 의미가 있는 생화를 보관하고 싶을 때 건조시켜 장식할 수도 있다.

예전의 건조화는 꽃과 줄기가 수분이 적고 딱딱하여 건조 후 잘 변형되지 않는 절화를 채집하여 이용하였다. 그러나 최근의 뛰어난 건조기술로 건조화는 생화와 비슷한 아름다운 색과 모양을 가지게 되었고 예전에는 이용하지 못했던 거의 모든 꽃들을 아름답게 건조시킬 수 있게 되었다. 꽃에만 국한되지 않고 꽃, 잎, 줄기, 열매, 뿌리, 나뭇가지, 나무껍질 등 식물의 모든 부위가 이용되고 있어 건조화라는 말은 건조소재(乾燥素材, dried materials)의 일부분이 되고 있다. 건조화는 영구화(everlasting flowers), 특히 글리세린 처리가 된 건조화를 보존화(preserving flowers)라고도 한다.

건조소재는 다양한 건조방법과 가공방법으로 생산되고 있으며 이러한 건조소재의 생산이 활성화될수록 건조소재를 이용한 장식은 더욱 아름답게 발전한다. 건조소재를 이용한 장식은 기본적으로는 꽃꽂이, 꽃다발, 리스, 갈란드, 형상물 등의 생화장식의 조형법을 그대로 적용하기도 하지만 물을 공급할 필요가 없기 때문에 보다 자유롭고 창의적으로 조형된다. 또한 압화를 이용한 평면장식이나 회화와 어우러진 콜라주(collage), 포푸리 장식 등, 생화와는 다른 독특한 장식이 가능하다.

우리 나라에서는 관상을 목적으로 꽃을 건조하는 예는 별로 없었고 식용을 목적으로 옥수수, 고추, 마늘 등을 말려 처마 밑에 매달아 두거나 베개 속에 넣기 위해 국화꽃잎을 말리는 정도였다. 1960년대 중반 국내에 외국의 건조화가 소개되었고 1974년 건조화 재배가 시작되었으나 큰 진전을 보지 못하였지만, 1970년대 말 방식씨의 건조화 디자인 전국 순회전과 남대문 꽃상가의 건조화 전문가게가 생긴 것을 계기로 건조화 수요가 급격히 늘었으며 국내 건조소재 생산도 빠르게 발전하였다. 그러나 사회의 경제적 상황에 따라 건조소재 수요의 변화는 심하다. 이 장에서는 건조소재의 종류, 건조 및 가공방법, 장식방법을 살펴보자.

13-1. 건조소재의 종류

꽃을 비롯하여 잎, 줄기, 열매, 뿌리, 나뭇가지, 나무껍질 등의 부위와 향신료, 이끼, 버섯 등 장식에 이용할 수 있는 건조소재는 지구상에 무한하다(그림 13-1, 2, 3). 그러나 꾸준히 이용될 수 있는 상품성이 있는 건조소재는 아름다운 형태와 색, 향기와 유연성, 지속성, 경제성, 기호성 등의 요소를 갖추어야 한다(허북구, 월간원예. 1990. 10. p60-64.). 많이 이용되는 건조소재를 그 특성에 따라 다음과 같이 나눌 수 있다.

13-1-1. 꽃

장식에 가장 중요한 건조소재의 부위는 꽃이다. 장미, 바스레기꽃(straw flower), 아킬레아(achillea), 별꽃(star

그림 13-1. 건조소재 판매를 위한 상품 진열.
그림 13-2. 건조소재 판매상점.
그림 13-3. 다양한 색상의 건조화 꽃꽂이. 〈1999 하수회 전시회〉
그림 13-4. *Limonium suworowii*.

flowers), 델피니움(delphnium), 홍화(safflower), 로단세(rhodanthe), 천일홍, 스타티스, 카스피아 등이 많이 이용되고 있다(그림 13-4).

13-1-2. 이삭류

꽃 외에 화본과 식물의 이삭이 많이 이용된다. 팔라리스(phalaris), 라그러스(lagurus), 브리자(briza), 강아지풀, 맵새, 폭스테일(foxtail), 귀리(avena), 조, 수수, 밀, 팜파스 그라스(pampas grass) 등이 있다.

13-1-3. 허브

건조된 후에도 어느 정도 향기를 유지하는 방향성 식물인 허브(herbs)류가 건조소재 장식에 많이 이용되고 있다. 꽃을 포함하는 종류도 있으나 잎만으로도 훌륭한 장식 소재가 된다. 허브 중에서 가장 중요한 라벤더(lavender)를 비롯하여 오레가노(oregano), 로즈마리(rosemary), 레몬 민트(lemon mint), 세이지(sage), 페니 로얄(penny royal), 그리고 자생 방향성식물인 쑥, 향유, 배초향 등이 있다.

13-1-4. 향신료

최근에는 독특한 모양과 향을 가지고 있는 향신료(香辛料)로 이용되는 식물들이 건조소재 장식에 많이 이용되고 있다. 이들은 꽃봉오리, 나무껍질, 열매 등 다양한 식물의 부위에 해당된다. 시나몬(cinnamon), 로즈힙(rose hips), 마늘, 고추, 월계수잎(bay leaves), 정향(cloves), 육두구(nutmeg), 팔각향(star anise) 등이 있으며, 안식향(gum benzoin), 유향(frankincense) 등은 포푸리의 고정제로 이용된다(그림 13-5).

13-1-5. 잎

잎은 유연성을 위해 글리세린 흡수 후 건조되어 이용되는 소재가 많다. 미리오클라다스(myriocladas), 루모라(rhumora), 스프렝게리(sprengeri), 유칼립투스(eucalyptus), 사라세니아(sarracenia), 속새, 태산목, 목련 등이 글리세린 흡수 후 건조되어 생산되는 경우가 많고, 그 외 극락조화, 라피아(raffia) 등 많은 종류의 잎들이 생산되어 이용된다(그림 13-6).

13-1-6. 나뭇가지, 덩굴

다래 덩굴(kiwi vine), 곱슬버들, 석화버들, 오동추, 칡 등이 많이 이용된다(그림 13-7).

13-1-7. 열매

꽈리, 사과, 오렌지, 석류(pomegranate), 토마토, 청미래덩굴, 찔레, 고추, 솔방울 등이 많이 이용된다. 특히 식용으로 이용되는 과일 중 오렌지, 레몬, 그레이프후룻(grafe fruit), 라임, 사과, 석류, 비트(beet), 파인애플 등을 얇게 잘라 건조시켜 장식소재로 직접 이용하거나 아름다운 용기에 담아 모양, 색, 향기를 감상한다(그림 13-8).

그림 13-5. 향신료와 열매를 이용한 건조소재 장식.
그림 13-6. 글리세린 처리한 잎을 이용한 꽃꽂이. 〈미국 Evergreen〉
그림 13-7. 나뭇가지를 이용한 장식.
그림 13-8. 열매를 이용한 장식.

13-1-8. 꼬투리(pod)

니겔라(nigella), 포피(poppy pods), 프로티아(protea), 벨 컵(bell cup), 연밥(lotus pod) 등이 있다.

13-1-9. 이끼

수태(sphagnum moss), 라인디어 모스(reindeer moss), 폴 모스(pole moss), 라이컨(lichen) 등이 있다. 스페인 이끼(spanish moss)는 파인애플과 식물의 틸란드시아 속(Tillandsia)에 속하는 식물이지만 이끼처럼 많이 이용된다.

13-1-10 버섯(mushroom), 나무껍질(bark), 뿌리(roots)

다양한 형태의 버섯과 나무껍질이 이용된다. 오리스(orris)는 저먼 아이리스(Iris germanica 'Florentina')의 뿌리로 건조시켜 분말로 포푸리의 고정제에 이용된다.

13-2. 건조방법 및 기타 가공처리

건조소재는 자연건조, 열풍건조, 동결건조, 글리세린 흡수 후 건조, 매몰건조, 누름 건조 등의 다양한 건조방법과, 망사잎 제작을 위한 엽육 제거, 표백, 염색, 박피, 피막처리, 변형, 포푸리 제조를 위한 향 숙성 등의 다양한 가공방법으로 생산된다. 이러한 결과 거의 생화와 비슷한 아름다운 형태와 색상의 건조소재, 그리고 자연에서는 존재하지 않는 다양한 구성으로 표현된 장식물을 제작할 수 있다. 건조방법 및 기타 가공처리는 20장 화훼가공을 참고하자.

13-3. 건조소재의 보존 방법

건조소재는 빛과 습기에 약하므로 건조하고 어두운 곳에 보관한다. 장마철에는 일시적으로 비닐에 싸두거나 상자 속에 넣어 보관해 두는 것이 좋다. 유리용기 속에 넣어 장식하거나 아크릴로 만든 상자 속에 넣어 장식하면 방습시킬 수 있을 뿐만 아니라 장식효과도 뛰어나다. 특히 매몰건조나 동결건조된 꽃은 습기에 약하므로 피막처리하거나 유리용기에 밀폐시켜 장식하는 것이 중요하다.

13-4. 건조소재를 이용한 장식

건조소재를 이용한 장식물은 물을 흡수할 필요가 없는데도 생화를 이용한 꽃꽂이, 꽃다발, 리스, 갈란드, 형상물 등의 조형을 그대로 모방하여 생화의 대용으로 이용하는 경우가 많으며 그 외 원래의 형태와는 다른 전혀 새로운 모습으로 구성된다. 특히 나뭇가지를 이용한 대형 조형물에서 독특한 표현 방법을 많이 찾아볼 수 있다. 압화(押花)를 이용한 평면장식과 콜라주, 또 포푸리를 이용한 다양한 장식이 가능하다.

4부 절화장식의 기본 기술

13-4-1. 꽃꽂이, 꽃다발, 리스, 갈란드, 형상물, 콜라주

제작 방법은 생화와 거의 비슷하나 소재의 형태, 색, 질감의 선택에 주의해야 하며 생화에 비해 소재가 가늘고 섬세한 편이라 그룹핑(grouping)을 시켜주지 않으면 하나 하나 재료의 특성이 돋보이지 않는 특성이 있으므로 주의해야 한다. 건조소재 장식은 꽃꽂이를 비롯하여(그림 13-9, 10, 11, 12, 13) 꽃다발과 리스, 갈란드, 형상물, 그리고 압화장식, 콜라주와 같은 반입체적인 평면장식에도 많이 이용된다(그림 13-14, 15, 16, 17). 동결건조나 실리카겔에 매몰건조된 건조화는 변색과 변형을 방지하기 위해 유리용기에 밀폐시켜 장식하는 것이 일반적이다 (그림 13-18).

그림 13-9. 건조소재를 이용한 꽃꽂이. 〈미국 Knud & Nielsen〉
그림 13-10. 건조소재를 이용한 꽃꽂이. 〈1999년 금연회 전시회〉
그림 13-11. 건조소재를 이용한 꽃꽂이.
그림 13-12. 건조소재를 이용한 꽃꽂이.
그림 13-13. 건조소재를 이용한 꽃꽂이. 〈허브나라 농원〉
그림 13-14. 꽃다발.
그림 13-15. 리스(wreath).
그림 13-16. 건조소재를 이용한 자유형 조형물.
그림 13-17. 건조소재를 이용한 콜라주. 〈유민정, 강정숙〉
그림 13-18. 매몰건조된 꽃의 밀폐장식.
그림 13-19. 드라이 폼(dry foam).

13. 건조소재를 이용한 장식

4부 절화장식의 기본 기술

제작시 건조소재의 고정은 우레탄이라 불리는 드라이 폼(dry foam)에 줄기를 꽂거나 글루건(glue gun)으로 접착하는 방법, 또는 철사나 끈으로 묶거나 엮는 방법을 이용한다(그림 13-19). 줄기가 가는 건조소재는 여러 개를 모아 묶어서 꽂아주는데 묶기 쉽게 철사가 달린 꽂이(pick)나 자동으로 금속제 꽂이를 붙여주는 픽킹 머쉬인(picking machine)을 이용하면 편리하다.

그림 13-20. 나뭇가지와 철물을 이용한 대형 조형물.

13-4-2. 대형 조형물

건조소재는 생화를 모방한 장식 외에 규모가 큰 자유로운 형태의 다양한 조형물로 제작되어 디스플레이 또는 무대장식 그리고 예술작품으로 많이 이용된다(그림 13-20). 규모가 큰 대형 조형물에는 나뭇가지가 가장 많이 이용되며 이러한 건조소재는 돌, 천, 금속 등의 다른 자연소재와 조화시켜 제작되기도 한다.

13-4-3. 압화를 이용한 장식

오랜 옛날부터 사람들은 아름다운 꽃과 잎을 책 속에 넣어 자연스럽게 말려 이용해 왔던 것으로 보인다. 1530년경 이탈리아의 식물학자 Kinee가 식물표본을 만들기 위해 누름건조한 이래 1658-1718년 사이 영국의 표본 수집가 Betiwa도 식물의 건조표본을 제작해온 것으로 알려져 있다. 오늘날과 같은 장식용 압화의 제작은 19C 후반 영국의 빅토리아 여왕시대에 궁중의 여인들에 의해 본격적으로 시작되었으며 야생화를 채집해서 성서의 표지를 장식하거나 액자에 넣어 장식해 왔다. 우리 나라에도 옛 선조들은 단풍잎이나 은행잎, 대나무잎 등을 문창호

지에 발라 자연의 정취를
돋구었고 재앙을 방지하
기 위한 벽장식용으로 이
용해 왔다. 오늘날과 같은
압화장식은 1950년대 중
반 외국에서 다양한 화훼
장식이 도입되면서 시작
되었고 1970년대 이후 많
이 알려지기 시작하였다.

그림 13-21. 압화를 이용한 액자.

그림 13-22. 압화를 이용한 액자. (이계선)

최근 누름건조 기술의
발달로 아름다운 색을 가진 다양한 압화장식물이 제작되고 있다. 건조된 압화는 종이나 천 등의 평면에 아름답
게 배치되어 접착한 후 액자를 만들거나 시계, 램프의 갓 등 다양한 생활용품 장식으로 이용된다(그림 13-21,
22). 빛과 습기에 약하므로 액자를 만들 경우 코팅지로 코팅을 하거나 종이 뒷면에 흡습제를 부착시킨다. 자외선
경화수지(紫外線硬化樹脂)로 매몰시켜 영구적으로 보존하기도 한다. 최근 결혼식 후 신부의 꽃다발을 누름건조
하여 원래의 이미지대로 평면에 연출하여 액자로 만들어주는 업종도 개발되어 있다(그림 13-23).

압화의 평면 구성방법은 나라마다 특색을 보이고 있으며 자연적인 구성과 장식적인 구성으로 나누어 볼 수 있
다. 평면구성에도 3차원적 입체구성과 비슷한 디자인 요소와 원리를 적용한다.

그림 13-23. 꽃을 누름건조시켜 구성한 액자.

그림 13-24. 포푸리.

13-4-4. 포푸리(potpourri) 장식

건조된 방향성 식물의 꽃과 잎, 열매 등에 정유(精油, essential oil)를 첨가하여 숙성시킨 포푸리는 좋은 향기와
함께 아름다운 색상과 질감으로 실내장식의 효과뿐만 아니라 우울증, 불면증, 스트레스의 해소를 위한 향기치료

(aromatherapy)의 역할을 해 준다(그림 13-24). 포푸리는 기본적으로 용기에 담거나 새쉐이(sachet)라 불리는 향주머니에 넣어 필요한 장소에 배치하며, 오렌지에 정향을 꽂아 계피나 올스파이스 가루를 발라 말린 향옥(香玉, pomander)도 외국에서 많이 이용하는 방법이다. 특히, 라벤더, 탠지, 터메릭으로 만든 포푸리는 방충제의 역할도 해준다.

방향성식물의 다양한 부위에서 추출된 휘발성 향 성분인 정유는 추출한 식물의 종류에 따라 100종 이상의 여러 성분들로 구성되어 있으며 그 성분에 따라 다양한 효과를 보여 장식품, 식품, 화장품, 의약품, 향료 등에 이용되고 있다. 방향성식물의 향기는 후각신경을 자극하여 대뇌 깊숙이 자리잡고 있는 감정을 조절하는 변연계에 영향을 미쳐 대뇌 호르몬을 왕성하게 하여 감정을 조절해 주며 소화기관이나 생식기관의 생리적 반응을 불러일으킨다. 또한 정유는 그 성분에 따라 면역세포에 새로운 활성을 주어 병든 세포와 싸워 이길 수 있도록 해 준다. 그리하여 향은 우리의 뇌를 기분 좋게 만들고 체내에 무한히 많은 면역세포를 증강시켜 자연치유력을 증강시키도록 도와준다. 또 냄새에 대한 감각은 컴퓨터의 코드와 같아서 하드디스크에 입력된 정보를 빼내듯 기억을 상기시키며, 한 번 경험한 것은 쉽게 지워지지 않는다. 이러한 효과로 인하여 한 잔의 차 속에 정유를 떨어뜨려 기억을 되살리는 방법이 이용되기도 한다. 라벤더, 장미, 자스민 등의 정유는 불안과 우울증에 시달리는 환자에게 부작용이 없는 천연 신경안정제와 같은 효력을 발휘한다.

원래 꽃향기는 곤충을 유인하여 꽃가루받이를 함으로써 종자를 만드는 데 활용되고 있고, 과일의 향기는 동물을 유인하여 먹이를 제공함으로써 그 식물의 종자를 퍼뜨리는데 도움을 주고 있다. 잎과 줄기에서 발산되는 향은 병충해를 물리치기 위한 것으로 알려져 있으나 이 외에 향에 대한 역할에 대해선 잘 알려져 있지 않다. 포푸리에 이용되는 정유는 천연 정유이어야 치료 효과를 가지므로 주의해야 한다. 포푸리는 이용되는 식물재료와 정유에 따라 그 효능이 다르기 때문에 주요한 정유의 효능을 알고 이용해야 한다(표 13-1).

표 13-1. 정유의 효과.

식물명	정유의 효과
장미(rose)	우울증 해소, 진정
라벤더(lavender)	불면증 해소, 살충
로즈마리(rosemary)	혈액순환, 피로회복, 생리주기 조절
쟈스민(jasmin)	각종 부인과질병 완화, 우울증 해소
레몬(lemon)	두통완화
패촐리(patchouli)	살충, 소독, 진정, 우울증 해소
배질(basil)	우울증 해소, 피로회복
베가모트(bergamot)	식욕감퇴 회복, 감정조절, 소화장애 조절
마조람(marjoram)	불면증 해소
네롤리(neroli)	긴장완화
로즈우드(rosewood)	노화방지, 면역력 증가
샌달우드(sandalwood)	불면증 해소, 긴장완화
페퍼민트(pepermint)	두통완화, 진정
제라니움(geranium)	스트레스 해소, 신경통 완화
캐모마일(chamomile)	생리통 완화, 불면증 해소

5부 분식물장식의 기본 기술

분식물은 기본적으로 용기(容器)와 토양, 식물로 이루어진다. 분식물장식은 분식물이 배치될 장소의 환경조건을 고려하여 용기와 토양, 식물, 그리고 첨경물을 적절한 기능(機能)과 미적(美的) 가치를 가지도록 구성하여 공간에 배치하게 되며, 일시적, 혹은 지속적, 영구적으로 유지될 수 있도록 관리한다. 분식물이 배치되는 장소는 실내와 실외로 나눌 수 있으며 이 두 공간의 환경에 따라 이용되는 식물은 달라지며 선택된 식물에 맞추어 토양과 관리방법, 그리고 표현양식이 달라지게 된다. 분식물장식은 용기의 종류와 크기, 식물의 종류·크기·수량, 식물 외 장식물이나 첨경물의 배합에 따라 다양하게 표현되며, 규모가 커지면 분정원(盆庭園) 또는 정원으로 조성된다. 규모가 큰 정원의 조성일 경우 체계적인 디자인 과정은 필수적이다. 분식물장식은 수생식물이나 물 속에 뿌리를 잘 내리는 식물을 이용하여 수경으로 디자인할 수 있으며, 뿌리의 역할이 수분이나 양분의 흡수라기보다는 부착의 역할인 착생식물(着生植物)은 토양없이 공간장식에 이용될 수 있다.

14. 실내용 분식물장식

여러 가지 형태와 크기·색·재질의 용기에 아름답게 식재된 실내 분식물은 장식효과와 함께 실내환경문제를 해결해 주는 인간생활의 필수물로 인식되고 있다. 실내용 분식물은 역사적으로 유행했던 형태에 따라 특별한 명칭을 가지고 있는 것도 있으나, 기본적으로는 용기(容器)에 관엽식물을 비롯한 실내식물을 심어 지속적, 혹은 영구적으로 키우는 것으로 규모가 커지면 실내정원을 이룰 수 있다. 실내환경에서 난이나 일년초, 숙근초, 구근류와 같이 꽃이 관상의 주 대상인 식물은 개화기에 일시적으로 이용된다.

실내용 식물은 화훼식물 중 열대, 아열대 원산의 관엽식물(觀葉植物, foliage plants)이 많이 이용된다. 관엽식물은 연중 온도변화가 적은 열대, 아열대 밀림(密林)이 원산지로 내음성이 강하므로 광도(光度)가 낮고 연중 온도가 비슷한 실내환경에 잘 적응될 수 있으며, 진귀하고 아름다운 모양과 빨리 자라며 키우기 쉬운 좋은 점을 가졌다. 그러나 종류가 많고 교목, 관목, 덩굴식물, 착생식물 등 특성이 다양해 각 식물의 생장습성이나 관리방법 등을 알기에는 어려움이 따른다. 또 이들 식물은 한국에 도입된 지 얼마 되지 않아 통용되는 정확한 이름이 없는 것이 많다. 대부분 학명(學名) 중 속명(屬名)으로 불리거나, 종명(種名) 또는 품종명으로 불린다.

오래전부터 열대, 아열대 식물은 탐험가들에 의해 유럽으로 소개되었고, 1900년대에는 미국의 식물학자들에 의해 수집되었으며, 최근에는 재배가들에 의한 돌연변이종, 육종가들에 의한 새로운 품종들까지 소개되면서 무수히 많은 종과 품종들이 있다. 국내에서는 열대, 아열대 식물뿐만 아니라 남부에 자생하는 상록활엽수(常綠闊葉樹)를 실내에 도입하려는 노력을 보이고 있다.

14-1. 용기

식물과 토양을 담는 용기(容器, container)는 이동이 가능하지만 크기가 커지면 이동과 관리가 어려우므로 건물의 건축시에 바닥에 고정된 플랜터(planter)가 만들어진다. 용기와 플랜터는 기능적인 면과 장식적인 면을 동시에 충족시킬 수 있어야 한다. 즉 실내공간에서 이용되는 용기는 형태와 크기, 재질 등이 식물 생육에 적합해야 할 뿐만 아니라 식물과 그 식물이 놓여질 주위 환경과 잘 어울려 장식효과를 발휘할 수 있어야 한다. 용기는 식물의 뿌리를 충분하게 담을 수 있으며, 식물을 잘 지지할 수 있어야 하며 경우에 따라 생산시의 분채로 담을 수 있어야 한다. 일반적으로 키가 큰 식물은 큰 용기가 적절하고 퍼진 형이나 관목류들은 낮고 넓은 용기가 좋아 용기는 식물의 높이와 너비에 비례해서 선택되어져야 한다. 용기의 깊이가 깊어 토양층이 깊을수록 배수성이 좋아 식물의 생육에는 좋다.

용기는 소량으로 구입할 때는 중요하지 않지만 대량 구입시에는 상당히 큰 투자로 나타나므로 가격이 저렴해야 하며, 경우에 따라 디자이너는 특정한 형태로 주문하기도 하고 원하는 날짜에 식물을 이식해야 되는 경우가 많으므로 구입용이도(購入容易度)도 상당히 문제가 될 수 있다. 용기는 식물과 토양을 잘 지지하고 깨지거나 금이 가지 않고 운반시 마모(磨耗)와 찢겨짐을 견딜 수 있도록 내구성(耐久性)이 있고 충분히 강해야 하며 색이 바래지 않아야 한다. 용기 자체의 무게뿐만 아니라 식물과 생육 용토를 가득 채울 때 상당히 무게가 나가게 되므로 가벼우면서 식물과 토양의 무게를 견딜 수 있어야 한다.

그림 14-1. 관찰용 파이프를 묻은 용기.

그림 14-2. 다양한 유리 용기.

그림 14-3. 딸기 모양 용기.

그림 14-4. 종이로 만든 1회용 용기.

그림 14-5. 대형 분식물용 용기.

그림 14-6. 독일 가든 센터의 다양한 용기.

용기는 관수 및 배수 처리가 편리하게 고안된 것이 가장 좋으나 배수구의 유무에 상관없이 이용할 수 있다. 배수구가 있을 경우에는 물받침을 두어 마루와 카펫, 가구에 피해를 주지 않도록 해야 하며 배수구가 없을 경우에는 용기 바닥에 배수층을 만들어 주어 과잉 수분이 배수층에 모이도록 하거나, 용기 한쪽으로 파이프를 넣어 주어 과잉수분을 펌프로 퍼 올릴 수 있도록 한다(그림 14-1).

용기는 목재, 플라스틱, 유리, 유리섬유(fiberglass), 세라믹(ceramic), 돌, 금속, 덩굴 등으로 만들어지며 대형 플랜터는 콘크리트나 F.R.P.(fiber reinforced plastics), 벽돌 등의 재료로 제작된다(그림 14-2, 3, 4, 5, 6). 식물을 키울 용기를 선택할 때에는 배수구의 유무, 형태, 크기, 재질, 색, 가격, 무게, 내구성 등을 고려하는데 배수구가 있는 것이 관수하기 쉬워 식물 생육에는 가장 좋으나 배수구가 없는 아름다운 용기들은 관수 요령만 터득하면 장식효과가 매우 크다.

14-2. 토양

분식물의 토양(土壤, growing medium)은 식물의 뿌리가 자라고 줄기가 똑바로 서게 되는 기반이 되며 수분과 양분이 공급되는 매체가 된다. 실내에는 강우가 없으므로 주기적인 관수를 통하여 토양 중에 공급된 수분은 토양 속의 공극(空隙)을 따라 아래로 내려가며 이 때 공기가 따라 들어간다. 물과 함께 흡입된 공기는 뿌리가 호흡할 수 있도록 산소를 공급해 준다.

실내식물을 위한 토양은 실외식물에 비해 배수가 매우 잘 되고 통기성(通氣性), 보수성(保水性)이 좋아야 하는데 고체 50%, 공기 25%, 수분 25%의 비율로 구성되면 좋다. 토양은 염분이 적어야 하지만 비료분을 보유하고 공급할 수 있는 충분한 양이온치환용량(CEC, cataion exchange capacity)을 가져야 하며, 균일화되어 있고 병과 해충이 없어야 하며 생물학적, 화학적으로 안정되어 빨리 썩지 않으며 가격이 저렴해야 한다. 또 토양은 표준화되어 쉽게 만들 수 있으며, 관수, 시비 등의 작업이 일률적으로 이루어질 수 있어야 한다.

일반 정원의 토양을 이용할 수도 있으나, 실내식물을 위한 배수성과 통기성이 부족하므로, 스패거넘 피트 모스(sphagnum peat moss), 바크(bark), 톱밥과 같은 유기물이나 모래, 펄라이트(perlite), 질석(vermiculite) 등의 굵은 알갱이를 혼합해 주면 통기성, 배수성, 보수성을 개선할 수 있다. 실내에서는 병충해가 생겼을 때 방제하기 어려우므로 정원토(庭園土)는 열을 가하거나 증기로 쪄서 토양소독을 해야 하므로 번거롭다.

스패거넘 피트 모스는 물이끼(sphagnum moss)가 이탄지(泥炭地)에서 이탄화된 것으로 잘 썩지 않는 유기물이며 가볍고 통기성과 보수성, 배수성이 좋고 CEC가 충분하나 강산성이며 처음에 물에 잘 젖지 않아 전착제(展着劑, wetting agent)를 혼합해 주어야 한다. 질석(vermiculite)은 질석을 고온에서 구워 잘게 부순 것으로 가볍고 중성이며 보수성, 통기성, 배수성이 좋고 CEC가 충분하지만 잘 부서져 식물을 지지하기 어려운 단점이 있다. 펄라이트는 진주암을 고온에서 구워 튀긴 것으로 가볍고 중성이며 보수성, 배수성, 통기성이 좋으나 CEC가 없다. 피트 모스, 질석, 펄라이트와 같은 토양 재료는 각각 장단점을 가지고 있어 단용으로 이용할 경우 적합하지 않지만 이들을 적절히 혼합하면 단점을 보완할 수 있어 가장 많이 이용되는 토양재료이다. 그러나 가격이 비싸므로 나름대로 다양한 토양재료를 개발할 필요가 있다. 외국에는 분식물에 맞는 다양한 혼합용토가 생산되고 있으나 국내에서는 아직 미흡한 실정이다. 각 식물이 좋아하는 토양조건은 다르지만 실내환경에서 이용되는 토양은 여러 식물에 같이 이용할 수 있도록 평균적으로 조제된다. 표 14-1을 참고로 토양을 배합할 수 있으며 화훼장식가 나름대로 다양한 토양재료를 혼합하여 적합한 토양을 만들어낼 수 있다. 토양산도(土壤酸度)가 맞지 않으면 토양 내 비료가 충분해도 식물체내에 흡수되지 않아 여러 가지 비료 결핍증이 일어나게 되고 대부분 관엽식물은 약산성을 좋아하므로 토양산도를 pH 6.0-6.5 정도로 맞추어 준다.

식물에 따라 뿌리를 물에 담그는 것만으로도 생육이 가능하며 이것을 수경재배(hydroculture)라 한다. 실내에 대규모 수림을 조성하는 데도 수경이 가능하지만 특수한 시설이 필요하며, 사람들은 토양에 뿌리박고 자라는 건강한 수목을 보면서 심리적으로 원초적인 쾌감을 느끼므로 일반적으로는 토양을 이용한다.

표 14-1. 토양 혼합비.

이용특성	토양 혼합비
뿌리가 가늘고 수분을 많이 필요로 하는 식물	피트 모스 : 질석 : 펄라이트 = 2 : 1 : 1
뿌리가 굵고 통기성과 배수성을 많이 요구하는 식물	피트 모스 : 바크(0.32-0.64cm) : 펄라이트 = 1 : 1 : 1
정원토를 이용할 경우	정원토 : 피트 모스 : 펄라이트 또는 질석 = 2 : 3 : 2
모래를 이용할 경우	모래(0.5-0.05mm) : 피트 모스 = 1 : 1 또는 1 : 3

14-3. 분식물장식의 기본 방법

한 용기(容器)에는 한 종류의 식물을 심는 것이 관리에 가장 쉬우나 여러 종류의 식물을 심어 훨씬 아름답고 독특한 멋을 자아낼 수 있다. 두 종류 이상의 식물을 심을 때는 생육습성이 비슷한 것끼리 심어야 관수와 광, 온도, 습도를 잘 맞추어 줄 수 있고 시간이 지난 후에도 모양이 흐트러지지 않는다. 일년초, 숙근초, 구근류 등의 원예학적 분류별로, 또 그 분류군내에서는 과(科)별로 나누어 비슷한 분류군의 식물을 심는다. 그러나 분식물장식은 식물의 생육습성뿐만 아니라 모양, 크기, 색, 질감 등이 서로 잘 어우러져 아름다워야 하므로 디자인요소와 원리를 고려한 디자인과정을 거쳐 제작한다.

용기, 식물, 토양재료를 준비한 후 토양을 혼합하거나 혼합된 토양을 구입한다. 토양 혼합은 토양혼합기를 이용하거나 소량일 경우 손으로 혼합한다. 혼합시 먼지가 날리고 특히 건조한 피트 모스는 물에 잘 젖지 않으므로 물을 부어 촉촉한 상태로 혼합한다.

어떤 형태의 분식물장식이라도 용기에 토양을 넣어 식물을 심는 기본 방법은 비슷하다. 가장 고려해야 할 사항은 배수구(排水口)의 유무이다. 배수구가 있는 용기는 망사나 부직포, 또는 돌로 배수구를 막고 용기의 1/5 높이 정도 잔돌이나 굵은 모래를 깔아 배수층(排水層)을 만든다. 그 위에 혼합된 토양을 깔아 식물을 배치하

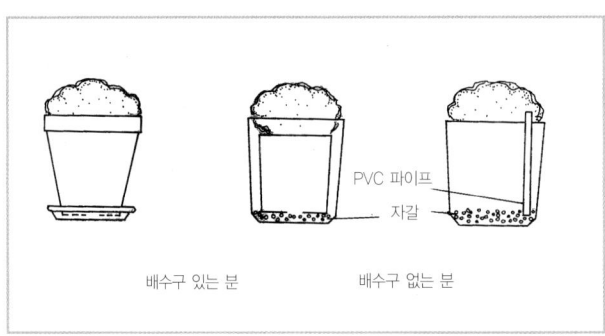

그림 14-7. 배수구가 있는 용기와 배수구가 없는 용기의 이용방법.

면서 뿌리 사이의 빈 공간을 토양으로 채운다. 물을 줄 때 넘치지 않도록 용기 윗 부분의 공간을 조금 남긴다.

배수구가 있는 용기는 화분용으로 한정되어 생산되지만 배수구가 없는 용기는 다양한 용도의 용기를 이용할 수 있어 제작과정과 관수요령만 터득하면 장식 효과를 지닌 훌륭한 분식물장식을 이룰 수 있다. 배수구가 없는 용기도 같은 요령으로 배수층을 만들고 토양을 넣어 식물을 심는다. 배수층은 잔돌 알갱이 사이의 공극이 커 모세관현상이 일어나지 않으므로 과다관수된 물이 배수층에 고이게 되어 토양으로 올라오지 않기 때문에 토양이 과습할 염려가 적다. 배수구없는 큰 용기는 용기 한쪽에 PVC관을 배수층 바닥에 닿도록 묻어 주어 고인 물을 펌프로 뽑아낸다. 지나치게 물을 많이 주지 않도록 조심하며 관수시 작은 용기의 분식물은 물이 골고루 스며들도록 분무기를 이용한다(그림 14-7).

14-4. 용기 내 식물의 배치와 구성방법

용기 내에 식물을 배치하는 방법은 정원에서 수목을 배치하는 방법을 그대로 이용할 수 있다(8장 화훼장식 디자인 과정 참고). 용기에 여러 개, 혹은 여러 종류의 식물을 함께 식재할 경우, 식물을 형태에 따라 교목(喬木), 관목(灌木), 지피식물(地被植物)로 나누어 세 형태 모두 혹은 두 형태만, 아니면 한 가지 형태만으로 배치한다(그림 14-8, 9, 10, 11). 교목이나 키가 큰 식물을 중심부에 배치하여 디자인의 높이와 규모를 결정한다. 한 방향에서 바라보는 장식일 경우에는 중심에서 약간 뒷부분에 가장 키가 큰 식물을 배치하고 사방에서 바라보는 장식일 경우에는 중앙부에 가장 키가 큰 식물을 배치한다. 크고 넓은 용기에 여러 개의 교목이 있을 경우 모아서 같이 중심부에 배치할 수도 있고 분산시킬 수도 있다. 중심목이라도 정 중앙에 배치되는 것보다는 정 중앙을 약간 벗어난 중심부에 심는 것이 자연스럽다.

교목이나 키가 큰 식물이 배치되면 교목의 주변에 관목을 모아서 배치한다. 가장 시선이 집중되는 부분에 꽃이 피는 화려한 식물이나 모양과 색이 돋보이는 식물 또는 첨경물(添景物)을 배치한다. 마지막으로 키가 작은 식물 혹은 지피식물을 심어 마무리한다. 필요에 따라 여러 가지 장식용 재료로 토양 표면을 피복(被覆)한다.

용기에 식물을 배치하는 방법은 다양하며 그 구성에 따라 크게 자연(自然的)인 구성과 장식적(裝飾的)인 구성, 또는 정형적(定形的)인 구성과 비정형적(非定形的)인 구성으로 나눌 수 있다. 정형적인 구성은 상상의 수직선을 축(軸)으로 좌우 대칭적으로 이루어지는 경우가 많으며 주로 직선이 이용된다. 비정형적인 구성은 축을 중심으로 양면에 다른 요소의 배치에 의한 균형으로 이루어지는 구성으로서 곡선이 많이 이용되며 자연의 경관(景觀)을 그대로 축소한 것 같은 자연스러운 느낌이 든다. 또 식물을 가득 채우는 방법과 빈 공간을 살려 식물 개개의 아름다움이 돋보이도록 하는 구성방법이 있다. 용기에는 식물뿐만 아니라 다양한 첨경물이 배치되는데 특히 조형물, 나뭇가지, 돌, 섬유 등을 이용하여 자연적인 느낌을 준다(그림 14-12).

관엽식물은 빨리 자라는 종류가 많으므로 작은 용기에 가득 심어 얼마 되지 않아 용기나 식물을 교체하지 않도록 여유있게 심는다. 식물을 심을 때 가장 주의할 점은 물리적 상해를 주지 않아야 하는 것으로 조심스럽게 식물을 다루어야 하며 장식공간에 바로 배치하거나 적당한 장소에 두어 자리가 잡힐 때까지 움직이지 않도록 하는 것이 가장 중요하다.

5부 분식물장식의 기본 기술

그림 14-8. 허브와 꽃피는 식물을 이용한 분식물 장식.
그림 14-9. 덩굴식물을 이용한 분식물장식그림 14-10. 호텔 로비의 분식물 장식.
그림 14-11. 꽃피는 식물을 이용한 분식물 장식.
그림 14-12. 알로카시아를 이용한 분식물 장식. 〈주신정, 신현아〉

14-5. 분식물장식의 유형

분식물장식은 외형적인 특성에 따라 또는 역사적으로 유행했던 모양에 따라 특정한 명칭이 있는 것도 있지만 식물을 심는 기본적인 요령은 비슷하며 용기와 식물, 그리고 식물 외 장식물의 선택에 따라 헤아릴 수 없는 다양한 표현이 가능하다.

그림 14-13. 분식물장식(포인세티아).
그림 14-14. 제라늄을 이용한 분식물장식.
그림 14-15. 대나무를 이용한 호텔 로비의 분식물 장식.

5부 분식물장식의 기본 기술

그림 14-16. 프리뮬라.   그림 14-17. 리스(wreath)형의 바구니에 심은 분식물.   그림 14-18. 멕시코 소철.

14-5-1. 다양한 분식물장식

실내공간에 지속적으로 유지할 수 있는 분식물장식은 용기의 크기·형태·재질·색깔, 배수구의 유무에 따라, 그리고 한 식물 심기, 여러 식물 심기에 따라 각양 각색의 장식효과를 낼 수 있다(그림 14-13, 14, 15, 16, 17, 18).

14-5-2. 디쉬가든(dish garden)

1960년대 미국에서 유행했던 디쉬가든은 오늘날에도 여전히 인기있는 분식물장식이다. 키가 작고 자라는 속도가 매우 느린 식물을 선택하는 것이 가장 중요한 비결이며 깊이가 얕은 용기를 이용하므로 토양층이 얕아 건조에 강한 식물들을 심는 것이 관수에 편리하다. 다육식물을 이용하거나 파인애플과 식물을 이용하여 고목, 돌, 나뭇가지 등이 어우러진 정원을 만들면 관리하기도 쉽고 재미있으며, 수직으로 쭉쭉 뻗은 석창포와 같은 식물을 이용하여 연못가의 분위기를 연출한 디쉬가든도 재미있는 표현이다(그림 14-19, 20, 21).

그림 14-19. 파인애플과 식물을 이용한 디쉬가든.
그림 14-20. 일본 화원의 판매용 디쉬가든.
그림 14-21. 크로커스를 이용한 디쉬가든.

14-5-3. 테라리움, 비바리움, 아쿠아리움

테라리움(terrarium)은 라틴어로 흙이라는 의미의 terra와 용기 혹은 방이라는 의미인 arium의 합성어이다. 1829년 영국의 의사 Nathaniel Ward가 흙을 채운 밀폐된 유리용기 속에 있는 나방과 나비의 유충에 관한 연구를 하던 중, 그 당시의 외부환경에서 자랄 수 없는 양치류의 포자(胞子)가 발아하여 자라는 것을 우연히 발견하였

5부 분식물장식의 기본 기술

그림 14-22. 일본의 화원에 진열된 테라리움.

다. 그 후 많은 실험 끝에 Ward는 밀폐된 유리용기 내에서 물을 주지 않고도 식물을 13년간이나 완전한 상태로 유지할 수 있었다는 논문을 1842년에 발표하였다. 이러한 식물을 넣은 밀폐된 용기는 Wardian case라 불리었으며 유럽에서 대유행을 하였다. 1850년 미국에서 실용화된 Wardian case를 테라리움이라 불렀으며, 한국에는 1970년 중반에 소개되어 새로운 용기의 개발과 함께 1980년대에 일반화되었다(그림 14-22).

테라리움은 밀폐된 유리용기 속에서 식물이 자라도록 만든 것으로 밀폐 전 수분상태를 잘 맞추어 주면 계속 유지할 수 있으나 처음에 정확한 수분상태를 맞추어 주기 어려워 필요에 따라 관수와 환기(換氣)를 할 수 있는 뚜껑이나 구멍이 있는 용기를 많이 이용한다. 구성은 열대의 밀림, 사막, 연못가 등의 자연적인 풍경을 모방하거나 전혀 다른 새로운 모습으로 구성할 수 있다. 장식적인 효과를 높이기 위해 가장 중요한 것은 아름다운 용기와 적절한 식물의 선택, 그리고 독특한 첨경물이 배치되는 것이다. 테라리움은 테이블 위에 올려놓는 소형에서부터 실내공간 벽면 전체를 테라리움으로 조성하는 경우도 있다.

배수구가 없는 용기에 식물을 심는 요령과 같은 방법으로 식물을 심는다. 배수층 위에 숯을 약간 깔아 주면 토양 내 발생된 유해물질을 흡수해 주어 조금 더 오래 유지할 수 있다. 테라리움에는 다습한 상태를 좋아하거나 잘 자라지 않는 소형식물이 좋다. 사라세니아, 파리지옥, 끈끈이주걱 등의 식충식물(食蟲植物)이나 아디안텀, 프테리스와 같은 고사리류, 셀라기넬라, 뮬렌베키아, 테이블 야자, 크립탄서스, 히포에스테스, 페페로미아, 필레아, 피토니아 등과 같은 식물이 많이 이용된다. 생육이 빠른 식물은 생장억제제를 살포해서 생육을 억제시키는 방법도 있다. 습도가 높으므로 건조한 환경을 좋아하는 선인장이나 다육식물은 주의해 준다. 가장 중요한 것은 관수 요령으로 배수구가 없는 용기에 물을 주는 것과 똑같은 방법으로 조심스럽게 물을 주며 뚜껑을 닫았을 때 김이 서리지 않을 정도의 습도를 유지한다. 토양을 건조한 상태로 유지해 주면 식물의 생장속도를 늦추고 건강하게 유지시킬 수 있다. 직사일광을 받으면 온실효과로 내부 온도가 급격히 올라가므로 직사일광이 비치지 않는 밝은 장소에 둔다.

비바리움(vivarium)의 viva는 동물을 의미하며 비바리움은 테라리움에서 변형된 것이다. 유리용기 속에 도마뱀, 뱀, 이구아나, 개구리 등의 동물과 식물이 어우러져 공생(共生)하고 있는 자연의 모습을 연출한 것으로 사막과 같은 분위기를 내려면 모래나 돌, 고목, 다육식물을 이용하면 된다. 동물과 식물의 생육조건이 비슷해야 하므로 원산지를 잘 살펴보아야 한다.

아쿠아리움(aquarium)의 aqua는 물을 의미하며 유리용기 속에 연못을 만들어 시페러스와 같은 수생식물을 심고 물속에 거북이나 물고기를 넣어서 키우는 것을 말하는데 물 위에는 워터 레투스(water lettuce), 샐비니아

(*Salvinia*)와 같은 부유(浮游) 수생식물을 띄우고 물 속에도 다양한 물풀을 넣어준다. 동물과 식물의 생육조건이 비슷한 것을 골라야 한다. 특히 수생식물은 저광과 항온(恒溫)에 견딜 수 있는 열대 원산의 식물이 선택되어야 한다.

14-5-4. 걸이분

걸이분(hanging basket)은 용기에 아래로 늘어지는 덩굴식물이나 잎이 늘어지는 식물을 심어 공중에 거는 분식물장식이다(그림 14-23).

그림 14-23. 후크사를 이용한 벽걸이분.

다양한 형태의 걸이분이 생산되고 있으나 물받침을 넣어주거나 배수구가 없는 분을 이용하여 배수 문제를 해결해 주어야 쾌적한 실내공간을 연출할 수 있다. 사람들은 잎이 무성한 나뭇가지가 머리 위로 드리워진 숲속을 걸을 때 편안하고 행복한 느낌을 가진다. 실내공간에 대형 수목을 배치할 수 없는 경우 걸이분에 심은 식물을 사람들의 머리 위에 드리우면 좋은 분위기를 조성할 수 있다.

신답서스, 싱고니움, 필로덴드론 옥시카디움, 페페로미아 서펜스, 트라데스칸티아, 아이비, 러브체인, 방울선인장, 립살리스 등과 같은 덩굴식물이나 늘어지는 식물이 걸이분에 적합하며, 덩굴식물만큼 길게 늘어지지는 않지만 조란, 바위취 등과 같이 포복줄기에 어린 포기가 달리는 식물을 걸이분에 심게 되면 어린 포기를 아래로 늘어뜨려 재미있는 구성을 이루게 된다. 난 중에서 특히 반다(Vanda)를 걸이분에 매달면 아래로 뻗어 내려오는 긴 공기뿌리의 아름다움을 감상할 수 있으며, 벌레잡이통풀이나 틸란드시아(Tillandsia usneoides)를 이용한 걸이분은 독특한 모양으로 이국적인 분위기를 연출한다.

14-5-5. 토피아리

용기에서 자연스럽게 자라고 있는 식물을 전정(剪定)하여 동물모양이나 구형(球形), 하트(heart) 모양 등의 형태로 만든 것을 토피아리(topiary)라고 한다. 그러나 관엽식물이나 다육식물을 이용한 토피아리는 전정하는 것보다는 철사나 철망, 나뭇가지 등으로 원하는 형태의 틀을 만들어 식물이 자라고 있는 용기에 꽂거나, 틀

그림 14-24. 토피아리.

그림 14-25. 덩굴식물을 이용한 토피아리.

5부 분식물장식의 기본 기술

내부 가장자리를 수태로 가린 후 그 속에 토양을 채워 식물을 심는다. 푸밀라 고무나무, 아이비, 러브체인, 뮬렌베키아 등과 같은 덩굴식물이 많이 이용되며, 식물이 자라면서 틀 외부를 덮어 특정한 형태를 나타내도록 유인한다. 관수시 배수되는 물이 흐르지 않도록 토피아리를 담을 수 있는 적절한 용기가 필요하다(그림 14-24, 25, 26). 평면적으로는 하트 모양이, 입체적으로는 구형, 원추형이 가장 많이 이용되는 토피아리의 형태이며 각종 동물 모양은 강한 흥미를 유발시킨다.

그림 14-26. 다양한 토피아리.

14-5-6. 착생식물 붙이기

에크메아, 구즈마니아, 네오레겔리아, 브리에시아, 틸란드시아, 크립탄서스 등의 파인애플과 식물이나 카틀레야, 덴드로비움, 팔레놉시스, 반다, 풍란, 온시디움, 파피오페딜럼 등의 난과에 속하는 착생식물(着生植物, epiphyte)을 나뭇가지나 바위에 붙여 아름다운 장식물을 만든다. 특히 파인애플과 식물 중에서 소형이며 은녹색의 잎이 아름다운 틸란드시아속의 식물은 종에 따라 다양한 모양을 가지고 있으며 나뭇가지에 붙여 멋진 풍경을 연출할 수 있다. 착생식물은 모두 습도가 높고 따뜻하며 밝은 장소에서 생육이 잘 되기 때문에 관리에 주의해 준다. 최근 국내에서는 돌이나 다양한 모양의 토기(土器)에 붙인 풍란이 많이 이용된다.

14-5-7. 수경재배

흙을 사용하지 않고 물에 뿌리를 넣어 식물의 생장에 필요한 무기양분을 인위적으로 공급하여 식물을 재배하는 방법을 수경재배(水耕栽培, hydroculture) 또는 물재배(water culture)라 한다. 수경재배는 물속에 뿌리를 지지할 수 있는 배지(培地)를 넣어 화훼식물과 채소의 생산에 많이 이용되는 방법이지만 실내공간 장식용으로도 이용된다. 싱고니움, 신답서스와 같은 천남성과 식물, 자주달개비, 트라데스칸티아 등의 닭의장풀과 식물, 조란 등의 관엽식물은 토양 대신에 물 속에 뿌리를 넣어도 잘 자라 수경재배에 쉽게 이용할 수 있다. 초봄에 히야신스나 수선화, 아마릴리스와 같은 구근류의 알뿌리 밑부분을 물 속에 담구어 햇빛이 비치는 곳에 두면 뿌리를 내리고 싹이 터 향기로운 꽃이 핀다(그림 14-27). 수경재배한 토란, 미나리, 고구마 등의 채소류도 실내공간 장식용으로 이용되며, 특히 시페러스, 워터레투스, 수련, 샐비니아 등의 수생식물을 이용하여 연못을 조성할 수 있다. 실내공간에서 구근류는 꽃을 감상하기 위해 일시적

그림 14-27. 수경용 분식물(히야신스와 워터레투스).

으로 이용되지만 지속적인 장식이라면 수생식물도 열대성이어야 실내의 저광과 항온조건에 적응할 수 있다.

하이드로볼을 배지로 채운 수경용 분식물이나 발코니용 수경장치가 국내에서 상품화되어 있으며, 일본, 독일 등 외국에서는 수경을 이용한 실내정원도 조성된다(그림 14-28). 수경재배에는 다양한 용기를 이용할 수 있으며, 유리용기에 넣은 아름다운 돌이나 구슬은 장식효과와 함께 식물을 지지해주는 역할을 한다. 수돗물은 수원(水原)에 따라 수질이 다른데 전기전도도(EC) 0.3mS/cm 이하, 칼슘 40ppm 이하, 마그네슘 20ppm 이하, 산도는 pH 6.5 정도여야 한다. 필요에 따라 비료를 묽게 넣어 준다. 물 속에 숯을 넣어주면 유해물질을 흡수해 물이 잘 썩지 않는다. 물 대신 전분물질을 채우기도 한다.

토양에서 자라던 관엽식물을 수경으로 이용하려면 뿌리를 깨끗이 씻어 용기에 담는다. 신답서스, 싱고니움, 트라데스칸티아 등은 줄기의 일부분을 잘라 물에 담구기만 해도 곧 뿌리가 생기며 생육이 지속된다. 조란의 경우 포복줄기에 달린 어린 식물체의 공기뿌리 부분을 물에 담어 주면 곧 뿌리가 자라기 시작한다.

그림 14-28. 수경용 플랜터에 심겨진 알리 고무나무.

14-6. 분식물의 실내공간 배치

분식물은 실내공간에서 기능적으로나 미적으로 최대의 효과를 낼 수 있으며 생육에 적합한 장소에 배치되어야 한다. 그러나 이 두 가지 조건을 동시에 충족시켜 줄 수 있는 장소를 선정하기에는 어려운 경우가 많다. 특히 애초부터 디자인 과정을 거쳐 식물의 배치가 이루어지는 경우보다 단순히 구입하거나 선물받은 식물을 배치해야 될 경우에 더욱 그러하다. 천창이 있거나 벽면이 유리로 된 건물의 실내공간은 식물이 생육할 수 있는 밝은 장소가 많지만 대부분의 건물은 창가 부근에서만 식물생육이 가능하다. 창가에서 거리가 멀어질수록 어두워 생육이 나빠지므로 분식물의 용도가 지속적인지, 일시적인지 잘 고려하여 배치해야 한다(그림 14-29, 30).

소형 분식물은 단순한 장식적인 효과를 위해 테이블이나 창가에 배치되는 경우가 많으며, 대형 분식물은 장식적인 효

그림 14-29. 실내용 분식물은 광도가 높은 창가에 배치된다.

5부 분식물장식의 기본 기술

과 외 기능적인 역할을 위해 여러 공간에 다양한 기법으로 배치된다. 공간 전체에 드문드문 배치될 경우 같은 식물의 반복으로 통일감을 주면 사람들은 그 공간에 대해 질서정연하고 깔끔한 이미지를 느끼게 된다. 몇 개의 식물을 모아서 배치할 경우에도 공간 전체를 통해 같은 식물군이 반복적으로 배치되어 있으면 통일감과 리듬감이 있는 아름다운 공간이 조성된다. 너무 같은 식물이 반복되어 단조로우면 크기를 조절해 줄 수 있다.

14-7. 실내공간의 식물 생육환경과 관리방법

실내공간의 식물 생육환경조건에 대한 충분한 이해가 있어야 분식물장식의 디자인과 관리가 가능하다. 실내 분식물장식을 위한 가장 중요한 조건은 광도(光度)이며, 꽃피는 식물의 일시적인 이용일 경우가 아니면 분식물장식의 지속성은 광도에 따라 정해진다. 광선, 온도, 수분, 공기, 비료, 염분, 병충해 등과 관련하여 실내 환경조건과 관리방법에 대하여 알아보자(표 14-2).

그림 14-30. 분식물의 실내공간 배치.

표 14-2. 식물의 분류에 따른 대략적인 관리 요령 체크 리스트(check list).

식물분류		광도	온도	수분	공기	토양	비료	병충해	기타
일년초		고	한	중	중	중	중		
숙근초	노지숙근초	고	한	중	중	중	중		
	온실숙근초	중	난	중	중	중	중		
구근류		고	한	중	중	중	중		
화목류	노지화목류	고	한	중	중	중	중		
	온실화목류	고	난	중	중	중	중		
관엽식물		저	난	중	다습	고	저		
난		중	난	중	다습	고	중		
파인애플과식물		중	난	중	다습	고	중		
다육식물		고	난	중	건조	고	중		
식충식물		중	난	중	다습	중	중		
수생식물	노지 수생식물	고	한	고	다습		중		
	온실 수생식물	중	난	고	다습		중		
고산식물		고	한	중	건조	중	중		
방향성식물		고	한	중	중	중	중		
자생식물		고	한	중	중	중	중		

[1] 온도: 겨울의 관리 온도 기준
[2] 토양: 배수성, 통기성 기준

14-7-1. 광(光, light)

 건물의 실내는 인간의 쾌적한 생활을 위한 공간이며 실외에 비해 어둡기 때문에 창가를 제외하곤 내음성(耐陰性)이 있는 관엽식물도 살아가기 어려운 곳이 대부분이다. 광도가 떨어지는 장소에 장식적 목적을 위해 식물을 배치하게 되면 곧 생육이 나빠져 관상가치가 떨어지게 되어 교체해 줄 수밖에 없게 된다.

 최근 건축되는 대형건물들은 천창(天窓)이 있거나 벽면이 유리로 이루어져 지속적, 또는 영구적으로 식물을 키울 수 있을 정도로 밝은 공간이 많다. 집광기(集光器)로 모은 태양광을 광섬유(光纖維)를 통해 실내에 끌어들이는 태양광조명시스템이 개발되어 있으나 아직 고가(高價)로 인해 일반화되어 있지는 않다.

 광도(光度, light intensity)는 광선의 밝기의 정도이며 실내 광도는 계절, 날씨, 태양의 고도(高度), 건물의 남북 방향, 창문의 위치와 크기, 유리의 색과 청결 정도, 처마와 커텐의 유무, 벽면의 재질과 색, 가구의 유무 등에 따라 크게 달라진다.

 실외 광도가 낮 12시쯤 평균 10만lux일 때 실내는 직사광선이 비치지 않는 창가의 가장 밝은 부분에서 5,000-10,000lux 정도가 되어 실외에 비해 광도는 매우 떨어지며 창가에서 멀어질수록 급격히 줄어들어 1,000lux 이하인 곳이 대부분이다. 하루의 평균 광도는 이것보다 훨씬 낮게 된다.

 실내식물이 생육하는데 필요한 광도는 그 식물의 원산지, 생산지의 광도, 생산 후 저광에 순화(馴化)시켰는지의 여부에 따라 달라지는데, 평균 1,000lux(12시간 일장 기준) 정도이다. 일반적으로 열대밀림이 원산지인 식물의 광요구도가 가장 낮고, 색이나 무늬가 있는 것에 비해 녹색의 잎을 가진 식물이, 꽃피는 식물에 비해 꽃이 잘 피지 않는 식물이 광요구도가 낮다. 또 교목보다 관목이, 관목보다 덩굴식물이나 지피식물이 훨씬 더 낮다. 실내 식물로 가장 많이 이용되는 관엽식물은 환경에 대한 적응력이 높아 적절한 광도보다 높거나 낮더라도 형태적인 변화와 더불어 적응할 수 있는 한도까지 잘 견딘다. 그러나 지나치면 모양도 나빠지고 결국은 죽게 된다. 실내에서 잘 적응되어 있는 식물의 형태는 잎이 크고 엽색이 진하고 줄기가 길며 전체적으로 엽수가 적당해 보기 좋을 정도로 넓게 잎이 배치되어 있다.

 일장(日長, light duration)은 하루 중 낮의 길이로 열대, 아열대의 관엽식물들은 꽃의 크기가 작고, 환경조건이 좋지 않은 실내에서는 꽃을 잘 피우지 않으며, 개화의 시작시기가 일장에 별 영향을 받지 않는다. 그러나 광합성량 = 광도×일조시간으로 나타나는 것처럼 광도가 낮은 실내에서 형광등이나 백열등의 인공조명으로 일조시간을 좀 길게 해주면 식물의 생육이 좋아지고 꽃피는 식물들은 꽃을 더 잘 피운다. 그러나 매일 일조시간이 18시간 이상 지속될 경우 식물의 생육은 오히려 저하되는 것으로 알려져 있다.

 광질(光質, light quality)은 빛의 색, 즉 파장(波長)을 말한다. 식물은 자연광선에 들어 있는 모든 빛을 이용하지 않고 특정한 색의 빛을 이용해서 생육한다. 인공조명의 파장은 자연광과 똑같지 않아 청색광이 많은 형광등으로 식물을 키우면 줄기가 약간 짧아지며 적색광이 많은 백열등 하에서 줄기가 약간 길어지는 현상을 보인다. 인공조명만으로 식물을 키우면 재미있는 결과를 얻을 수 있다.

 식물은 빛을 잘 받을 수 있도록 잎이나 줄기의 방향이 태양을 향하는 굴광성(屈光性, phototropism)이 있는데 대부분 건물의 창은 측창(側窓)이므로 한쪽 방향으로 쏠리게 된다. 모양을 바로잡기 위해 이동이 가능한 용기는 가끔 방향을 바꾸어 준다. 그러나 광도가 낮은 곳에서 생육상태가 나쁜 식물이나 옮겨 심은 식물, 약한 식물 등은 움직이지 말고 그대로 두는 것이 좋다. 방향을 자주 바꾸어 주게 되면 잎의 재배치를 위한 양분의 소모로 약한 식물은 생육이 더욱 나빠진다.

14-7-2. 온도(溫度, temperature)

실내용 식물, 특히 관엽식물은 종이 매우 많아 일률적으로 생육적온(生育適溫)을 말하기는 어렵다. 열대, 아열대 원산이 대부분인 관엽식물은 일반적으로 생산시에는 낮 32℃, 밤 21℃가 좋으나, 광도가 낮고 인간이 생활하는 실내환경에서는 평균적으로 18-24℃를 유지해 준다. 식물에 따라 저온에 잘 견디는 종류도 있으나 대부분 10℃ 이하의 저온에서는 해를 입으므로 겨울 야간의 온도, 공휴일의 온도 저하에 주의해 준다. 겨울이 될 때 자연스럽게 조금씩 온도가 낮아지면 생육적온보다 온도가 낮아도 견딜 수 있도록 적응하는 식물이 많다.

14-7-3. 수분(水分, water)

실내에서 지속적으로 유지되는 분식물장식을 위한 가장 중요한 관리는 적절한 관수이다. 분식물장식의 관리에 실패하게 되는 이유는 부적절한 관수가 대부분이며 이로 인해 식물의 생육이 나빠져 관상가치를 잃고 결국은 죽게 된다. 실내식물의 수분요구도는 다양하지만 대부분 관엽식물은 토양이 촉촉한 상태를 좋아하며, 다육식물은 건조한 것이 좋다. 파인애플과 식물은 잎이 모인 기부(基部)의 원통형 공간에 물을 채우면 기부에서 직접 수분을 흡수한다.

실내에서는 수도물로 관수하는데 수질을 파악하고 있어야 하며 겨울에 너무 찬물을 주면 피해를 입는 식물이 있으므로 수온에도 신경을 쓴다. 아프리칸 바이올렛은 잎에 찬물이 닿으면 반점(斑點)이 생기거나 시든다. 관수시기는 토양색의 변화와 식물의 상태를 관찰하여 파악한다. 작은 용기일 때는 무게로 짐작할 수도 있으며 가장 좋은 방법은 손가락으로 토양을 찔러보아 촉감이 건조하면 관수한다. 토양이 깊을 때는 막대기로 찔러 젖은 상태를 관찰한다. 관수는 호스나 물뿌리개로 식물의 상태를 관찰해가며 토양 위에서 뿌려주는 것이 가장 좋지만, 관수를 위한 비용이 많이 들 경우 자동관수를 이용한다.(그림 14-31). 자동관수장치 중 저면관수장치는(그림 14-32) 물통에 달린 센서(sensor)가 토양의 건조상태를 감지하여 모세관(毛細管)현상에 의해 조금씩 물이 토양속으로 스며들도록 한 것으로 소형 용기용으로 제작된 것도 있고 대규모 실내정원용도 있다(그림 14-33).

관수(灌水)요령은 물이 배수구에서 흘러나올 정도로 푹 주어 뿌리가 토양 내 고르게 자랄 수 있도록 하는 것이 가장 중요한 점이다. 식물이 시들지 않는 한 다음 번 관수까지 건조한 상태를 유지하면 토양 내 공기 함량을 높게 만들어 식물이 건강하게 자랄 수 있다. 식물의 종류에 따라 관수주기(灌水週期)가 길어지거나 짧아진다. 배수구에서 흘러나온 물은 용기 속으로 재흡수되지 않게 하며, 배수구가 없는 분은 배수층 위까지 물이 고이지 않도록 조금씩 주어야 한다. 만약 많이 주게 되었을 경우 큰 용기는 준비된 PVC관을 통해 고인 물을 펌프로 뽑아내거나 작은 용기는 기울여서 물을 흘려 낸다. 조금씩 자주 관수하면 물이 토양에 고르게 스며들지 않아 뿌리의 생육이 고르지 않게 되며 이로 인해 지상부의 생육도 고르지 않게 되므로 식물의 관상가치가 떨어진다.

그림 14-31. 가정용 자동관수장치 (일본제품).
그림 14-32. 저면관수.
그림 14-33. 실내정원용 저면관수장치. 〈미국 Mona Plant System 제품〉

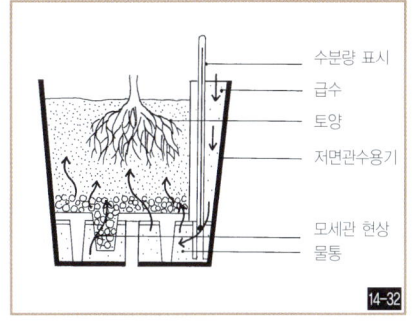

14-7-4. 공기(空氣, atmosphere)

실내에서 공기오염으로 인한 식물의 피해는 거의 없으나 석유화합물의 연소시 나오는 에칠렌(C_2H_4)이나 아황산가스(SO_2)와 수영장의 염소(Cl) 성분에 주의한다. 공기 중 먼지는 잎에 달라붙어 광선을 차단하거나 기공을 막고 병원균이 모이기 쉬우므로 깨끗이 씻어주거나 닦아준다.

실내식물 중 관엽식물이나 난, 파인애플과 식물, 식충식물 등은 다습한 공기를 좋아해 습도가 70-90% 정도 유지되는 것이 좋으며, 인간에게 쾌적한 습도는 50%지만 실내 공간의 습도는 사람에게도 건조할 정도로 전반적으로 낮은 편이다. 식물은 실내습도가 낮아도 잘 견디지만 습도가 높을 때에 비해 관상가치가 떨어지므로 실내 습도를 높일 수 있도록 한다. 식물을 가까이 모아 배치하거나 식물 주변에 풀(pool)이나 분수를 만들어 주고, 또 물로 채운 자갈 위에 식물을 올려 두면 습도를 높일 수 있다. 보다 적극적으로는 가습기를 이용한다. 건조한 실내 공간에 특히 겨울에 습도를 높여주면 식물과 인간 모두에게 이롭다.

14-7-5. 비료(肥料, fertilizers)

식물의 종류와 생육상태에 따라 식물이 필요로 하는 비료의 성분과 양은 달라진다. 특히 실내에서는 광도에 따라 생육의 차이가 크므로 광도가 낮아 생육이 빠르지 않을 경우 거의 비료를 공급하지 않거나 부족현상이 보일 경우에도 본래의 비료량보다 묽게 타 준다. 실내에서는 질소, 인산, 칼륨과 미량요소가 고루 배합이 되어 있는 무기질 복합비료가 냄새가 나지 않고 사용하기 편리하다. 관엽식물에 이용되는 복합비료는 질소, 인산, 칼륨이 1:1:1의 비율로 섞여 있는 것이 일반적이며, 희석해서 쓸 수 있는 액제(液劑), 물에 녹여 쓰는 수용제(水溶劑), 또는 몇개월동안 천천히 물에 녹아 나오도록 특수한 코팅 처리를 한 지효성(遲效性) 고체 비료가 있다. 시판되는 비료는 하이포넥스, 북살, 홈그린, 푸로믹 등이 있다.

　염분(鹽分, soluble salts)은 토양 속에 녹아 있는 수용성 광물질로 필요 이상 토양 내 축적되면 용기 가장자리나 토양표면에 뿌옇게 흰가루가 쌓인다. 고염분 상태가 되면 뿌리의 수분흡수가 방해되어 토양수분이 충분하더라도 시들거나 잘 자라지 않고 잎 가장자리가 마르거나 뿌리가 상하게 되어 심하면 죽게 된다. 염분은 비료를 너무 많이 주거나 염분이 많이 함유된 물을 줄 경우 토양 내 축적되는데 관수를 충분히 해서 물로 씻어주면 쉽게 해결되나 배수구가 없는 용기일 경우 토양 전체를 갈아주어야 한다.

14-7-6. 병충해(病蟲害, pests and diseases)

　소독이 된 깨끗한 토양을 이용하고 관수 관리를 적절하게 하면 실내에서 병충해는 잘 생기지 않는다. 일단 병충해가 발생하면 용기에 심은 식물은 실외에서 약을 쳐 줄 수 있으나 대형 식물이나 실내정원은 냄새 때문에 약을 칠 수가 없다. 발생 즉시 문제가 된 식물과 그 부근의 토양을 갈아준다. 최근 토양 내에서 식물에 흡수되어 지속적으로 약효를 유지하는 가정용 농약이 개발되어 있으나 모든 병충해에 적용되지는 않는다.

14-7-7. 기타 관리

　말라서 누렇게 된 잎과 모양이 이상한 가지나 잎은 제거해 준다. 생육이 좋지 않은 식물은 가능한 한 잎이 완전히 누래져 저절로 떨어진 뒤에 제거하여 양분의 손실이 없도록 한다.

15. 실외용 분식물장식

　실외용(室外用) 분식물은 실외 공간의 환경조건에서 지속적으로 또는 영구적으로 생육될 수 있는 식물로 이루어진다. 광선, 온도, 수분 등의 환경조건이 정원에 심은 식물과 비슷하므로 관상가치가 있는 온대식물은 거의 모두 이용될 수 있으며, 일시적 이용일 경우에는 열대식물도 가능하다. 그러나 실외라 해도 다양한 공간에 배치되므로 경우에 따라 광선과 온도 조건, 그리고 수분조건이 달라질 수 있다.

그림 15-1. 독일 주택의 분식물장식.
그림 15-2. 호텔의 분식물장식.
그림 15-3. 영국 주택의 분식물장식.
그림 15-4. 테라스의 분식물장식.
그림 15-5. 주택 창가의 분식물장식.
그림 15-6. 독일 주택 발코니의 분식물장식.
그림 15-7. 일본 동경의 옥상정원.
그림 15-8. 하와이 호놀룰루 건물의 옥상정원.

5부 분식물장식의 기본 기술

분식물이 장식되는 실외 공간은 건물의 현관 부위, 일반 주택의 테라스(terrace), 패티오(patio), 창가, 발코니(balcony), 옥상, 정원 등에 배치되며 단독으로 혹은 정원의 부분으로 이용된다(그림 15-1~8). 실외 분식물장식의 표현방식은 다양하지만 전통적으로 이용되어 왔던 목본식물을 위주로 한 분재(盆栽), 초본식물 위주로 경관을 표현한 분경(盆景)을 비롯하여 분식 토피아리, 일년초나 숙근초, 구근류를 이용한 분화(盆花), 자생 초본식물들을 이용한 분식물, 외국의 방향성 식물인 허브를 심은 분 등이 있으며, 그 외 많은 식물들이 다양한 크기와 형태의 용기에 심겨져 각양각색의 모양으로 표현되어 이용된다. 이들은 일시적인 실내용으로도 이용될 수 있으며 겨울에 저온을 필요로 하지 않는 식물인 경우에는 광선이 충분한 실내공간에서 계속 생육할 수도 있다.

실외용 분식물의 기본적인 제작 방법과 관리 방법은 실내용과 크게 다르지 않다. 배치 공간의 기능적이며 미적인 조건에 맞는 적절한 용기와 식물의 선택이 중요하며 자연적인 강우를 받게 되는 실외공간에서는 꼭 배수구 있는 용기를 이용해야 한다. 토양은 정원토를 그대로 이용할 수 있으나 자주 관수할 수 있다면 배수가 좀 더 잘 되도록 모래를 섞어 주는 것도 좋다. 정원의 토양에 바로 심겨진 식물과는 달리 강우가 충분하지 않을 경우 마를 수 있기 때문에 관수에 특히 주의를 기울이며 실외에서 지속적으로 키우는 분식물은 생장기에 충분한 시비를 해야 한다.

다른 실외 공간과는 달리 베란다(veranda)와 발코니는 외부에 노출되어 있으나 공간의 성격상 실내공간의 연장이며 외부 공간과의 완충역할을 한다. 옥외로 돌출되어 있기 때문에 시각적으로는 공개된 공간이며, 외부인들의 시선이 멈출 수 있다는 관점에서 본다면 공공성을 띤 공간이기도 하다. 인간의 삶과 자연이 접촉되는 공간으로서 잘 꾸며지고 정돈된 베란다와 발코니는 매우 중요한 정원 역할을 하게 된다.

베란다와 발코니의 위치나 방향, 높이, 그리고 형태에 따라 일조량, 일조시간, 기온, 강우량, 풍향, 풍속 등이 달라지며, 고층건물일수록 바람이 심하게 분다. 또한 바닥의 재질이 콘크리트이기 때문에 밤과 낮의 온도교차가 커지고, 특히 겨울철에 기온이 영하로 떨어지게 되면 뿌리 부근의 온도가 낮아져서 기온과 비슷해진다. 강우량은 베란다의 위치와 방향에 따라 달라지기 때문에 과습과 건조에 대한 세심한 주의가 필요하다. 광선 조건도 베란다의 위치와 방향에 따라 달라지는데, 남향의 경우에는 햇빛을 직접 받기 때문에 일사량의 과다와 고온, 그리고 건조에 의한 피해를 입기 쉽고, 북향의 경우에는 일조부족으로 식물을 재배하기 어려운 경우도 있다. 식물의 재배에 알맞은 베란다나 발코니의 방향은 동향 또는 동남향이고 서향이나 북향은 바람직하지 않으며 또한 고층일수록 불리하다.

15-1. 분재

분재(盆栽, bonsai)는 깊이가 매우 얕은 분에 목본식물을 심어 생장을 억제시켜 자연에서 자라는 거목(巨木)이나 노목(老木), 또는 수형이 아름다운 수목에서 느낄 수 있는 정취와 풍경을 한정된 크기의 작은 분에 축소하여 묘사한 것으로 고려중엽부터 이용되어 왔던 전통적인 분식물장식이다. 이러한 수목의 경관은 단기간에 형성되지 않기 때문에 공간장식용으로 쉽게 이용될 수 있는 분식물은 아니며 마치 하나의 예술작품과 같이 다루어진다.

5부 분식물장식의 기본 기술

  분재는 크게 소나무류와 향나무류 등의 상록수를 소재로 만든 송백(松柏)분재, 소사나무, 느릅나무, 팽나무, 느티나무 등의 낙엽성수목으로 이루어진 잡목(雜木)분재, 꽃복숭아, 꽃아그배나무, 왜철쭉, 명자나무 등의 꽃이 아름다운 수목을 소재로 한 꽃나무분재, 그 외 과실분재, 초본식물을 주 소재로 한 초물(草物)분재 또는 분경으로 나뉘어진다. 줄기의 형태에 따라 직간, 사간, 반간, 곡간, 현애, 문인목으로 나뉘며, 줄기의 수에 따라 단간, 쌍간, 삼간, 포기세우기, 뿌리이음 등으로 나뉜다. 또 재배 유형에 따라 모아심기, 돌붙임, 뿌리솟음 방법이 있다.

  분재는 한국의 자생목본식물이 많이 이용되므로 광선이 풍부하고 겨울의 저온을 겪을 수 있는 장소에 배치되지만, 자연수목에 비해 깊이가 매우 얕은 분에 심겨져 있어 광선, 온도, 토양, 비료 등의 환경관리를 해주어야 한다. 또한 계절의 변화에 따라 생장기와 휴면기를 반복하게 되므로 관수를 비롯한 관리가 쉽지 않다.

15-2. 분경

  분경(盆景)은 얕은 분에다 목본식물 뿐만 아니라 초본식물과 돌, 고목 등을 이용하여 자연의 아름다운 경관을 연출한 분식물장식으로 조선시대 이전부터 이용되어 왔던 전통적인 양식이며 분재의 한 분야로 초물분재로 표현되기도 한다(그림 15-9). 서양의 디쉬가든(dish garden)과 비슷한 의미이지만 선택된 식물의 종류와 그 표현양식에 큰 차이를 보인다. 한국의 전통적인 분경은 온대지방의 목본과 초본 식물을 이용하여 자연의 아름다운 경관을 표현하나, 디쉬가든은 열대나 아열대식물을 위주로 열대 밀림이나 사막의 분위기를 연출하는 경우가 많다. 분경에는 석창포, 돌나물, 범의귀, 바위떡풀, 돌단풍, 공작고사리, 세뿔석위, 사철란 등의 식물이 많이 이용된다.

  이용되는 주 식물은 1년초, 숙근초, 구근류 등의 한국의 초본 자생식물이므로 계절에 대한

그림 15-9. 자생식물을 이용한 다양한 분경. 〈한국의 야생화, 1997, 가을/겨울, p49.〉

식물의 생장기와 휴면기의 변화에 주의해야 한다. 산, 숲, 들판, 연못가, 계곡, 골짜기 등의 자연 경관에 대한 표현이 일반적이다. 또는 경관의 연출보다는 자생식물 자체의 아름다움을 위해 식물이 중심적인 표현이 되는 경우도 많다. 용기는 주로 도자기, 토기, 돌용기 등이 이용되며 분식물을 배치하는 테이블이 같이 제작되기도 한다.

5부 분식물장식의 기본 기술

15-3. 분식 토피아리

1C에 정원사인 플라이니(Pliny)에 의해 이루어진 이래 상록수 또는 활엽수로 만들어진 분식 토피아리(topiary)는 유럽에서 많이 이용되고 있다. 실내용 토피아리는 철사로 형상을 만든 틀에 열대 덩굴식물을 자라게 해서 만드는 경우가 많으나, 실외용은 재배시 정지전정하여 형태를 만들어 내는 경우가 많다. 수형이 긴 줄기 끝에 구형이 되도록 만든 것이 가장 흔한 형태이며 여러 가지 동물 모양이 만들어 진다(그림 15-10). 최근 외국에서는 수양버들의 줄기 끝을 잘라 가지가 아래로 늘어지도록 만든 모양도 유행하고 있다.

그림 15-10. 분식 토피아리. 〈Gardens illustrated. 1999. 6. p59.〉

15-4. 분화

일년초, 숙근초, 구근류를 이용한 분식물장식은 아름답고 화려한 꽃을 관상의 대상으로 이용하므로 분화(盆花)로 불린다(그림 15-11, 12). 일시적으로 실내공간에 배치되는 경우도 많으며 실외에서도 개화기에만 일시적으로 이용된다. 식물의 종류에 따라 개화시기와 개화기간이 다르므로 계절별로 이용할 수 있는 식물의 목록을 파악하여 계속 새로운 꽃으로 교체해 준다. 국내에서는 보통 큰 용기에 단일식물로 군식하여 대형 건물의 현관에 배치하여 이용하는 경우가 많으며 창가정원의 걸이분에 많이 이용된다. 외국에서는 제라니움과 아이비제라니움이 창가장식에 많이 이용되는 식물이지만 한국에서는 무더운 여름에 꽃을 잘 피우지 못한다. 실외용 분화는 한국의 기후조건에 맞는 식물을 선택하는 것이 중요하다.

봄에는 무스카리, 수선화, 히야신스와 같은 구근류를 비롯하여 팬지, 페츄니아, 데이지, 프리뮬라, 여름에는 매리골드, 샐비어, 가을에는 맨드라미, 겨울에는 꽃양배추 등이 한국에서 흔히 이용되는 분화들이다. 이러한 분화들은 창가, 현관 앞, 옥상 등의 실외공간에서 가장 화려한 분위기를 연출할 수 있으며, 나뭇가지나 돌, 섬유 등의 다양한 식물 외 소재로 장식하여 독특한 분위기를 연출할 수 있다. 식물을

그림 15-11. 제라니움.

배치하여 표현하는 구성방식은 실내용 분식물장식이나 절화장식의 구성방법을 응용한다.

15-5. 분식 허브

외국의 방향성식물인 허브는 치료효과를 주는 향기를 발산하며 독특한 모양과 색을 가지고 있을 뿐만 아니라 건조하게 유지해주면 병충해가 적어 분식물장식에 매우 좋은 식물이다. 일년초에서 숙근초, 그리고 목본 관목까지 다양한 식물들로 구성되어 있어 식물의 생육특성을 잘 알아야 적절한 분식물장식이 이루어진다. 실내공간에도 많이 배치되지만 광선을 충분히 받아야 정상적으로 자라므로 실내공간에서는 오래 견디지 못한다.

대부분 실외에서 충분한 광선을 받으면 잘 자라지만 로즈마리, 센티드 제라늄과 같이 내한성이 약한 식물은 겨울에 광선이 충분한 실내공간에 들여놓아야 월동할

그림 15-12. 현관 앞에 배치된 독일식 분식물장식.

수 있다. 민트나, 세이지와 같은 숙근초는 이듬해 봄에 다시 싹이 올라오지만 온실에 배치하게 되면 죽지 않고 계속 자란다. 관상가치가 높은 분식용 자생 방향성식물에 대한 관심을 많이 기울여야 한다.

15-6. 다양한 분식물

분재나 분경 등은 대부분 낮은 접시와 같은 용기에 식물이 심어져 있어 규모가 작은 편이며 특정한 형태를 보이고 있다. 그러나 상록수, 활엽수 등의 목본식물과 함께 꽃피는 식물이나 허브류 등으로 다양한 분식물 연출이 가능하다. 같은 용기에 여러 식물을 어우러지게 심을 경우 모양과 색뿐만 아니라 생육 특성이 비슷한 것끼리 군식(群植)하는 것이 관리에 편리하다(그림 15-13, 14, 15, 16, 17, 18).

그림 15-13. 돌용기에 심겨진 라벤더.   그림 15-14. 독일 거리의 분식물장식.

5부 분식물장식의 기본 기술

그림 15-15. 건물의 창가 장식.
그림 15-16. 현관앞 식물장식.
그림 15-17. 여러가지 식물이 어우러진 분식물 장식.
그림 15-18. 토피어리.

6부 화훼장식의 실제

경제가 발전하여 생활수준이 높아지면 아름다운 생활환경에 대한 관심이 높아지고, 아름다운 생활환경에서 꽃과 식물은 필수적인 요소이다. 인간생활이 이루어지는 실내외 공간에서 절화와 분식물을 이용한 화훼장식은 다양한 용도와 목적에 따라 일시적이거나 지속적, 또는 영구적으로 이용되면서 인간생활에 유익한 기능적인 역할을 수행한다. 이러한 화훼장식은 판매용 소형상품 제작에서부터 대규모 공간의 화훼장식 공사까지 다양한 내용을 포함하고 있어 6부에서는 화훼장식가의 직업적인 입장에서 실제 인간생활에서 이용되고 있는 화훼장식을 적절하게 분류하여 살펴보기로 한다. 이 중 결혼식과 장례식 화훼장식, 그리고 실내정원은 별도로 분리하여 상세한 내용을 살펴본다.

16. 계절별, 월별, 용도별 화훼장식

16-1. 계절별, 월별 특정한 날의 화훼장식

화훼장식에서 계절감을 표현할 때에는 그 계절에 꽃피는 식물을 이용하여 이들의 색과 향기로 분위기를 연출한다. 봄, 여름, 가을, 겨울, 계절에 따라 다르게 꽃피는 아름다운 꽃들로 장식된 아름다운 실내외 공간은 사람들에게 일상적인 스트레스에서 잠시 벗어나게 하는 계기를 마련해 주어 희망과 생동감을 제공해 준다. 초봄에는 수선화, 히야신스, 무스카리, 아마릴리스, 라넌큘러스 등의 구근류를 이용한 분식물장식과 노란 개나리, 분홍색 진달래, 조팝나무, 산수유 등 봄에만 나오는 화목을 이용한 꽃꽂이를 통해 봄을 느낄 수 있도록 한다. 여름에는 오렌지색, 적색의 꽃들을 통한 강렬한 계절감을 연출해 주거나, 반대로 다알리아, 델피니움, 아가판사스 등의 청색, 자주색과 같은 시원한 색을 이용해 차가운 물을 연상시킬 수 있다. 가을에는 온 산이 불타는 단풍의 느낌을 실내에서 느낄 수 있도록 가을에 꽃피는 해바라기, 맨드라미 등의 황색과 적색, 갈색의 꽃들을 이용한다. 겨울에는 온실에서 재배되는 장미나 안서리움 등의 꽃을 이용하여 겨울의 메마른 분위기를 잊을 수 있도록 해 준다. 이러한 계절에 대한 남다른 감각은 화훼장식가의 중요한 소양으로 독자적으로 개발한 계절감을 주는 장식을 충분히 활용할 수 있도록 한다(그림 16-1).

국내 화훼류, 특히 절화는 특정한 기념일에 집중적으로 소비되므로 표 16-1에 나와있는 특정한 날의 소비 정보와 사람들의 요구도를 잘 파악하는 것은 매우 중요하다. 성패트릭스 데이와 할로윈데이는 국내에서 별로 관심을 끌지 못하고 있으나(그림 16-2) 외국에서는 화훼식물의 이용에 중요한 날이다. 국내에서 가장 꽃소비가 많은 날은 발렌타인데이와 졸업식, 어버이날, 스승의 날이며 이용되는 상품은 꽃다발과 꽃바구니, 코사지이며, 발렌타인데이에는 붉은색 장미, 어버이날과 스승의 날에는 붉은색 카네이션이 이용된다(그림 16-3). 미국에서는 부활절에 분식 백합이, 크리스마스에는 분식 포인세티아가 많이 이용된다. 국내에서 특정한 날에 이용되는 분식

6부 화훼장식의 실제

그림 16-1. 계절감을 주는 화훼장식물.
그림 16-2. 할로윈데이를 위한 상품 전시.
그림 16-3. 발렌타인데이를 위한 절화장식물.
그림 16-4. 호텔의 크리스마스장식.
〈디자인알레〉

물은 어버이날을 위한 분식 카네이션으로 조금씩 그 수요가 증가되고 있다. 앞으로 특정한 날을 위한 분식물의 이용이 증가될 것으로 예상된다.

대규모 화훼장식 공사는 봄, 여름, 가을, 겨울의 계절이 바뀌기 전 백화점의 실내공간 장식, 특히 화려한 디스플레이 장식에서 많이 이루어지고 있으며, 11월 말부터 백화점, 호텔, 레스토랑을 비롯한 크고 작은 거의 대부분의 상업용 건물에서 크리스마스 장식이 이루어진다(그림 16-4). 이러한 공사는 지속적인 목적의 장식일 경우 조화나 건조화가 많이 이용되며 실내장식가(interior designer)나 디스플레이어(displayer)의 주관하에 이루어지는 경우가 많다. 앞으로 전문적인 화훼장식가의 역할이 기대되는 분야이다.

16-2. 용도별 화훼장식

화훼장식을 이용 목적에 따라 분류해 보면 생활공간용, 축하용, 행사용, 디스플레이용, 그리고 작품전시용으로 나눌 수 있다. 경제가 발전될수록 생활공간용 화훼장식의 이용이 많아지며 화훼장식으로 인한 아름다운 생활환경은 행복한 인간생활을 창출하게 되고 전반적인 화훼산업의 발전에 큰 영향을 미친다. 건물과 길거리마다 꽃이 흐드러지게 피어있는 독일, 스위스 등과 같은 선진국과는 달리 아직 우리 나라에서는 축하용이나 행사용 화

6부 화훼장식의 실제

표 16-1. 월별 화훼장식 관련 행사.

월	행 사	날 짜
1월	신정	1. 1
	민속의 날	음력 1. 1
2월	발렌타인 데이(Valentine's day)	2. 14
	졸업식	
3월	입학식	
	화이트 데이	3. 14
4월	부활절(Easter)	3. 22 ~ 4. 25
	석가탄신일	음력 4. 8
5월	어린이날	5. 5
	어버이날	5. 8
	로즈데이	5. 14
	스승의 날	5. 15
	성년의 날	5. 21
6월	현충일	6. 6
	단오	음력 5. 5
7월	제헌절	7. 17
8월	광복절	8. 15
	칠월칠석	음력 7. 7
9월	추석	음력 8.15
10월	개천절	10. 1
	할로윈(Halloween)	10. 31
11월		
12월	크리스마스(Christmas)	12. 25

표 16-2. 연도별 한국의 국민 1인당 화훼소비액[1].

년도	1985	1990	1994	1995	1996	1997	1998	1999	2000	2001
1인당 GNP($)	2,242	5,883	8,467	10,037	10,548	9,511	6,823	8,581	9,770	9,000
1인당 꽃소비액(원)	1,823	5,646	11,170	11,462	12,224	12,611	12,449	12,731	13,861	14,714

[1] 2002 화훼재배 현황(농림부 2003. 6.).

표 16-3. 화훼류 소비형태별 비교[1].

국 별	경조사 및 화환용(%)	교습 및 행사용(%)	가정용(%)	사무실 및 기타(%)
한국	60	20	10	10
일본	20	10	30	40
네덜란드	20	-	40	40

[1] 1999 화훼재배 현황(농림부 2000. 6.).

표 16-4. 1998년 국민 1인당 꽃 소비금액(단위:유로, 1유로=약980원)[1].

국가명	절화	분식물	합계
오스트리아	45	31	76
벨기에	40	16	56
덴마크	37	40	77
핀란드	38	22	60
프랑스	31	20	51
독일	38	40	78
이태리	33	9	42
네덜란드	32	20	52
노르웨이	55	51	106
러시아	3	0.2	3.2
스페인	17	14	31
스웨덴	35	37	72
스위스	77	40	117
영국	27	9	36
한국	12.7	-	12.7
중국	0.4	-	0.4
일본	28	-	28
미국	23	-	23

[1] 한국화훼단체연합회 제공.

훼장식의 이용이 가장 많다(표 16-2, 3, 4).

16-2-1. 생활공간용

생활공간용 화훼장식은 이용되는 장소에 따라 다양한 특성을 보인다. 일반 가정을 비롯하여 사무실, 판매장, 커피숍, 식당, 호텔, 백화점, 교회, 절, 전시장, 공연장 등의 실내공간에는 다양한 종류의 분식물과 꽃꽂이를 비롯한 절화장식물이 이용되며 실내정원이 조성되는 경우도 많다. 이러한 생활공간을 주거용, 사무용, 상업용으로 크게 나누어 살펴보자.

(1) 주거용 공간

주거용 건물에서 이용되는 화훼장식물은 지속적으로 배치되는 크고 작은 분식물과 변화를 주기 위한 꽃꽂이, 건조소재나 조화를 이용한 벽걸이용 리스나 꽃다발, 갈란드 등이 일반적이다. 이러한 장식물은 현관 앞 실내외 공간, 거실, 침실, 부엌, 발코니, 옥상 등의 바닥이나 테이블, 창가, 선반, 벽면 등에 배치되어 아름다운 생활공간을 구성한다.

주거용 공간에서는 크고 작은 다양한 종류의 분식물이 많이 이용된다. 이 중 가격이 저렴하고 관리하기 쉬우며 장식효과가 높은 관엽식물이 가장 많이 이용되며, 심비디움, 팔레놉시스, 온시디움과 같은 난류를 비롯하여 계절에 따라 꽃피는 임파티엔스, 제라늄, 베고니아 등의 아름다운 분화들이 이용된다. 장식용 화훼류는 유행을 많이 타게 되어 관엽식물의 이용이 일반화된 후, 한때 전자파를 흡수해준다는 선인장을 비롯한 다육식물이 인기 있었으며, 최근에는 분식 허브류가 많이 이용된다. 꽃소비가 많은 선진국의 상황을 고려해 볼 경우 꽃피는 일년초나, 다년초, 구근류등의 분화가 앞으로 많이 이용될 것으로 보이며 이용되는 식물의 종이 다양화될 것으로 예상된다. 관엽식물은 종류, 크기와 성숙도가 다양하며 장식 효과는 물론이고 실내환경을 개선하는 기능적인 역할과 함께 정서 순화를 위한 감정조절을 위한 역할이 매우 크다(그림 16-5, 6, 7).

때때로 주거공간에는 꽃꽂이가 이루어지는데 예전에는 절화를 준비하여 직접 꽃꽂이하는 경우가 많았으나 꽃다발과 같이 바로 병에 집어넣기만 하면 되는 완성품의 구입이 점점 많아질 것으로 보인다. 이러한 주거용 공간의 화훼장식의 이용을 높이기 위하여 화훼장식가는 화훼장식 디자인과 관리, 그리고 저렴한 가격, 손쉬운 이용방법 등에 대한 부단한 노력과 새로운 아이디어로 이용자에 대한 조언이 남달라야 한다. 특히 다양한 종의 분식물장식에 대한 기술과 관리요령에 대한 지식이 풍부해야 한다(그림 16-8, 9, 10).

그림 16-5. 분식물을 배치한 발코니. 〈디자인 알레〉
그림 16-6. 분식물을 배치한 테이블.
그림 16-7. 현관 앞의 분식물장식.
그림 16-8. 테이블 의자의 꽃장식.
그림 16-9. 갈란드가 있는 벽난로. 〈Tolley and Mead, 1991, p118.〉
그림 16-10. 테이블장식. 〈월간이던 2000, 9, p44, 최덕순〉

6부 화훼장식의 실제

(2) 사무용 공간

사무공간은 도심의 대형 건물을 비롯한 크고 작은 건물 내 사원들의 업무를 위한 공간이다. 사무공간에는 사원들의 일의 효율과 창의성을 높여주기 위한 쾌적한 생활공간의 창출을 위하여 화훼장식이 이루어지고 있으며 특히, 대형 건물에는 실내환경의 개선과 건물의 이미지 연출, 그리고 과중한 업무의 중간에 충분한 휴식을 취할 수 있도록 녹색의 실내정원이 조성되어 있는 곳이 많다(그림 16-11). 실내정원 외에도 사무공간 곳곳에는 관엽식물을 이용한 대형 분식물을 배치하고 계절별로 꽃피는 식물을 지속적으로 교체하여 유지해 주며, 정기적인 꽃꽂이가 이루어지는 경우가 많다. 그러므로 이러한 사무공간은 화훼장식가에 의해 단순한 소재의 판매보다는 보다 적극적인 장식 행위와 관리가 필요한 곳으로서 화훼장식가는 사무공간의 장기적인 화훼장식을 위한 장식과 관리의 계약을 맺을 수 있도록 부단히 노력해야 한다.

그림 16-11. 사무용 건물의 아트리움. (Umlauf and Schreiner, 1990, p115)

(3) 상업용 공간

백화점, 호텔, 판매장, 커피숍, 식당 등의 상업적인 공간에서는 고객을 유인하기 위한 실내장식과 디스플레이(display)에 꽃의 이용도가 매우 높다(그림 16-12, 13, 14). 대형 분식물의 배치는 필수적이며 건물의 구조에 따라 실내정원이 조성되어 있는 곳도 있다. 특히 강한 장식효과를 위해 꽃피는 식물과 대형 꽃꽂이의 배치는 필수적이다. 이러한 상업적인 공간은 단순한 실용적인 분위기의 디자인보다 훨씬 더 화려하고 아름다우며 창의적인 디자인이 선호되는 곳이므로 화훼장식가의 디자인 아이디어를 유감없이 발휘할 수 있는 공간이다. 그러나 규모가 큰 백화점이나 호텔의 화훼장식에는 기존 실내장식가나 디스플레이어(displayer)에 의한 디자인으로 시공되는 경우가 많아 화훼장식가의 디자인이 제시되는 경우가 적다. 규모가 작은 상업공간의 디자인은 화훼장식가에게 직접 의뢰되는 경우가 많으므로 충분한 디자인 제시능력과 시공 능력을 갖추어야 한다.

그 외 교회의 제단 장식에 이용되는 꽃꽂이나 분식물의 소비도 매우 큰 편이며, 다양한 전시가 이루어지는 전시장, 그리고 각종 공연이 펼쳐지는 공연장에서도 축하용 분식물이나 꽃바구니뿐만 아니라 자신들의 전시물을 돋보이게 하는 분식물장식을 비롯한 다양한 화훼장식이 이루어진다(그림 16-15, 16). 디자이너는 이러한 다양한 장소의 화훼장식 특성을 잘 파악하여 보다 저렴하며 독창적이고 아름다운 화훼장식 디자인을 이룰 수 있어야 한다. 꽃소비가 높은 선진 외국의 화훼장식 공간연출에 대한 자료 수집은 큰 도움이 된다.

6부 화훼장식의 실제

그림 16-12. 백화점 아트리움의 화훼장식. 〈디자인 알레〉
그림 16-13. 난을 이용한 디스플레이.
그림 16-14. 크리스마스 쇼윈도우 장식. 〈디자인 알레〉
그림 16-15. 꽃을 이용한 무대장식. 〈월간이던, 구자익 사진〉
그림 16-16. 제단 장식. 〈Florist's review, 2000, 3, p79.〉

16-2-2. 축하용

축하용 화훼장식은 출산, 생일, 졸업, 성년의 날, 결혼기념일, 개업, 취임, 승진, 수상 등의 일에 증정을 목적으로 화훼장식물이 제작된다(그림 16-17). 증정에 의미를 두어 실내공간의 배치는 일단 받은 후가 되므로 공간과의 조화에 별로 신경을 쓰지 않고 제작된다. 국내 현황을 살펴 볼 경우, 출산, 생일, 졸업, 성년의 날, 결혼기념일, 수상시에는 주로 절화를 이용한 꽃다발이나 꽃바구니가 가장 많이 이용되며, 개업, 취임, 승진 등에는 꽃바구니 외에 난과 같은 분식물이, 그리고 개업시에는 꽃바구니

그림 16-17. 증정용 난.

16. 계절별, 월별, 용도별 화훼장식 | 173

외에도 난과 대형 관엽식물이 많이 이용된다. 졸업식이 있는 2월은 꽃다발을 만들기 위한 꽃의 소비가 매우 높은 달이다. 축하용은 아니지만 병문안용도 증정용으로 제작되며 꽃다발, 꽃바구니가 많이 이용된다. 외국에서는 일회용 용기에 제작된 꽃꽂이가 축하용으로 많이 이용되며 박스에 담긴 절화, 바구니에 연출된 분식물 등 다양한 화훼장식물이 이용된다. 특히 받은 후 바로 용기에 꽂을 수 있도록 제작된 아름다우며 실용적인 꽃다발 디자인이 많이 개발되어 있다. 국내에서도 축하용 화훼장식물의 디자인이 창의적인 방향으로 발전되고 있다.

그림 16-18. 테이블 꽃장식.

16-2-3. 행사용

행사용 화훼장식은 생일, 회갑, 축하, 크리스마스 등의 다양한 연회, 그리고 예식, 결혼식, 장례식, 발표회, 전시회 등의 행사를 돋보이게 하기 위한 것으로 행사의 주제와 공간에 맞는 멋진 연출이 중요하다(그림 16-18). 이러한 행사에 가장 많이 이루어지는 화훼장식은 만찬용 테이블 장식과 행사장 입구와 단상의 장식, 그리고 몸장식용 코사지(corsage), 그리고 증정용 꽃다발이다. 테이블장식은 절화를 이용한 꽃꽂이가 일반적이었으나 최근 다양한 형태의 절화장식과 분식물 배치로 이루어지고 있으며 행사장의 단상과 입구의 장식은 화환과 분식물로 이루어진다. 특히, 국내의 행사용 화환은 크기가 커야 하고 증정자의 이름을 중요시하는 한국인의 정서에 잘 부합되는 양식이었으나 아름답지 않으며 폐기물 처리문제 등의 여러 문제점이 부각되면서 새로운 양식으로 변화되고 있다.

행사용 화훼장식 디자인도 점점 아름답고 창의적인 디자인으로 발전되고 있다.

16-2-4. 상업적인 디스플레이용

디스플레이(displays)는 상품, 작품, 정보물 등의 내용을 전달하기 위하여 주제를 설정하여, 상점, 전시관, 박물관 등의 공간에 조명, 색채, 음향 등의 디자인 요소를 이용하여 대상물을 효과적으로 전시, 진열하여 고객이나 관람객, 감상자에게 원하는 의도를 주지시키고자 하는 정보처리의 한 방법이다. 디스플레이는 상업적인 목적의 점포디스플레이, 상품전시회, 전람회, 무역박람회 등과, 홍보를 목적으로 하는 박물관, 과학관, 자료관, 문화행사 등의 디스플레이, 또는 연출성이 강조되는 퍼레이드(parade), 축제(festival), 쇼, 무대장치 등의 디스플레이가 있다.

상업적인 디스플레이의 주된 목적은 고객으로 하여금 상품을 구입하도록 동기를 만들어 주는 것으로 이러한 능력을 배양하기 위해 시각적인 판매 촉진 작업에 대한 이해가 필요하다. 디스플레이의 주된 네 가지 목적은 고객의 주의를 끌어들이고 흥미를 유발시키며, 욕구를 갖도록 자극하며 상품을 구입하도록 하는 일이다. 그러므로 상업공간의 디스플레이용 화훼장식은 단순한 공간 장식보다는 상업공간의 이미지 전달과 상품홍보를 위하여 매우 독창적이며 시선을 집중시킬 수 있는 연출이 중요하다. 백화점의 쇼윈도우, 매장 내부의 진열대, 호텔의 샵(shop)과 레스토랑 등 다양한 공간에서 이루어지는 디스플레이는 봄, 여름, 가을, 겨울 계절별 주제를 잡아 화훼식물을 도입하여 이루어지는 경우가 많으며 특히 지속적인 효과를 위하여 건조소재나 조화, 인조목과 목재, 철재 등의 구조물이나 첨경소재로 이루어지는 경우가 많다. 특히 크리스마스 디스플레이는 일년 중 비용이 많이 드는 중요한 장식으로서 화훼장식가의 적극적인 공사 수주와 새로운 디자인 아이디어가 중요한 부분이다(그림 16-19, 20). 무역박람회와 같은 전시장에서 이루어지는 전시장 장식에도 독창적인 화훼장식은 중요하며 화훼장식가의 좋은 디자인이 필요하다.

16-2-5. 작품전시회용

작품전시용은 자신의 작품을 전시회에 출품하여 예술가로서 또는 화훼장식 전문가로서의 홍보와 아이디어를 선보이게 되므로 실용적인 장식일 경우도 많으나 매우 독창적이며 예술성이 강한 디자인이 연출된다(그림 16-21). 국내에서는 화훼장식 관련 작품 전시회가 많이 펼쳐진다. 난전시회, 국화전시회, 자생식물전시회, 실내원예전시회 등을 비롯하여, 화려한 절화를 주소재로 한 꽃예술작품전이 봄, 가을에 펼쳐진다. 국내에서 난, 국화와 같은 특정 식물과 관엽식물을 이용한 테라리움이나 디쉬가든, 실내정원 전시회가 개최되고 있으

그림 16-19. 크리스마스 디스플레이. 〈디자인 알레〉

그림 16-20. 크리스마스 장식 연출.

6부 화훼장식의 실제

나 아직 분식물장식이 멋지게 연출된 전시회는 드문 편이다. 절화를 이용한 전시회장의 작품은 점점 대형화하고 있으며 식물 외 소재를 이용한 추상적인 작품과 외국의 양식이 도입된 독특한 양식으로 발전하고 있는 것을 볼 수 있다. 화훼장식가는 이러한 전시회의 작품을 통하여 자신의 아이디어를 홍보하고 디자인에 대한 새로운 시도를 할 수 있다. 또한 다른 사람의 전시작품을 감상함으로써 자신의 디자인에 대한 새로운 영감을 얻을 수 있으므로 전시회를 빠지지 않고 보는 것도 중요하다.

그림 16-21. 작품전시회, 〈2000, IFLO, Messe Essen〉

— 6부 화훼장식의 실제

17. 결혼식용, 장례용 화훼장식

국내에서 화훼장식이 필요한 행사 중 가장 일시적으로 일반적이며 크게 이루어지는 행사는 결혼식이다. 외국에서는 장례식 또한 중요한 의식이지만 국내의 장례식은 외국만큼 규모가 크지 않으며 화훼장식 디자인 형태도 다양하지 못하다. 결혼식과 장례식을 위한 화훼장식을 디자인하여 시공하게 될 경우 화훼장식가는 최소의 노력과 비용으로 최대의 효과를 내도록 풍부한 경험과 아이디어를 도출해 내어야 한다. 결혼식과 장례식의 화훼장식을 살펴보자.

17-1. 결혼식용 화훼장식

한국의 결혼식(結婚式, wedding ceremony)은 전통 혼례식(그림 17-1)보다는 서양식으로 이루어지고 있으며 외국에서 도입된 결혼양식은 한국의 문화와 적당하게 혼합되어 외국과는 다른 독특한 한국식 결혼식으로 이루어지고 있다. 결혼식용 화훼장식은 결혼식장 장식, 연회장 장식, 자동차 장식, 신부의 꽃다발과 머리장식, 신랑의 부토니어(boutonnier), 주례와 양가 부모, 사회자의 코사지(corsage), 그리고 외국의 경우에는 들러리(bridesmaids)의 꽃다발과, 화동(花童, flower girl)의 꽃바구니 등으로 이루어진다(그림 17-2).

결혼식은 몇 시간 동안 가장 아름답고 화려하게 이루어지는 만큼 절화장식 위주로 이루어지는 경우가 많으며 규모가 큰 결혼식장이나 연회장은 공간의 특성에 맞게 절화장식과 분식물장식을 적절하게 조화시키면 보다 손쉽게 일을 마무리할 수 있다. 결혼식 화훼장식을 위하여 적절한 디자인 과정을 거쳐 일을 진행해나가면 아름답고 멋진 디자인에 이를 수 있다.

그림 17-1. 전통 혼례식의 대례상(大禮床).
그림 17-2. 결혼식 신부 들러리의 꽃다발. 〈Wedding flowers, 1996. 9. p42〉.

6부 화훼장식의 실제

그림 17-3. 신부 꽃다발. 〈플로랄 투데이 2003. 7. p12.〉

그림 17-4. 신부 꽃다발. 〈플로랄 투데이 2003. 7. p13.〉

17-1-1. 신부 꽃다발(bridal bouquet)

신부가 드는 꽃다발은 국내에서 꽃다발이라는 의미의 부케(bouquet)로 불리운다. 18C 영국 조지안 시대(Georgian period)의 사람들은 악령과 질병을 막으려는 의미에서 방향성식물로 만들어진 꽃다발을 지니고 다녔다. 그 후 연회장에 몸장식으로 들고 다니던 부케는 결혼식에서 순결을 상징하는 흰색의 옷과 함께 흰색의 꽃으로 만들어지기 시작하였고, 오늘날 다양한 형태의 꽃다발로 발전되었다(그림 17-3, 4, 5, 6).

꽃다발은 신부의 외관적 요인과 결혼식의 형식 등 여러 가지 조건에 영향을 받아 디자인된다. 특히 최근에는 흰색의 꽃다발에서 다양한 색상의 꽃다발로 변하고 있는 실정이다. 꽃다발에 이용되는 꽃은 방향성일수록 좋으며, 예전에는 꽃의 줄기를 철사로 대체시켜 꽃다발로 만드는 경우가 많았기 때문에 꽃이 잘 시들지 않아 하루 전날 만들어도 되는 심비디움, 호접란, 덴파레와 같은 난류와 스테파노티스, 부바르디아와 같은 다육질의 꽃이 선호되었다. 최근에는 부케 홀더를 이용하거나 핸드 타이드 부케를 만들어 물을 흡수할 수 있도록 하므로 다양한 꽃으로 만들 수 있다. 꽃의 증산을 억제시켜 꽃이 빨리 시들지 않도록 하는 스프레이 액제를 이용할 수도 있다.

그림 17-5. 신부 꽃다발. 〈플로랄 투데이 2003. 6. p69. 장현애〉

6부 화훼장식의 실제

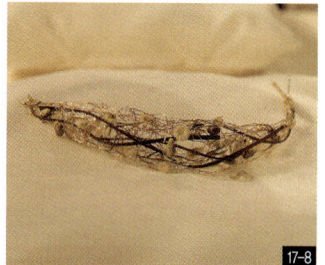

그림 17-6. 현대식 폭포형 신부 꽃다발.
그림 17-7. 신부의 몸장식. 〈플로랄 투데이 2003. 6. p52.〉
그림 17-8. 신부의 머리장식.

꽃다발의 형태는 원형을 기본으로 폭포형이 많이 이용되며 다양한 디자인으로 제작할 수 있다. 결혼식 후 꽃다발을 입체적으로 원형 그대로 매몰건조시키거나 동결건조시켜 유리용기속에 보관하거나, 꽃다발을 풀어서 누름건조시켜 원래의 꽃다발과 비슷한 이미지의 평면으로 구성하여 액자를 만들어 보관하기도 한다.

17-1-2. 신부의 머리장식과 몸장식

머리장식은 조화로도 많이 만들어지나 생화로 만들 경우 훨씬 더 신선하며 향기가 난다. 쉽게 시들지 않는 꽃들을 위주로 만들어야 하며, 꽃과 잎 외에 리본, 구슬, 철사, 깃털 등으로 장식하기도 한다. 형태는 고리형(chaplet)과 머리띠형 화관이 있다. 이미 제작되어 나오는 고리나 머리띠에 꽃을 부착시키기도 하고 갈란드를 만드는 방법으로 철사나 플로랄 테이프를 이용하여 꽃을 부착시켜 제작한다. 장식용 철사를 구조물로 만들어 꽃과 구슬을 부착하는 머리장식이 유행하고 있다(그림 17-7).

신부용 몸장식은 작은 꽃다발이나 갈란드를 만들어 어깨, 허리 뒤, 손목에 부착시켜 준다(그림 17-8). 중요한 것은 머리장식이나 몸장식 모두 신부가 편안하게 착용할 수 있어야 한다는 것이다.

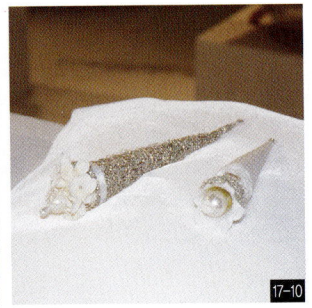

그림 17-9. 코사지.
그림 17-10. 신랑의 부토니어.
그림 17-11. 교회의 결혼식장 장식. 〈Profil floral, 2001, Just married 2, p50.〉

17-1-3. 코사지

코사지(corsage)는 결혼식은 물론 각종 연회와 모임에 남녀 모두 널리 사용하는 몸장식으로 작은 꽃다발이라 보면 된다(그림 17-9). 여성용은 가슴이나 어깨, 팔목 등을 장식할 수 있으나 국내에서는 가슴에 꽂는 것이 일반적이며 남성용은 양복 주머니에 꽂는다. 생화나 건조화, 조화 등을 사용하며 그 외에 구슬이나 깃털, 리본과 같은 장식물을 곁들여 완성할 수 있다. 코사지의 형태에 특별한 제한은 없으며 재료의 선택은 의복의 색상과 재질을 고려하여 조화를 이루도록 하는 것이 장식 목적과 부합된다. 전통적으로 다양한 모양의 코사지가 있으나 특별한 경우를 제외하곤 시간과 노력이 적게 들면서 가장 아름다운 제작방법을 찾도록 하는 것이 중요하며 크다고 좋은 코사지가 아니므로 코사지를 착용하는 사람과 크기의 비율을 맞춘다. 꽃다발 만드는 방법을 그대로 응용하면 되며 양복 주머니에서 떨어지지 않게, 특히 여성용 의복에 꽂을 수 있도록 핀을 갖추어 주는 것이 중요하다.

17-1-4. 신랑의 부토니어

부토니어(boutonnier)는 신부 꽃다발의 꽃 한 송이를 이용하여 신랑의 예복 상의 깃의 단추 구멍에 꽂는 꽃을 말한다(그림 17-10). 한국에서는 신랑 꽃도 대부분 코사지로 만들어 예복 상의의 주머니에 꽂는 것이 일반적이지만 예복의 양식에 따라 멋스러운 부토니어를 이용하면 멋진 분위기를 연출할 수 있다. 신부의 꽃다발과 같은 이미지로 만드는 것이 좋으며 크기가 너무 크지 않은 것이 좋다.

그림 17-12. 야외결혼식장 장식. 〈Wedding flowers, 1996. 9. p4.〉

17-1-5. 결혼식장 장식

6부 화훼장식의 실제

국내의 결혼식은 전문 예식장에서 이루어지는 경우가 가장 많으며 그 외 호텔이나 갤러리 등의 공간 또는 교회에서 이루어진다. 꽃이 장식되어야 할 결혼식장의 공간은 제단이나 주례단상, 결혼행진이 이루어지는 꽃길, 결혼식장 입구의 장식, 그리고 그 외 하객석 양측 통로 등으로 나누어진다.

한국에서 일반적으로 이루어지는 결혼식장 장식에 있어서 제단의 테이블이나 주례단상은 낮고 옆으로 긴 꽃꽂이 형태로 장식하게 되며, 제단 양쪽에 긴 스탠드에 화환과 같은 형태의 절화장식물이나 대형 분식물이 배치

그림 17-13. 결혼식장 장식. 〈플로랄 투데이 2003. 6. p35. 김영주〉

된다. 꽃길은 하객석 의자 옆에 꽃다발을 달거나 꽃길을 따라 양측으로 꽃기둥을 반복해서 세워주며 꽃길이 시작되는 부분에 아치(arch)형 구조물을 설치하여 꽃꽂이하거나 갈란드를 만들어 부착시킨다. 하객석 가장자리 양쪽 통로에도 관엽식물을 배치하거나 화환을 배치하고 결혼식장 입구의 손님을 맞는 공간에도 화환을 배치하는 것이 가장 일반적인 한국의 결혼식장이다.

그러나 이러한 일반적인 결혼식장의 디자인을 모방할 것이 아니라 나름대로 저렴한 비용으로 가장 독창적이고 아름다운 결혼식장을 연출해 내는 것은 디자이너의 역할이다. 외국의 결혼식 화훼장식에 대한 예들을 많이 살펴 좋은 아이디어가 있으면 도입하는 것도 좋은 방법이다(그림 17-11, 12, 13).

17-1-6. 연회장 장식(reception decorations)

연회장(宴會場)의 꽃장식은 테이블 주위의 공간장식과 테이블장식으로 이루어진다(그림 17-14). 신혼부부와 양가 가족석 테이블에는 중앙에 꽃꽂이가 배치되고 테이블 가장자리에 갈란드를 이용한 장식이 이루어진다. 결혼식케익이 놓인 테이블의 꽃장식과 결혼식 케익의 꽃장식 또한 주요한 부분이다(그림 17-15). 테이블장식이라

그림 17-14. 연회장의 테이블 장식.
그림 17-15. 결혼 축하용 케익 장식. 〈황선희, 김의선〉
그림 17-16. 신혼부부의 자동차 장식.

6부 화훼장식의 실제

고 수평적인 꽃꽂이로만 할 것이 아니라 사람들의 시야를 방해하지 않는 한 높이가 높은 꽃꽂이도 좋고 섬세하고 작은 분식물로 이루어진 테이블장식도 독특한 분위기를 줄 수 있다.

테이블 주위의 공간장식은 넓은 공간을 채우기 쉬운 대형 분식물을 이용하거나 대형 구조물에 다양한 절화장식물을 부착시켜 아름다운 분위기를 조성해 준다. 디자이너의 아이디어에 따라 저렴하면서 독특한 디자인을 이루어낼 수 있다.

17-1-7. 자동차 장식

결혼식 후 신혼부부가 타게 될 승용차는 대부분 갈란드나 리스, 또는 하트와 같은 평면적인 형상물을 만들어 승용차의 앞면과 뒷면에 부착시키거나(그림 17-16), 문에 꽃다발을 부착시키기도 한다. 장식물은 시야를 방해하지 않아야 하며 재료들이 이탈되지 않도록 고정을 잘 하는 것이 중요하다. 승용차용 고정물이 부착되어 있는 플로랄 폼이 상품으로 소개되어 있다.

17-2. 장례용 화훼장식

장례식(葬禮式, funeral ritual)은 나라마다 다양한 양식으로 진행되고 있으나 고인에 대한 애도를 꽃으로 표현하는 것은 국가와 민족을 초월하여 매우 일반적인 형식이다. 한국의 장례식(그림 17-17)은 외국의 장례식에 비해 다양한 형태의 화훼장식이 이루어지지 않고 있는 실정이다. 한국의 장례식을 위한 화훼장식은 흰색과 노란색 국화꽃으로 만든 장례제단 장식, 평면적으로 꽃을 짧게 부착시킨 영정(影幀)장식, 화환이나 꽃바구니의 배치,

그림 17-17. 한국의 장례식 장식 (1.근조용 화환, 2.영정꽃장식, 3.제단장식).
그림 17-18. 장례식 관 장식. (박선이, 이성주)
그림 17-19. 장례식 장식.

그림 17-20. 묘지의 조경.
그림 17-21. 분식물을 이용한 묘지에 바치는 리스.

헌화용 꽃으로 나눌 수 있다.

외국의 장례식은 나라마다 다른 형식을 보이고 있으나 일반적으로, 관 위에 올려놓는 꽃꽂이 형태의 스프레이(casket spray), 관 앞에 세우는 스탠드에 거는 스프레이(easel spray)나 평면적인 형상물(easel emblem), 바닥에 배치하거나 기둥 위에 배치하는 꽃꽂이나 관엽식물, 관 속에 넣는 베게에 붙이는 꽃장식으로 나눌 수 있다(그림 17-18, 19). 또한 외국에서는 묘지에 꽃을 심어 가꾸어 주거나 기념일에 묘지를 방문할 때 바치는 꽃다발이나 리스, 형상물 등이 많이 이용되고 있다(그림 17-20, 21).

국내의 화환은 대나무로 엮은 받침대 위에 흰색 또는 노란색 국화로 반원 모양의 꽃꽂이를 2단 또는 3단으로 배치하여 보낸 이의 이름과 소속이 적혀 있는 리본을 꽃 위에 길게 늘어지게 달아서 만드는 형태가 주종을 이루고 있다. 외국의 경우 이러한 양식의 화환은 고리 모양이나, 십자가, 별, 하트 등의 평면적인 형상물로 제작된 절화장식물을 스탠드 위에 걸어 두는 것으로 대치된다.

현재 국내의 장례용 화훼장식은 나름대로 특색있고 단아한 분위기를 가지고는 있으나 색과 형태가 단순하여 점차 외국의 장례식 양식이 도입될 것으로 보인다. 전통적인 장례식 양식을 존중하면서 돌아가신 분을 위한 엄숙하면서도 아름다운 장례식의 화훼장식을 위해 디자이너는 새로운 디자인에 대한 연구와 노력이 필요하며 적절한 디자인 과정을 거쳐 일을 진행해나가도록 한다.

6부 화훼장식의 실제

18. 실내정원

실내정원(indoor garden)은 다수의 분(盆)을 배치하여 이루어지는 분정원(盆庭園)과, 식물을 심는 플랜터의 크기에 따라 소규모에서 아트리움의 대규모 수림(樹林)까지 다양한 규모로 이루어진다(그림 18-1, 2, 3).

그림 18-1. 일반 주택의 분정원.
그림 18-2. 소규모 플랜터의 벤자민 고무나무.
그림 18-3. 대규모 수림으로 형성된 실내정원.
그림 18-4. 미국 뉴욕 IBM빌딩의 실내정원.
그림 18-5. 싱가포르공항의 실내정원.
그림 18-6. 한국식 실내정원.
그림 18-7. 미국 메트로폴리탄 박물관내의 단순미를 살린 실내정원.
그림 18-8. 미국 메트로폴리탄 박물관내의 중국식 실내정원.
그림 18-9. 한국 아파트의 발코니 정원.

6부 화훼장식의 실제

플랜터의 크기와 형태, 깊이에 따라 다양한 양식의 실내정원을 연출할 수 있으며 (그림 18-4, 5, 6, 7, 8), 건물 바닥이 토양면과 접한 실내공간에서는 정원 조성에 자연의 토양을 그대로 이용할 수도 있다. 현대식 건물에 구성된 실내정원은 대부분 정형적(定形的)인 분위기로 이루어지는 경우가 많으나 규모가 커질수록 자연적인 수림을 형성한다. 실내정원은 일반 주택이나 아파트의 발코니에 이루어지는 작은 실내

그림 18-10. 2000년 고양꽃박람회 전시장의 일시적인 실내 난정원.
그림 18-11. 인조목을 이용한 실내정원. (제주 신라호텔)

정원(그림 18-9)을 비롯하여 대형 건물의 현관, 로비(lobby), 라운지(lounge), 또는 아트리움의 실내정원, 식물원 온실의 실내정원, 전시장에서 일시적으로 조성되는 실내정원 등이 있다.

실내정원은 관엽식물로 구성되는 경우가 대부분이지만, 실내환경에 따라 국내 자생종 식물을 이용할 수도 있으며 인조목으로 조성되기도 한다(그림 18-10, 11).

18-1. 플랜터

플랜터(planter)는 바닥 위로 돌출한 형과 바닥에 묻힌 매몰형이 있다(그림 18-12, 13). 돌출형(突出形) 플랜터는 수용하는 토양의 하중(荷重)을 견딜 수 있는 견고한 자재로 벽을 쌓아 올리는데 콘크리트나 벽돌이 주로 쓰이

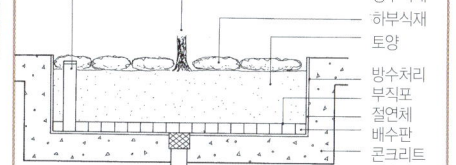

그림 18-12. 돌출형 플랜터.
그림 18-13. 미국 텍사스 휴스톤에 있는 건물의 매몰형 플랜터.
그림 18-14. 플랜터의 배수층에 이용되는 가벼운 플라스틱 배수판.
그림 18-15. 플랜터(planter)의 내부.

18. 실내정원

고 외벽이 노출되므로 석재나 타일 등으로 표면을 처리한다. 벽의 높이를 45㎝ 정도로 하여 벤치로 겸용할 때는 너비를 충분히 하고 앉는 부분을 목재, 합성수지 혹은 쿠션으로 덮는다. 플랜터의 내부는 방수처리를 해서 외벽으로 물이 새지 않도록 해야 한다. 비교적 작은 플랜터는 스테인리스 스틸(stainless steel)이나 동판(銅版)을 내벽에 맞도록 용접하여 밀봉형으로 처리하고 대형 플랜터는 내벽의 표면에 방수액을 2회 정도 바른 후 방수막으로 깔아 마감한다. 돌출형 플랜터가 건물 완공 후 축조되는 경우 플랜터의 밑에서 건물의 배수체계로 연결되는 배수관이 없는 경우가 많다. 수목에 관수할 때 남는 물이 밑에 고이는 것을 처리하기 위하여 바닥에 자갈층이나 배수판(그림 18-15)을 깔고 파이프를 꽂아 물높이를 관측하고 잉여수분이 과도하면 소형 펌프를 사용하여 뽑아낸다(이영무, 1995). 파이프는 벽면에 구멍이 있는 유공의 PVC관을 사용하며 직경이 크면 수면(水面)을 육안으로 확인할 수 있으나 좁은 관이면 관측막대를 넣어서 물높이를 확인한다(그림 18-16).

　플랜터의 높이는 식물의 크기에 따라 토심(土深)의 확보를 위하여 높아지며 토심은 깊을수록 좋으나 최저 1m 정도이면 대부분의 교목류를 수용할 수 있다. 건물의 내부 공간에 식재되는 대형 수목은 야자수가 주종을 이루고 이들은 뿌리 부위가 작기 때문에 토심이 너무 깊을 필요가 없으며 플랜터의 지나친 하중은 건물구조에 부담을 준다. 높이가 적당하고 선형(線形)으로 배치된 플랜터는 동선을 유도하고 방향성을 제시하는 기능을 가지며 기능이 다른 공간들을 분할해주고 필요에 따라 불필요한 교통을 통제할 수 있다.

　매몰형(埋沒形) 플랜터는 식재면의 높이가 바닥과 같아 자연적인 느낌을 준다. 일반적인 구조는 건물바닥 아래에 상자형 용기를 철근 콘크리트로 건조하는 것으로 이런 종류의 플랜터는 건물설계시부터 계획하여 콘크리트를 형태에 맞게 부어서 만든다. 그러므로 배수관도 처음부터 플랜터와 함께 설치되어 건물의 본 배수관과 연결되므로 관수시의 잉여수분 처리 문제도 용이하게 해결된다. 매몰형 플랜터의 장점은 자연에서와 같이 사람과 수목이 동일 평면상에 존재함으로써 일체감을 느끼게 해 준다. 단식형(單植形)일 경우 동선을 개방하는 특성이 있어 통행이 빈번한 쇼핑센터 등의 개방형 동선에 적합하며 공간을 넓게 만들어 준다(이영무, 1995).

18-2. 실내정원에 적합한 식물의 형태

　실내정원의 식물은 지속적, 혹은 영구적으로 생장하면서 정원을 형성하므로 내음성(耐陰性)이 강하고 항온(恒溫)조건에 견딜수 있는 열대, 아열대 원산의 관엽식물이 가장 적합하다(5장 화훼장식 소재, 14장 실내용 분식물장식 참고). 변화감과 강조를 위한 꽃피는 식물은 개화기가 끝나면 교체해 주는 일시적 용도이므로 환경에 관계없이 다양한 식물이 이용될 수 있다(그림 18-16).
　실내정원의 규모와 구성 양식에 따라 선택되는

그림 18-16. 실내에서 꽃피는 식물은 자주 교체해 주어야 한다.

식물의 종류와 크기, 형태는 다르지만 표 18-1의 식물이 일반적으로 많이 이용되고 있다. 실내정원에 이용되는

6부 화훼장식의 실제

표 18-1. 실내정원에 이용되는 형태적 특성에 따른 식물.

식물의 특성	식 물 명
교목(trees)	켄쟈야자, 아레카야자, 피닉스야자, 벤자민고무나무, 아라우카리아, 드라세나, 유카, 쉐플레라, 디지고데카, 폴리시아스, 소철 등
관목(shrubs)	아글라오네마, 스패시필름, 디펜바키아, 필로덴드론, 알로카시아, 칼라데아, 크로톤, 몬스테라, 칼라디움, 아스피디스트라 등
꽃피는 식물 (flowering plants)	안스리움, 스패시필름, 익소라, 에크메아, 브리에시아, 구즈마니아 등
지피식물 (ground covers)	조란, 네프롤레피스, 셀라기넬라, 왜란 등
덩굴식물 (vines)	아이비, 신답서스, 포도아이비, 필로덴드론 옥시카디움, 트라데스칸티아, 세로페지아, 제브리나, 에스키난서스 등

식물은 디자인의 질에 큰 영향을 미치므로 일반적으로 이용되는 식물뿐만 아니라 새로운 식물의 도입(導入)을 시도해 보는 것도 중요하다. 표 18-1의 덩굴식물은 지피식물로도 이용된다.

18-3. 실내정원 디자인

실내정원 조성에 있어서 기능적이며 아름다운 정원을 디자인하기 위해서는 적절한 디자인 과정을 거쳐야 한다. 실내정원 디자인 과정은 디자인 목표가 설정된 후 의뢰인의 요구를 수용하여, 물리적·식물생리적 환경조사와 이용자조사, 시각적인 조사 등의 과정을 거쳐 문제점과 이점(利點)을 분석하게 되며 이러한 분석결과를 토

그림 18-17. 야자수를 이용한 실내정원.
그림 18-18. 키가 작은 식물을 이용한 실내정원.

대로 구상과정을 거쳐 실제 디자인에 이르게 된다(8장 화훼장식 디자인 과정 참고).

　실내정원은 소규모 분식물장식의 구성과 마찬가지로 정형적인 구성이나 비정형적인 구성, 혹은 자연적인 구성과 장식적인 구성으로 이루어지며, 대부분 열대, 아열대 원산의 관엽식물을 이용하므로 열대 분위기로 표현되는 경우가 많다(그림 18-17). 그러나 같은 열대식물이라도 형태적 특성에 따라 벤자민 고무나무를 이용하여 온대지방의 숲처럼 표현할 수도 있다. 또 식물 하나하나 형태의 아름다움을 강조하는 구성으로 표현할 수도 있으며 열대 밀림과 같이 우거진 숲으로 표현할 수도 있다. 또는 자연에서 볼 수 없는 전혀 새로운 경관을 연출할 수도 있다(그림 18-18).

18-4. 실내정원의 시공

　디자인된 도면(圖面)을 기준으로 견적내역서의 소재들을 구입하여 시공현장에 운반한다. 식물 생육을 위한 토양은 피트 모스, 펄라이트, 질석과 같은 토양재료를 혼합하여 이용하면 좋지만, 가격이 비싸고 혼합시 상당한 노력이 필요하다. 펄라이트의 단점인 CEC가 없는 점을 개량하여 양분을 첨가한 펄라이트가 시판되어 펄라이트 단용으로 이용하기도 하지만 흰색인 펄라이트는 자연스러운 느낌을 연출하지 못하므로 바크(bark)나 자갈 등으로 피복처리한다. 플랜터의 깊이가 너무 깊어 토양이 많이 들 경우에 토양비를 줄이기 위하여 일반 토양과 모래를 혼합하여 사용하는데 토양소독을 하지 않았을 경우 병충해의 위험이 따르게 된다.

　플랜터에 식물을 심을 때는 직접식재와 간접식재의 두 가지 방식이 있다. 직접식재(直接植栽)는 토양에 직접 식물을 옮겨심는 것이고 간접식재(間接植栽)는 생산용 분해로 그대로 묻는 것이다. 건물 내부공간이 대형이고 광선을 비롯한 기타 생육조건이 양호하면 식물을 토양에 직접 식재하여 뿌리가 제한받지 않고 크게 자라게 한다. 간접식재는 공간이 제한되어 식물의 왕성한 생육을 억제할 필요가 있거나 일시적인 꽃피는 식물의 식재, 그리고 생육조건이 열악하여 빈번한 식물의 교체를 예상할 때 쓰는 방식으로 관리에 편리하다.

　기본적인 식재요령은 식물의 크기는 다르지만 용기 내 식물배치와 비슷하다. 식물의 운반이나 식재시 식물이 스트레스를 받지 않도록 하는 것이 새로운 장소에서 식물을 빠르게 적응시키는 중요한 비결이다. 플랜터에 실내정원을 시공하는 과정은 다음과 같다.

(1) 배수층을 만들기 위해 플랜터 바닥에 깊이 3-5cm 정도 잔돌을 깔거나 50×50×3.5cm의 시판되는 플라스틱 배수판(상품명: OK 배수판)을 이용하면 가볍고 편리하다.
(2) 배수층으로 토양이 내려와 배수구나 배수층이 막히지 않도록 미세한 구멍이 있어 물만 통과할 수 있는 부직포를 배수판 위에 깔아 준다.
(3) 부직포 위에 토양을 넣어 바닥에 골고루 깐다. 배수층과 토양의 깊이는 깊을수록 좋으나 토양층은 30cm 정도로도 가능하다.
(4) 토양 위에 설계도면대로 교목을 먼저 배치하여 중심을 잡는다. 교목은 정원의 높이와 규모를 결정해 준다.
(5) 관목을 군식(群植)하여 공간을 채우면서 정원에 부피감을 형성해 준다.

(6) 꽃피는 식물과 조각이나, 분수, 연못 등의 첨경소재를 강조점에 배치한다.
(7) 지피식물을 군식하여 마무리한다.
(8) 필요에 따라 바크(bark)나 장식돌로 토양표면을 덮어준다.

18-5. 실내정원의 관리

 실내정원의 관리(管理)는 실내용 분식물장식의 관리요령을 그대로 적용하면 된다. 규모가 커질수록 관수 비용이 많이 들므로 자동관수시설을 하는 것이 가장 좋다. 그러나 자동관수시설을 하게 되면 모든 식물에 일률적으로 관수를 하게 되므로 식물 선정(選定)에 주의를 기울여야 하며 디자인이 수동관수시와 달라지게 된다. 실내정원은 지속적, 혹은 영구적으로 유지되어야 하므로 관리가 손쉬운 식물을 이용한 단순한 디자인이 많은 편이다.

7부 화훼장식 관련 산업

7부 화훼장식 관련 산업

화훼식물을 주 소재로 이루어지는 화훼장식의 원활한 소재 공급과 화훼장식물의 판매를 위해서는 화훼식물의 생산과 유통산업이 잘 발달해야 한다. 특히 첨단 과학기술을 이용한 화훼생산과 유한한 생명체인 식물의 유통체계에 대한 충분한 인식은 화훼장식에 있어서 필수적인 요소이다. 화훼식물은 장식에 직접 이용될 뿐만 아니라, 건조를 비롯한 다양한 가공처리를 거친 후 변화된 모습으로도 장식에 이용되며, 때로는 장식효과를 갖춘 다양한 생활공간 속의 실용품으로 변화된다. 화훼장식에 관련된 생산과 유통, 가공에 대한 내용과 현황을 살펴보고, 화훼장식가가 선호하는 업종이며, 소비자와 가장 가깝게 연결되어 있는 유통의 마지막 고리인 소매화원을 살펴보자. 또 화훼장식의 교육은 어떻게 이루어지고 있는지 살펴보자.

19. 화훼생산과 유통

화훼산업(花卉産業)은 화훼식물의 생산과 유통(流通)의 세계적인 조직망으로 이루어져 있다. 화훼식물의 생산지역이 세계적으로 증가하면서 소비자들은 연중 다양한 꽃을 이용할 수 있게 되었으며, 절화의 수확 후 관리기술에 관한 많은 연구를 통해 절화의 품질과 수명에 대한 적절한 관리방법도 발달하였다. 화훼식물의 수확, 포장, 운반은 이들 식물의 품질과 수명에 큰 영향을 미치며 최종 소비자에게 도달하기 전에 이미 결정되므로 유통단계에서의 적절한 관리가 무엇보다도 중요하다. 생산자에서 최종소비자에 이르는 신속한 운반과 유통과정은 생산지, 이동거리, 운반방법 등에 따라 다양하다.

19-1. 세계의 화훼산업

세계 화훼산업은 유럽통합, WTO 체제로 무역장벽의 철폐, 경쟁력 강화를 위한 합병과 인수 등으로 큰 전환기를 맞고 있으며, 이러한 변화로 인한 국제간 교역의 증대로 무역경쟁이 심화되고 있다. 미국, 일본, 이태리, 네덜란드, 콜롬비아 등 주 생산국들과 네덜란드, 이태리, 이스라엘 등 수출국은 첨단기술과 정보망, 저렴한 가격, 신작물 신품종, 고품질의 꽃과 양질의 서비스를 무기로 공격적인 수출정책을 강화하고 있으며, 새로운 생산국인 아시아의 인도, 중국, 베트남, 라틴 아메리카의 페루, 과테말라, 아프리카의 케냐, 짐바브웨 등도 규격품과 기술력은 부족하지만, 풍부한 노동력과 낮은 생산비로 세계시장에 진출하여 화훼산업 규모는 갈수록 확대되고, 공급이 수요의 성장보다 빨라 경쟁은 날로 치열해 질 전망이다. 특히 비행기에 의한 운송방법의 발달뿐만 아니라, 작물의 선택과 재배방법의 발전과 아울러 수확 후 관리에 대한 연구는 절화를 연중 공급할 수 있도록 하였다. 최근 네덜란드 등 세계 주요 경매시장의 전통적인 경매시스템과 수송체계는 수요자의 욕구충족과 생존전략을 위해 인터넷을 이용한 직접 주문체계로 바뀌는 징후를 보이고 있다.

그림 19-1. 네덜란드의 알스미어(Aalsmeer) 경매장.
그림 19-2. 알스미어 경매장내의 경매 대기중인 절화.
그림 19-3. 네덜란드 화훼농장의 표본식물

19-1-1. 생산(生産)

화훼식물은 세계 모든 나라에서 재배되고 있다. 20여개국 이상이 꽃을 생산해서 수출하고 있지만, 세계 절화의 80%이상을 네덜란드, 콜롬비아, 이태리 등 10여개국이 수출하고 있다(표 19-1, 2). 네덜란드는 절화의 생산과 유통에서 국제적으로 두드러진 역할을 한다. 네덜란드의 알스미어(Aalsmeer) 경매장(그림 19-1, 2)은 세계 유통의 중심지이며 이것은 세계의 주요 생화소비지와 지리적으로 가깝기 때문이다.

화훼생산이 두드러진 다른 나라는 케냐, 스페인, 프랑스, 미국, 남아프리카, 중앙아메리카, 그리고 자마이카 등이다. 미국 내에서 주요 화훼생산지역은 캘리포니아, 콜로라도, 오하이오, 플로리다, 하와이이다. 자마이카, 멕시코, 과테말라, 코스타리카와 혼두라스는 중앙아메리카 꽃생산의 중심국가이다. 멕시코는 미국의 생화시장에 크게 자리잡기 시작했으며, 남아메리카의 많은 나라들도 절화생산을 증가시키고 있으며 그 중심지는 콜롬비아이다. 네덜란드, 프랑스, 스페인과 이태리는 유럽에서 주요 절화생산 지역이며, 중동과 아프리카에서 이스라엘, 케냐, 남아프리카에서도 화훼를 생산하고 수출한다. 아시아에서는 일본, 태국, 싱가포르, 오스트레일리아가 세계 꽃시장에서 중요한 국가이다.

화훼생산물의 수출은 생산지역과 반드시 일치하지는 않는데, 몇몇 나라들은 꽃을 수입해서 다시 수출하여 되판다. 예를 들어, 세계적으로 가장 큰 화훼수출국인 네덜란드는 세계에서 가장 큰 생산국은 아니라는 것이다. 네덜란드는 화훼의 가장 큰 생산국인 미국, 일본에 이어 세 번째이다(표 19-1, 그림 19-3). 미국은 화훼생산은 가장 많지만 절화수출은 낮은 순위에 있다.

세계 화훼시장의 규모는 1999년 212.8억불, 교역규모는 약 80억불로 주 수입국은 독일(21.2%), 미국, 프랑스, 영국 등이며, 수출국은 네덜란드(51.5%), 콜롬비아, 이태리, 덴마크 등이다(표 19-1, 2). 이 중 절화(장미, 국화, 카네이션 등)가 47%, 분식물(고무나무, 칼랑코에, 팔레놉시스, 국화 등)이 35%를 차지하고 있다. 절화 수출액은 약 38억불(1999)로 네덜란드(56%), 콜롬비아(14%), 에쿠아도르(6%), 케냐(4%), 이스라엘(3%) 등이 차지하고 있으며 분식물 수출액은 28억불(1999)로 네덜란드(46%), 덴마크(9%), 벨기에(8%)가 주요 수출국이다. 분식물은 특성상 수송비가 많이 들고 수송 및 저장기술이 필요해 장거리 수송은 수출대상국에 인접한 나라가 가장 경쟁력이 높다고 할 수 있다. 따라서 분식물 수출에 경쟁력을 갖기 위해서는 부족한 수송과 저장기술을 해결해야 경쟁우위 확보로 수출이 가능하다.

화훼식물의 3대 수요시장은 서유럽, 북미, 일본으로 이 중 서유럽은 감소추세이며, 북미, 일본은 꾸준히 증가되고 있다. 지역별 수출동향을 보면, 아프리카 화훼생산국들은 유럽을, 남미의 주요 생산국들은 북미를 주 수출대상지역으로 하고 있다. 최근 미국의 화훼생산 동향은 화단 및 정원용이 51%, 분식용이 20%, 관엽이 14%, 절화가 12%, 기타 절엽이 4%로 절화의 비중이 크게 감소되고 있어, 국내 생산은 화단, 정원용 위주로 이루어지며 절화류의 수입 비중이 크게 증가되고 있다.

표 19-1. 세계의 화훼생산액(1999).

구 분		생산액(억$)	비율(%)
유럽	소계	117.0	55.0
	네덜란드	35.6	16.9
	이태리	26.9	12.6
북미	소계	37.2	17.5
	미국	32.7	15.3
극동	소계	42.3	21.8
	일본	37.3	17.5
	한국	6.8	3.2
중동, 아프리카	소계	4.8	2.3
	이스라엘	2.5	1.2
중·남미	소계	7.2	3.4
	콜롬비아	4.8	2.2
계		212.8	100

[1] Pathfast publishing(internet website, 2000).

표 19-2. 세계의 국가별 화훼류 수출입 현황(1999).

순위	수 출			수 입		
	국가	수출액(백만$)	비율(%)	국가	수입액(백만$)	비율(%)
1	Netherlands	4,078	51.5	Germany	1,678	21.2
2	Colombia	550	6.9	USA	1,281	16.2
3	Italy	296	3.7	France	885	11.2
4	Denmark	288	3.6	England	868	11.0
5	Belgium	274	3.5	Netherlands	747	9.4
6	Canada	268	3.4	Italy	389	4.9
7	USA	218	2.8	Japan	384	4.9
8	Ecuador	211	2.7	Belgium	290	3.7
9	Germany	200	2.5	Austria	224	2.8
10	Israel	167	2.1	Canada	204	2.6
	총 액	7,915	100	총 액	7,915	100

19-1-2. 소비(消費)

많은 화훼산물을 수입하고 소비하는 나라는 독일, 미국, 프랑스, 스위스, 네덜란드, 영국, 오스트리아, 벨기에/룩셈부르크, 스웨덴이다(표 19-3). 네덜란드는 이러한 나라들과 다른 수입국들에 화훼산물을 공급하는 선두주자이다. 미국은 자체 소비가 큰 나라인 반면 네덜란드는 수출하기 위해 생산을 한다. 네덜란드는 세계적인 절화수출의 중심지로 많은 나라들이 수출을 위해 네덜란드로 화훼생산물을 가져온다.

마케팅 관점에서 보면 미국의 생화시장은 지역적인 시장에서 전세계적인 시장으로 탈바꿈하고 있으며, 세계의 여러 나라들은 미국이 중요한 소비지역이 될 것으로 생각한다. 느리지만 일관된 성장을 보이는 미국의 절화시장은 많은 다른 나라 생산자들을 위한 적절한 시장을 형성하고 있다.

표 19-3. 국별 세계 꽃소비시장 규모(1997).

순위	국 별	소비시장 규모(백만불)
1	독일	2,012.7
2	미국	830.7
3	프랑스	722.8
4	네덜란드	595.6
5	영국	586.8
6	스위스	367.3
7	일본	313.9
8	이태리	284.5
9	벨기에/룩셈부르크	234.1
10	오스트리아	192.5
11	스웨덴	185.1
12	캐나다	144.2
13	덴마크	113.4
14	스페인	90.9
15	노르웨이	76.0
	기타	65.7
	총 계	6,816.1

19-1-3. 계절적 이용도

장미, 카네이션, 국화와 같은 주요 작물은 여러 나라에서 생산되기 때문에 항상 이용할 수 있다. 어떤 지역에서 계절적인 이용성, 날씨, 또는 다른 원인에 의한 일시적인 부족현상이 일어나면 가격에 영향을 미치지만 공급에 영향을 미치지는 않는다. 다른 지역에 있는 생산자가 부족한 꽃을 공급할 것이다.

튤립, 수선화, 글라디올러스와 같은 계절적 작물도 일년 내내 전세계 시장에서 이용할 수 있도록 육종되고 있지만, 봄에 꽃피는 나뭇가지들, 붉은 열매류가 달린 호랑가시나무, 아카시아 등과 같이 노지에서 키우는 작물들은 자연적인 생장과 개화주기 때문에 계절적으로 생산이 제한되어 여전히 일정시기에만 이용된다.

열대성 절화와 절엽들은 북반구와 남반구에서 반대시기에 자라기 때문에 일년 내내 이용할 수 있다. 남반구의 여름은 겨울인 북반구에 꽃을 제공해 줄 수 있고, 전세계 시장은 지역별, 나라별 생산을 통해 연중 절화와 절엽을 도매상, 소매상, 소비자에게 공급한다.

19-2. 한국의 화훼산업

우리나라의 화훼산업은 2002년 약 6,321ha 재배면적 중 시설이 53%, 노지가 47%로 시설면적이 많아 계절생산에서 고품질 주년생산으로 전환되고 있다(표 19-4). 전체 생산액은 7,893억원에 이르고 있으며, 화훼생산액 중 절화 및 분식물(분화)의 점유비중은 세계시장과 비슷한 경향으로 절화 47%, 분식물 38%로 절화와 분식물이 85%를 점유하고 있다(표 19-5). 1997년 IMF 이후 절화의 수출이 활성화되기 시작하고 있다. 분식물, 관상수, 화목류는 국내외에 새로운 수요가 생겨 증가되는 것으로 생각된다.

주요 생산지역은 절화는 부산, 경남, 전남, 제주 등 남부지역과 경기 일부이고, 분식물은 서울, 경기 등 중북부지역, 관상수는 경기, 충남, 전북으로 중남부지역, 화목류는 전남북, 경남, 제주로 남부지역, 구근류는 강원, 충남 및 남부지역으로 종류에 따라 전국적으로 분포하고 있다. 재배면적을 기준으로 주요 생산 순위를 보면 절화는 장미, 국화, 안개초, 나리, 카네이션, 거베라, 프리지아 순이며, 분식물은 서양란, 고무나무, 초화류, 관음죽, 동양란, 선인장, 야자류 순이고, 관상수는 단풍나무, 향나무, 주목, 느티나무, 회양목, 은행나무, 사철나무 순이며, 화목류는 철쭉, 동백, 영산홍, 목련, 백일홍, 개나리, 벚나무 순이며, 구근류는 나리, 글라디올러스, 튤립, 아이리스, 다알리아, 프리지아 순이다.

표 19-4. 2002년 화훼 작목별 재배면적(ha).

년도	절화류	분화류	구근류	화목류	관상수	종자류	계
1985	338	225	40	267	1,323	6	2,249
1990	1,006	787	85	377	1,230	18	3,503
1995	2,323	1,148	91	510	1,271	4	5,347
1999	2,482	1,118	79	814	1,550	10	6,053
2000	2,625	1,036	68	685	1,618	5	6,047
2001	2,606	1,020	68	859	1,859	5	6,417
2002	2,508	1,073	55	845	1,933	7	6,422

2002년 화훼재배현황(농림부 2003).

표 19-5. 2002년 화훼 작목별 생산액 현황(단위 : 억원).

년도	절화류	분화류	구근류	화목류	관상수	종자류	계
1985	144	147	17	85	353	0.4	746
1990	592	995	46	195	558	7	2,393
1995	2,258	1,890	69	196	673	4	5,090
1999	2,868	1,870	54	411	757	5	5,965
2000	3,102	2,685	58	293	585	16	6,649
2001	3,305	2,347	70	506	716	22	6,966
2002	3,730	2,970	69	340	755	29	7,893

2002년 화훼재배현황(농림부, 2003).

수출입 동향을 보면 2000년 수출액은 28,888만불, 수입액은 19,472만불이다. 수출주력 품목(국가)은 절화는 장미(미국, 홍콩, 중국), 국화(일본), 나리(일본), 난(일본) 등이며, 분식물은 선인장(네덜란드, 미국, 홍콩, 중국), 난(홍콩, 중국, 대만) 등이다. 주요 수입품목은 종묘는 난류(태국, 대만, 중국), 카네이션(네덜란드, 스페인), 구근은 나리(네덜란드), 글라디올러스(네덜란드), 절화는 양란(태국) 등이다.

19-3. 수확(收穫)

분식물은 단순히 재배온실에서 검사와 포장을 위한 작업실로 옮겨오지만, 절화는 수확시의 과정이 좀 더 복잡하다. 절화를 수확하는 체계는 작물, 작물의 용도, 생산자, 생산지역, 시장구조에 따라 다르나 일반적인 상업적 이용을 위해서는 꽃을 수확한 직후 선별, 화학제 처리, 검사, 묶기, 포장 등의 작업이 이루어진다. 꽃은 온실이나 노지에서 큰 가위나 날카로운 칼을 사용해서 사람에 의해 손으로 수확되며, 이른 아침에 수확하고 당일 유통을 위해 손질된다. 간단한 기계를 이용하기도 하는데, 예를 들어 장미를 자른 후 꽃줄기를 잡아주는 장미가위는 장미나무에서 한 손으로 장미를 회수할 수 있게 하여 인부들이 몸을 구부리지 않고 줄기가 긴 꽃을 수확할 수 있도록 고안되었다. 꽃은 품질유지에 영향을 주는 유전적 요소들을 가지고 있으며, 이러한 차이로 수명이 오래 유지되는 절화도 있다. 그러나, 절화의 수명은 올바른 수확조건에 의해 연장되며 모든 화훼작물에 있어서 적절한 수확시기와 꽃봉오리의 성숙정도는 수확 후 품질과 수명에 영향을 주는 중요한 요소이다.

19-3-1. 수확시기

절화의 꽃에 있는 탄수화물 함량은 늦은 오후에 가장 높기 때문에 이 시기에 꽃을 수확하면 저장 양분을 충분히 포함하고 있으므로 오랜 기간 유지할 수 있으나, 상업적으로 많이 이용되는 방법은 아니다. 일반적으로 생산자들은 이른 아침에 꽃을 수확하여 손질해서 신선한 상태로 도매상이나 다른 유통장소로 옮긴다.

분식물은 필요한 성숙단계와 개화단계에 따라 수확시기가 달라져 일률적으로 말하기는 어려우나 개화식물은 늦어도 봉오리가 1/3-1/2 열개되기 전이다.

19-3-2. 봉오리 발육단계

수확 후 절화를 어떻게 다룰 것인가 하는 문제와 수확 후 절화에서 일어나는 변화들은 식물자체의 기본 구조에 따라 크게 영향을 받는다. 꽃의 이상적인 수확 단계는 각각의 식물마다 다르다. 일단 잘려진 꽃은 최고의 품질에 이르기 위해 자라고 발달하는 과정을 계속해야 한다. 꽃을 덜 성숙한 단계에서 수확하면 꽃봉오리가 적절하게 벌어지지 않거나, 어떤 꽃은 너무 빨리 봉오리가 벌어지지만 좀 작을 수도 있고 화색이 좋지 않을 수도 있다. 반대로 너무 성숙한 상태에서 수확하면 좋은 상태로 운송되기 힘들며 저장력과 수명이 크게 감소될 것이다. 대부분의 꽃들이 수확하기에 적절한 시기라고 증명된 단계라 해도 카네이션과 같은 꽃은 봉오리가 좀 더 단단한 상태일 때 수확해야 한다. 단단한 봉오리 단계의 꽃들이 운송하기 쉽고 손상이 적어 더 오래 수명이 유지된다.

19-3-3. 화학제 처리

꽃을 수확한 후 절화의 수명과 품질을 유지하기 위하여 다양한 화학제를 처리할 수 있다. 일반적으로 꽃은 수확 후 즉시 보존용액에 꽂아두는 것이 가장 좋은데, 어떤 생산자는 꽃을 따자마자 효율적으로 보존용액에 넣을 수 없기 때문에 이 과정을 따르지 못하기도 한다.

(1) 재수화(再水化, rehydration)

재수화 처리는 절화가 빨리 수분을 흡수할 수 있게 도와준다. 증류수에 구연산을 넣어 pH 3.5 정도로 만든 용액을 이용하는데, 습윤제나 살균제가 첨가되지만 당은 첨가되지 않는다.

(2) 펄싱(pulsing)

펄싱은 주요 성분이 당인 용액을 수송이나 저장 전에 단시간 처리해 주는 것으로 수송과 유통과정뿐만 아니라 소비자에 이르는 전 유통과정동안에 절화의 품질과 수명에 영향을 미친다. 일반적으로 펄싱시간은 20-27℃ 온도에서 12-16시간 정도이며, 지속시간, 온도, 당 농도간 상호작용이 있어, 시간이 짧고 온도가 높을수록 당 농도를 높게 사용한다. 펄싱용액의 주요 성분은 당분으로 꽃의 종류에 따라 2-20% 범위이며, 어떤 꽃들은 에틸렌 작용을 억제하기 위해 STS를 같이 넣어준다. 꽃들은 작물과 용액에 따라 펄싱 처리시간이 다르며, 10초에서 몇 시간 또는 24시간 범위로 처리한다.

(3) 봉오리열림제

봉오리열림제는 정상적인 채화 단계보다 이른 단계에서 채화할 경우 절화의 꽃봉오리를 정상적으로 만개시키기 위해 처리하는 용액이다. 이 용액은 설탕과 살균제로 이루어지며, 당 농도가 너무 높으면 잎이 손상될 수 있다. 이 처리는 비교적 따뜻한 온도와 높은 광도에서 처리한다.

(4) 보존용액(preservative solution)

보존용액은 도소매업자들에 의한 절화의 유통기간 동안, 또는 소비자들이 구입후 용기내에 처리하는 용액이다. 보존용액은 당 농도가 0.5-2% 정도이며 살균제, 에틸렌 제거제, 습윤제, 생리활성물질 등이 포함된다. 소비자들이 쉽게 이용할 수 있는 다양한 보존용액 상품이 있다.

(5) 절화 염색(tinting)

절화의 염색(染色)은 두 가지 방법으로 행해진다. 카네이션처럼 절화염색액에 줄기를 담구어 흡수시키거나 데이지처럼 염색액에 꽃 전체를 담구어 준다. 염색액을 흡수시키기 전 카네이션을 약간 말리면 빨리 흡수된다. 원하는 색이 나타나기 전에 멈추어 보존용액에 넣어두면, 줄기에 있던 염색액이 보존용액을 따라 꽃으로 이동된다.

19-3-4. 등급

절화의 등급(等級)은 품질을 나타내는 중요한 요소이다. 모든 종류의 꽃에 등급을 매기지는 않지만 모든 꽃들은 운송을 위한 포장 전에 품질을 점검받는다. 절화품질에 대한 기준이 없으나 생산자와 도매상인, 소매상인들은 자체적인 등급 기준을 가지고 있어, 등급기준이 꽤 다양하다. 꽃값은 등급에 따라 달라지며 등급은 생산자, 도매상, 소매상들이 품질과 특성을 이야기할 수 있는 기준이 된다.

장미, 카네이션, 글라디올러스는 등급에 따라 이용할 수 있는 화훼이다. 등급은 일반적으로 줄기 길이에 의해 정해지는데, 줄기 길이는 꽃의 품질, 절화수명, 이용성과 별 연관이 없을 수도 있으므로, 줄기의 곧은 정도, 줄기의 강도, 꽃의 크기, 절화수명, 균일성, 병이 없는 것, 잎의 품질과 같은 요소들도 등급 결정에 이용된다.

분식물은 종과 품종의 수가 많고 새로운 식물이 빈번히 도입되며 더구나 같은 종내에서도 다양한 크기의 식물이 함께 팔리는 경우가 흔하기 때문에 품질에 대한 평가 기준을 마련하는 것이 어렵다. 일반적으로 분식물의 품질은 잎과 꽃의 색, 상해 여부, 꽃의 노화 증상 등을 포함한 전체적인 화형에 의해 평가되며, 특히 소비자에게 관엽식물은 장식 후 생육지속기간이 품질에 대한 매우 중요한 부분이다.

19-3-5. 묶기

난이나 안스리움 그리고 몇몇 특별한 꽃을 제외하고는 절화는 일반적으로 다발로 묶어진다. 꽃을 묶을 때 재배지역, 시장, 품종 등에 따라 그 수는 달라진다. 장미나 카네이션같은 단일줄기 꽃은 일반적으로 25개씩 다발로 묶는다. 일반적인 꽃들은 10개, 또는 12줄기를 한묶음으로 한다. 스프레이 국화나 스프레이 카네이션은 꽃봉오리가 개화한 소화수, 무게, 전체 다발크기 등에 따라 묶는다. 다발은 끈이나 종이로 싸여진 철사 또는 고무줄로 묶어, 꽃을 보호하고 엉키지 않도록 하며, 생산자와 운송자를 구별하기 위해 포장된다. 포장에는 다양한 재료가 사용되는데, 왁스를 칠한 것과 칠하지 않은 종이, 구멍의 유무, 수포가 있는 폴리에틸렌 등이 있다. 노지나 온실에서 꽃을 등급에 따라 묶은 뒤 손상을 줄이기 위하여 수확후 관리 방법에 따라 화학약품 등을 처리하여 저장하게 된다.

19-4. 포장

운송을 위한 절화의 포장(包裝)은 수송 중 손실을 최소화하기 위한 것이다. 포장재료는 작물, 생산자, 이동거리, 비용, 포장방법에 따라 다양하게 이용된다. 섬세하고 중요한 꽃들은 신문지조각, 페이퍼 울, 우드 울 등을 넣어 포장하며, 시원한 상태를 유지하기 위해 얼음조각이나 얼음팩을 넣기도 한다. 안스리움, 헬리코니아와 같은 잘 시드는 열대성 꽃은 흡습시킨 신문지 조각을 포장시 넣어

그림 19-4. 알스미어 경매장 내의 분식물 포장기기.

수분손실을 막는다. 극락조화와 같은 꽃은 종이나 슬리브로 하나하나 포장한다. 난의 줄기는 보존용액이 담긴 튜브에 꽂아서 유통시킨다. 몇몇 특별한 꽃들은 작은 상자에 포장하는데, 치자나무는 보통 한 박스에 세 개씩 넣고 박스 속에는 수분손실을 막기 위해 플라스틱 안감을 댄다. 거베라는 꽃머리를 지지하고 보호할 수 있도록 고안된 박스에 포장되어 운송된다. 글로리오사와 같은 꽃은 공기가 차 있는 밀폐된 플라스틱 슬리브(sleeve) 속에 포장되어 꽃이 망가지는 것을 막는다.

분식물은 종이 상자에 넣어 뚜껑을 닫거나 키가 큰 식물은 상자와 식물 주위를 폴리에칠렌 필름으로 감싸주어 찬 공기에 노출되지 않도록 한다(그림 19-4).

19-4-1. 상자

절화수송에 이용하는 상자는 몇 개의 정해진 크기가 있다. 절화용 상자의 대부분은 길고 편평하며 꽃이 들어갈 수 있는 깊이가 제한되어 있어 다른 꽃에 의해 눌리거나 뭉개지는 것을 막는다. 주름진 섬유판, 합성우레탄이 뿌려진 섬유판, 스티로폼, 코팅된 종이를 상자 재료로 사용한다. 꽃의 위치는 공간을 효율적으로 이용할 수 있도록 양 끝쪽에 놓여진다. 미끄러지거나 이동중의 손상을 막기 위해 포장할 때 잘 고정한다. 폼이나 신문지로 덮여진 나무 쐐기를 꽃 위에 놓아 누르게 되고 상자 각각의 변에 고정된다. 꽃을 박스끝에서 몇 인치 떨어뜨려 놓아, 쌓아두거나 내리는 동안에 꽃이 기계적 손상을 받지 않도록 한다. 글라디올러스, 금어초 같은 꽃들은 햄퍼(hampers)라고 하는 똑바로 서있는 상자에 포장되어 굴성으로 인해 굽어지는 현상을 막는다. 물에 담구어 세운 꽃들도 햄퍼를 이용하여 수송한다.

19-4-2. 예냉

예냉(豫冷, precooling)은 운송 전 절화가 들어 있는 상자 속에 냉장공기를 불어넣어 상자의 온도를 낮추어 주는 것이다. 상자 속 저온은 꽃들의 발육을 지연시켜 운송 중 품질의 손실을 줄이는데 효과적이다. 상자 내 공기 흐름이 방해되지 않도록 포장시 주의한다. 예냉되지 않은 포장상자는 저온고나 냉장차 속에 두어도 냉장효과를 볼 수 없다. 꽃의 호흡이 빨라지면서 호흡열이 발생되어 포장상자 내에 열이 쌓이게 되므로, 이를 방지하기 위해 양 끝에 닫을 수 있는 플랩(flaps)이나 환기 구멍을 통해 상자를 강제 예냉시키는 것이 가장 좋다. 강제예냉은 서늘한 공기와 적절한 습도로 상자내 열을 끌어내는 것으로, 상자는 예냉 팬 앞에 놓여지게 된다. 대부분의 포장된 상자는 1시간 이하로 냉장하는데 온도를 주의깊게 관찰한다. 유통과정에서 예냉처리를 반복할 수도 있다.

19-4-3. 에틸렌(ethylene)

모든 식물은 에틸렌가스를 발생시키므로 상자에 절화나 분식물이 포장되면 에틸렌이 쌓이게 된다. 외국에서 꽃을 운송하는데 사용되는 특별한 트럭은 트레일러 내의 공기에서 에틸렌을 제거하는 세정기나 필터를 가지고 있다. 과일과 채소는 많은 양의 에틸렌을 방출하므로, 꽃을 과일이나 채소와 함께 운송해서는 안 된다.

19-5. 운송

운송(運送)은 유통채널상 한 지점에서 다른 지점으로 꽃을 이동하는 과정으로, 유통단계는 절화와 절엽, 분식물의 품질과 수명에 영향을 미치게 된다. 국내 절화 운송의 대부분은 트럭에 의해 이루어지며 수입 절화는 항공으로 운송된다. 대부분의 절화는 건조상태로 운송되므로, 운송에 걸리는 시간과 운송상태는 품질과 수명에 큰 영향을 미친다. 항공운송은 다른 운송방법에 비해 비용이 많이 들지만 꽃을 전달하는데 걸리는 시간이 매우 짧다. 항공운송에 적합한 포장이 중요한데, 종종 운송이 지연되어 때때로 48시간 이상이 될 때가 있으므로, 온도조절에 실패하는 경우가 있을 수 있다. 목적지에 도착했을 때 하역하는 즉시 다음 유통지점으로 운반한다.

그림 19-5. 네덜란드 알스미어 경매장의 수송트럭.

트럭은 절화나 분식물 운송의 가장 일반적인 수단으로 이용되고 있으며(그림 19-5, 6), 적절한 운송환경장비를 갖춘 트럭이 생산자에서 도매상, 도매상에서 소매상으로 꽃을 운반한다. 트럭에 의한 운송은 항공운송보다는 확실히 느리지만, 장, 단거리용 냉장운송, 혹은 분식물을 위

그림 19-6. 일본 동경 오오다(大田) 화훼경매장의 수송트럭.

한 온도조절이 가능하다. 외국의 대부분의 꽃 운송업자는 일정하고 적절한 온도와 습도가 유지되고 때로는 에틸렌 제거기가 달려있는 트럭을 이용한다. 절화의 예냉 여부, 트럭의 온도조절능력, 검사시간, 선적 및 하역과정 등은 트럭 운송시 절화의 수명에 영향을 미치므로, 도매상이나 소매상에 도착하면 하역 후 가능한 빨리 절화를 적절한 장소에 보관하도록 한다. 국내 운송여건은 매우 낙후되어 있어 아무런 시설이 되지 않은 보통의 트럭이 이용되고 있다.

생산자에서 소비자까지의 시간구성은 꽃이 운송되는 거리와 이동형태에 따라 다양한데, 최종소비자가 꽃을 좀 더 오래 즐길 수 있도록 유통시간을 짧게 하는 것이 중요하다. 생산자에서 소비자까지의 시간과 품질관리는 최종소비자를 만족시킬 수 있다.

19-6. 유통(流通)

전통적으로 꽃은 생산자에서 운송자 또는 중개인, 도매상, 소매상 그리고 소매상에서 최종 소비자로 이동되었으나, 오늘날의 유통구조는 변화하여, 유통의 중간단계가 없어지고 생산자에서 소비자로 직접 유통되는 경우가 많아지고 있다.

19-6-1. 해외생산자

외국에서 수입되는 절화는 항공으로 운송되어 생산국의 생산자연합의 대표나 판매상으로 활동하는 중개상에게 꽃을 실어보내어 도매상으로 유통된다. 분식물은 무게 때문에 직접 생산물을 수입하기 보다는 관엽식물과 난의 묘와 같은 종묘 수입이 일반적이다.

19-6-2. 국내생산자

일반적으로 생산된 상품의 양이나 생산자의 선호도 등에 따라 재배지에서 도매상으로 직접 운송되는데, 수량이 적고 제철생산을 하는 생산자는 소매상이나 소비자에게 직접 팔기도 한다.

19-6-3. 경매

경매(競賣, aution)는 중앙화된 도매시설에서 생산자가 가지고 온 식물을 중개상이나 도매상, 소매상에 의해 입찰에 의해 값이 매겨져 팔리는 시스템이다. 경매장에서는 화훼식물의 품질을 검사하고 등급을 매겨 나쁜 상품은 판매되지 않는다. 판매가 될 상품은 번호가 매겨지며 경매실에서 손수레로 운반된다. 구입자는 각자의 구입번호를 가지며 앉아서 상품이 가로질러 지나갈 때 입찰(入札)을 통해 화훼식물을 구입할 수 있다.

세계적으로 유명한 네덜란드의 알스미어 경매장, 일본 동경의 오오다(大田) 경매장(그림 19-7)에서는 자동경매시스템을 통해 경매가 이루어지고 있으며, 우리나라의 경우 양재동에 위치한 화훼공판장에서도 자동경매가 이루어지고 있다(그림 19-8). 구입자가 가격과 수량을 결정하여 책상에 있는 버튼을 누르면 판매가 자동적으로 기록된다. 경매가 끝나면 각각의 구입자에게 그가 구입한 상품을 알려주어 계산한다. 경매장에 고용된 사람들은 판매된 절화나 분식물을 정렬하고 포장하며 포장상자는 운송 트럭에 옮겨질 때까지 건물 내에서 저장된다. 일단 경매장에서 팔리면 유통을 위해 당일 중개상이나 도매상으로 운송된다. 최근 이러한 전통적인 양식의 경매시스템은 인터넷을 이용한 주문으로 바뀌고 있다.

그림 19-7. 일본 동경 오오다(大田) 화훼경매장.

그림 19-8. 한국 서울 양재동의 화훼경매장.

19-6-4. 중개상

중개상(仲介商, broker)은 구입자와 판매자 사이에서 시장의 중요한 역할을 하며 전세계적인 운송회사와 잘 연결되어 있다. 중개상은 생산자 또는 하나의 생산자그룹을 대표하여 많은 양의 꽃을 구입해서 도매상이나 다른 중개상에 판다. 중개상이 생산자의 꽃을 미리 구입하게 되면 생산자는 중개상의 특별주문에 맞게 포장한다. 중개상은 생산자가 포장한 상자 그대로 운송하기도 한다. 중개상은 운송될 꽃을 저장하는 냉장시설을 가지고 있는 경우도 있으며, 상자를 열어보지 않은 채 물품명세서대로 상자채 판매, 운송하는 경우가 많다.

19-6-5. 도매상

도매상(都賣商, wholesaler)은 생산자와 중개상 또는 운송업자, 소매화원 간의 전통적인 연결고리로, 많은 생산자들 특히 지역 생산자들은 도매상에게 직접 판매한다. 절화생산물은 트럭이나 비행기로 생산지 또는 공항에 아침 일찍 도착하는데, 아침 일찍 도착한 꽃은 당일 손질하여 팔 시간을 벌게 된다. 화물이 도매상에 도착하면 4-10℃의 저온저장고에 하역되고, 상자를 열어 손상이나 해충을 검사한다. 일단 검사한 후 테이블에 놓고 즉시 운송하기 위해 손질하여 재포장한다. 분식물은 생산지에서 도매상으로 운송되어 소매상에 판매되는데 국내에서는 운송거리와 시간이 짧아 크게 주의를 기울이고 있지 않지만 겨울과 초봄의 저온기간, 여름의 고온기간시 식물이 해를 입지 않도록 주의해야 한다.

외국의 도매상은 온도를 다양하게 맞출 수 있는 냉장고를 가지고 있으며, 대부분 냉장고는 2-3℃에 맞춰져 있다. 열대성 꽃을 위한 냉장고는 10℃에 맞추고, 장미용 냉장고는 1℃로 맞춘다. 모든 냉장고는 높은 습도를 유지하며 에틸렌제거기를 갖추고 있다. 매일 수천개의 꽃을 처리하는 큰 도매상은 물을 정화하는 시스템을 갖추고 있으며, 저장된 물은 특별한 탱크를 통해 조제된다.

도매상은 여러 곳에서 꽃을 수집하여 소비자가 이용할 수 있도록 한다. 도매상은 생산자, 중개상으로부터 꽃을 대량으로 구입하여 작은 규모로 정리해 소매상으로 유통시킨다. 큰 소매업자는 카네이션이나 장미, 스프레이국화 등을 상자 단위로 구입하고, 보통의 소매상은 묶음(단)으로 산다. 도매

그림 19-9. 미국의 절화 관련 소재 도매시장.
그림 19-10. 일본 동경의 화훼장식소재 백화점-토오쿄도(東京堂).

구입은 소매화훼업자들에게 많은 이익이 되는데, 같은 종류 또는 같은 색깔의 꽃을 상자채 구입하는 것보다 작은 양을 도매상을 통해 구입한다. 한 곳에서 다양한 꽃을 선택할 수 있으며, 도매상은 소매상에 대한 신용도를 높이고 특별주문을 받아 운송을 해주고 꽃의 품질을 책임진다. 독일, 네덜란드, 미국 등의 절화 도매상은 일반인의 출입이 금지되고 있다(그림 19-9, 10).

19-6-6. 소매상

소매상(小賣商)은 일주일에 한두 번, 또는 매일 일정시간에 도매상에서 꽃을 구입한다. 소매상은 꽃을 고르기 위해 도매상을 방문하기도 하지만 전화로 주문을 하기도 한다. 신선한 절화와 절엽이 소매상에 도착했을 때에는 상품을 받자마자 개봉하여 병충해나 병해를 검사한 후 절화는 따뜻한 물과 보존용액에 넣어 냉장고에 보관한다. 분식물은 토양이 건조한 지 살펴 충분히 관수하여 적절한 광선과 온도가 유지되는 장소에 배치한다.

19-6-7. 저장

절화는 소매상점의 냉장고에 보관되는데, 유통단계에 따라 저장(貯藏)시설이 있을 수도 있다. 최종소비자단계에서 절화수명을 연장시키는 데는 소매상에서의 적절한 저장온도가 중요하다. 저온다습 조건은 호흡을 줄이고 열을 제거하며 꽃이 발육하는 것을 지연시키고 에틸렌의 영향을 감소시킬 수 있다. 저온저장고는 진열을 위해서가 아니라 꽃을 보관하는데 사용되는 것으로, 전형적인 저온저장고는 창문이 아니라 벽으로 만들어져 있다. 일반적으로 저온냉장고 내에는 보존용액통에 꽂힌 절화와 배달용 꽃을 저장해 둔다.

대부분 분식물은 겨울의 저온에 해를 입게 되므로 온도에 각별한 주의를 기울인다.

19-6-8. 최종소비자

소비자는 유통채널을 통해 꽃을 받는 마지막 사람이다. 소비자는 일반적으로 절화의 수명을 가볍게 생각하는데, 꽃이 오래 유지되도록 적절한 방법의 관리가 필요함을 인식해야 한다. 소매상은 소비자의 꽃 주문시 보존용액을 함께 포함시키고 관리에 관한 설명서를 부착하여 소비자에게 절화수명을 연장하는 방법이나 분식물의 관리방법을 알려줘야 한다.

20. 화훼가공

생산된 화훼는 생화로서 장식에 바로 이용되는 것이 대부분이지만 필요에 따라 다양한 화훼가공(floral and herbal processing) 과정을 거쳐 이용된다. 생화의 염색이나 공장에서의 꽃다발 대량생산과 같이 약간의 가공으로 이루어지는 상품도 있으나, 완전히 새롭게 가공되는 상품들이 많이 있다. 현재 화훼가공에서 화훼장식가에게 가장 중요한 분야는 장식목적으로 이용되는 건조소재의 생산이며, 그 외 장식효과를 가짐과 동시에 식용할 수 있는 화훼가공식품, 꽃이나 허브류를 이용한 천연 화훼가공화장용품, 꽃이나 허브류를 이용한 염색, 방향성식물에서의 정유추출 등이 중요하다. 이러한 화훼가공에 대한 지식과 기술을 습득하게 되면 가공업자로 진출할 수 있으며 또한 장식에 직접 또는 간접적으로 응용할 수 있다.

20-1. 생화 염색

자연에서 구할 수 없는 다양한 색상의 꽃을 만들고 싶을 경우에 생화를 염색(染色)한다(그림 20-1). 네덜란드 알스미어 경매장에서는 염색한 절화들이 경매되며 국내에서도 절화 시장에서 염색된 꽃들을 볼 수 있다. 생화는 흡수염색과 스프레이염색의 두 가지 방법으로 염색한다. 흡수 염색법은 1929년의 종교 축제일에 푸른 카네이션을 만들어 코사지(corsage)나 테이블장식에 이용한 이래 발전해 온 방법으로 물 속에 염료를 녹여 절단부의 도관을 통해 흡수시키는 방법이다. 카네이션, 안개꽃, 장미, 덴파레, 스위트피, 꽃창포, 수선, 수국, 라벤더 등은 이러한 방법으로 채색 효과를 높일 수 있다. 흡수 염료의 질에 따라 그 효과는 달라진다.

스프레이 염색은 염색액을 분무해서 염색시키는 방법이다. 절화 염색용으로 판매되는 수성 염색액을 물에 타 분무하거나 생화전용 스프레이액을 뿌린다(그림 20-2).

그림 20-1. 염색된 파랑색 장미를 이용한 꽃다발.
그림 20-2. 생화용 스프레이 염색액. (미국 Design master 제품)

20-2. 건조소재 생산

건조소재(乾燥素材)는 건조에 적합한 재배 혹은 채취된 식물을 다양한 건조 및 기타 가공방법을 이용하여 생산한다(그림 20-3). 건조소재는 소재로 판매되거나 꽃꽂이, 꽃다발, 리스(wreath), 갈란드, 형상물 등의 장식물로 제작되어 판매되며, 포푸리를 이용한 장식, 압화장식, 콜라주(collage) 등도 인기있는 품목이다(13장 건조소재를 이용한 장식 참조).

그림 20-3. 네덜란드의 건조를 위한 꽃 채취.
〈Trendsetters in dried flowers. p3.〉

네덜란드의 스타 드라이드플라워(Star dried flowers), 호게워닝(W. Hogewoning), 드빙크(De vink dried flowers), 미국의 크누드 앤 닐슨(Knud & Nielsen Company), 슈스털즈(Shusters) 등의 가공회사들은 우수한 건조기술로 건조소재를 생산해내고 있다. 국내의 건조소재 생산 및 가공기술은 낙후되어 있으며 우수한 외국의 건조기술은 국제적인 극비로 다루어지고 있어 국내에서는 자체적으로 건조기술을 개발할 수밖에 없는 실정이다. 밀, 수수, 밀짚꽃, 니겔라 등 몇 가지 품목을 제외한 건조소재는 거의 수입에 의존하고 있으므로 건조식물의 재배뿐만 아니라 건조 및 가공기술에 대한 연구가 절실히 필요한 실정이다.

20-2-1. 자연건조(自然乾燥, air drying)

가장 기본적인 식물의 건조방법은 자연건조로서 자생지에서 그대로 건조된 꽃을 채집하거나 절화를 거꾸로 매달거나 바닥에 흩어놓아 말리는 것이다. 건조화는 아름다운 색과 형태, 그리고 향기를 유지해야 되는데 자연건조된 꽃은 수축되어 쭈그러지고 변색되어 원래의 아름다운 형태와 색을 잃는 경우가 많다. 그러므로 자연건조하는 소재는 섬유질과 규산질이 많고 수분이 적어 건조 후 변형이 잘 안되고 색이 잘 변하지 않는 밀짚꽃이나 별꽃, 스타티스, 아킬레아와 같은 소재들이 적합하다. 작약과 같은 수분함량이 많은 식물은 수분함량이 작은 식물만큼 잘 건조되지 않으며, 아이리스나 카네이션과 같은 섬세한 꽃은 스타티스와 같은 딱딱한 꽃보다는 자연건조가 어렵다. 열대식물도 자연건조가 잘 되지 않는다. 자연건조가 잘 되지 않는 꽃들은 글리세린 처리로 보존하는 것도 어려우며 수분함량이 많은 꽃들은 동결건조하는 것이 쉽다. 동결건조된 장미, 칼라, 작약은 여러 해 동안 보존된다.

자연건조시 색과 형태, 향기를 비교적 잘 유지하기 위해 꽃의 채취시 성숙정도, 건조온도 등을 고려해야 한다. 성숙정도는 활짝 피기 전이 가장 좋으며 건조장소는 건조하고, 어둡고, 서늘하며(10℃ 이상), 통풍이 잘 되어야 한다. 건조조건 중 온도가 가장 중요한 요인으로 호흡으로 인한 양분손실이 많이 생기기 전에 빠르게 건조시키기 위하여 온도를 높이는 것이 좋다. 건조장소는 지하실에서부터 시설이 좋은 온실 혹은 설비가 잘 되어있는 창고까지 다양하게 이용할 수 있으나 강한 햇빛, 바람, 수분, 먼지를 피하는 것이 중요하다. 콘크리트 바닥은 비싸지만 열을 모으는 역할을 하여 낮에는 데워지며 밤에는 조금씩 열을 방출하며 먼지를 감소시켜 좋은 건조 장소로 추천할 만 하다. 건조시 식물은 수분을 공기 중으로 방출하므로 적절한 공기순환이 있어야 한다. 건조장소는 자연통풍이 잘 되도록 설계되어져야 하며 필요에 따라 환기창을 설치한다. 통풍이 잘 되지 않으면 곰팡이와 병원균이 생기게 된다.

건조율은 온도가 증가하고 습도가 감소할수록 빨라진다. 왁스로 이루어진 큐티클층이 있고 줄기 직경이 크며 수분함량이 많은 식물은 그렇지 않은 것보다 건조에 시간이 걸린다. 건조장소의 온도는 장소에 따라 차이가 나지만 보통 10-50℃ 정도이다. 소규모 생산자는 습도를 특별히 조절하지 않아 외기 습도와 비슷하다. 습도와 온도 조절이 가능한 건조기구는 대규모 생산자나 습도가 높은 환경의 생산자에게 좋다. 적절한 습도는 20-60% 정도이나 생산자들에 따라 다르다.

식물에 따라 건조시의 광상태에 따라 색이 달라진다. 그래서 건조장소의 광량이 조절될 수 있다면 여러 가지 특성의 식물을 건조할 수 있다. 대부분의 식물은 햇빛에 노출되었을 때 연황색으로 색이 바랜다. 건조시 풀, 곡식류, 줄기가 가는 꽃들에 대해 햇빛에 의한 탈색을 이용하기도 한다. 그러나 자연색이 필요하다면 빛이 없는 상태에서 건조시켜야 한다. 건조기간은 식물의 종류, 장소, 건조장소의 특성, 계절에 따라 다르다. 일반적으로 기간은 3일에서 3주 정도 걸린다. 적절하게 건조되지 않은 채 포장을 하면 심한 곰팡이의 피해를 입을 수 있다.

20-2-2. 열풍건조(熱風乾燥, hot air drying)

호흡으로 인한 양분손실이 많아지기 전에 빠르게 건조하기 위해 열풍건조기를 이용하면 변색이 적어 많은 종류의 꽃에서 아름다운 색을 유지할 수 있다. 국내외 대부분의 건조소재 생산회사는 열풍건조 방법을 많이 이용하는 것으로 알려져 있으나 꽃의 종류에 따른 적절한 방법이 알려져 있지는 않다. 꽃의 종류에 따라 건조온도를 달리하고 변색을 방지하기 위한 약품처리를 하고 있는 것으로 추측한다. 장미는 색과 향기를 고려할 경우 40℃가 적절한 열풍건조 온도이며 향기를 고려하지 않을 경우에는 40-50℃가 품종에 관계없이 적절한 온도이며 60℃에서 색이 잘 유지되는 품종도 있으며 수축이 적어 형태가 아름답게 건조된다.

20-2-3. 동결건조

동결건조(凍結乾燥, freeze drying)는 꽃을 동결시킨 후 수분을 승화시켜 건조하는 방법으로 동결건조기(freeze dryer)를 이용한다. 자연건조나 열풍건조한 꽃은 수축되고 변색되지만 동결건조한 꽃은 수축과 쭈그러짐이 거의 없으며 색상도 그대로 유지된다(그림 20-4). 그러나 공기 중 습기를 쉽게 흡수하여 변색되고 모양이 흐트러지므로 코팅제를 스

그림 20-4. 꽃의 자연건조시 거꾸로 매다는 방법.

프레이하거나 유리용기 속에 밀폐시켜 장식해야 하는 단점이 있다. 유리용기 속에 장식된 동결건조화의 아름다움은 뛰어나다. 동결건조기의 발달에 따라 동결건조하는 꽃들이 많아졌으며 특히 수분함량이 높은 꽃이나 줄기의 건조가 쉬워졌다. 화원경영자에게 필요한 소형 동결건조기뿐만 아니라(그림 20-5) 대용량의 동결건조기가 외국에서 많이 개발되어 있다. 동결건조기와 동결건조화의 단가가 떨어지면 국내에서도 동결건조화의 이용이 많아질 것으로 보인다. 미국에서 국제동결건조협회(International Freeze-Dry Floral Association, IFDFA)가 형성되어 있다.

20-2-4. 글리세린 흡수 후 건조(preserving in glycerine)

건조소재는 건조후 잘 부서지는 단점이 있는데 어떤 꽃들은 글리세린으로 처리할 수 있으며 처리 후 유연성이 증가

그림 20-5. 동결건조화.

되어 장식과 보관에 편리하다. 글리세린 처리를 위한 꽃들은 수확하자마자 처리해야 하며 처리 방법은 절화의 줄기나 나뭇가지의 도관을 통하여 흡수시키는 방법과 용액에 담구어서 흡수시키는 방법이 있다. 글리세린은 40℃의 물과 1:2 (부피비) 또는 1:3으로 혼합하며, 트윈 20 (Tween 20)과 트윈 80과 같은 습윤제 0.5-1%를 혼합하면 물의 표면장력을 줄여 흡수가 용이해진다. 글리세린 처리는 변색때문에 주로 잎에 이용하는 경우가 많다.

줄기는 통풍이 잘 되는 20-30℃ 정도의 실내에서 용액이 8cm 정도 되게 담구며 잎만을 이용할 때는 용액 속에 푹 담구어 준다. 흡수기간은 식물의 종류에 따라 3-4일 정도에서 1주일 이상 걸리며 트윈 20의 처리 여부에 따라 큰 차이가 난다. 대부분의 잎은 글리세린 흡수 후 건조시키면 갈색으로 변색되므로 수용성 녹색 염료를 글리세린 용액에 혼합해 준다. 흡수 후 줄기는 깨끗한 물로 헹구고 매달아서 말린다. 건조기간은 1-2주일 걸린다.

대부분의 식물은 어두운 곳에서 흡수시키나 유칼립투스는 밝은 곳에서 처리하며, 안개꽃은 꽃과 줄기를 호박빛으로 만들기 위해 밝은 곳에서 처리한다. 글리세린 용액은 체에다 찌꺼기를 제거하여 3번 정도 재사용할 수 있으며 방부제를 처리해 주면 건조된 식물체의 수명을 연장시킬 수 있다.

글리세린 흡수 후 건조에 이용되는 꽃과 잎은 다음과 같은 것들이 있다(그림 20-6). 아킬레아, 홍화, 천일홍, 밀, 호밀, 안개꽃, 밀짚꽃, 수국, 라벤더, 장미, 루나리아, 니겔라, 아모비움(*Ammobium*), 알테미시아

그림 20-6. 글리세린 흡수 후 건조된 잎.
〈Trendsetters in dried flowers, p25.〉

(*Artemisia*), 맨드라미(*Celosia cristata*), 휘버퓨(*Chrysanthemum parthenium*), 락스퍼(*Consolida*), 퀸 앤스 레이스(*Daucus carota*), 글로버 치즐(*Echinops*), 에린지움(*Eryngium*), 버팔로 그래스, 브리자, 로단세(*Helipterum manglesii*), 선레이(*Helipterum roseum*), 페퍼그래스(*Lepidium*), 스타티스(*Limonium sinuata*), 카스피아, 저먼 스타티스, 제란스뮴(*Xeranthemum annuum*), 옥수수(*Zea mays*), 야자, 미들(myrtle), 시다(cedar), 버드나무, 유칼립투스(eucalyptus) 등이다.

20-2-5. 매몰건조

매몰건조(埋沒乾燥, drying in dessicant)는 흡수력이 큰 건조제인 실리카겔(silica gel) 속에 꽃을 파묻어 건조시키는 것으로 건조 후 꽃의 수축과 형태의 변화, 그리고 색의 변화가 적어 매우 아름다운 건조화를 만들 수 있다 (그림 20-7, 8). 그러나 동결건조화와 마찬가지로 습기를 쉽게 흡수해 변형되고 변색되어 유리용기 속에 밀폐시키거나 피막처리가 필요하다.

실리카겔(silica gel)은 규산(silicic acid, SiO_2)의 건조상태의 겔(gel)로 강한 흡수력을 지닌 물질로 자기 무게의 40%까지 수분을 흡수할 수 있다. 그 자체로는 인체에 무해한 물질이나 가루가 날리면 점막을 자극하며 살충제를 뿌리는 곳 가까이 있다면 쉽게 살충제 성분을 흡수하기 때문에 주의한다. 백색과 청색 두 가지 제품이 있으며 청색은 수분을 흡수하면 분홍색으로 바뀌어 수분 함량을 알 수 있어 편리하지만 값이 비싸 백색과 청색을 섞어서 쓴다. 노르웨이에서 생산되는 꽃건조용 실리카겔은 방부제 성분이 포함되어 있어 건조 후 변색 방지와 방부 효과가 좋은 것으로 알려져 있다.

실리카겔은 20-40 mesh의 설탕가루 정도의 입도가 적합하다. 건조온도는 꽃마다 다르지만 장미는 50℃까지는 온도가 높을수록 빨리 건조되고 그 이상 온도가 높으면 변색된다. 노란색, 분홍색이 가장 변색이 적고 적색 계통은 검붉게 변색되는 경우가 많다. 건조전 2% 주석산용액에 10분-1시간 정도 담구었다가 건조시키면 꽃의 종류와 색에 따라 다르지만 변색을 줄일 수 있다.

일본에는 실리카겔을 이용하는 pocotto 건조기가 개발되어 있으며 미국에는 특수 화학물질을 처리한 실리카(silica)를 이용하는 SandVac(특별한 가열진공기구, 200송이 용량)이 개발되어 있다. 일반 가정에서는 오븐이나 전자레인지를 이용할 수 있다.

그림 20-7. 장미의 매몰건조 과정.〈ヤスダキリ그, 1991, p5.〉
그림 20-8. 실리카겔을 이용한 매몰건조법으로 건조된 장미.

20-2-6. 누름건조

꽃이나 잎을 흡수지 사이에 넣어 눌러서 평면적으로 건조시키는 방법이다(그림 20-9). 플라스틱 상자에 실리카겔을 넣고 흡수지 사이에 넣은 꽃을 실리카겔층 사이에 배치하여 수분을 빠르게 제거해 주는 방법을 많이 이용한다. 상온에 그대로 두거나 실온이 낮을 때는 40℃ 정도로 온도를 올려주면 빠르게 건조되어 변색이 줄어든다.

그림 20-9. 누름건조. (월간이던. 2000. 8. p28. 임채리.)

고체로 제작된 실리카겔판 사이에 흡수지와 꽃을 배치하는 방법도 있으며 전기가열식 압판도 제작되어 판매되고 있다. 매몰건조와 비슷하지만 꽃은 평면적으로 건조되어 압화(押花, pressed flowers)라 불리며 액자와 같은 평면 장식에 이용된다.

구연산이나 주석산을 묽게 타서(2-15%) 건조 전에 꽃에 흡수시키거나, 건조 후 꽃잎에 발라주어 변색을 방지하거나 색을 유지하는 방법도 개발되어 있으며 장식 후 자외선경화수지나 필름을 이용한 코팅 기술도 개발되어 있다.

20-2-7. 망사잎 제작

숲속을 거닐면 엽맥만 남긴 채 엽육이 썩거나 벌레가 먹은 잎을 발견하여 엽맥의 아름다움에 감탄하는 경우가 있다. 인위적으로 엽육을 제거하여 엽맥만 남겨 건조시킨 후 탈색과 염색과정을 거쳐 만들어진 아름다운 색상의 망사잎(skeletonizing leaves)은 장식에 많이 이용된다(그림 20-10). 망사잎은 외국 건조소재 회사의 중요한 품목이지만 국내에서는 손쉬운 가공기술이 정확하게 알려져 있지 않다. 망사잎에 적당한 소재는 섬유질이 강한 일본목련, 목련, 칠엽수, 아이비, 동백 등이며, 여름에 목련은 물에 며칠간 담구어 두기만 해도 엽육이 떨어져 나가지만 큐티클층이 발달한 식물은 물의 침투가 어렵다. 물 1 l 에 KOH(수산화칼륨) 115g을 넣어 1시간 정도 끓인 후 찬물에 씻어 부드러운 솔로 엽육을 긁어내는 방법이 알려져 있으나 식물에 따라 다른 결과를 보인다.

그림 20-10. 목련 망사잎을 이용한 드레스.

20-2-8. 표백

표백(漂白)과 염색(染色) 처리된 건조화의 수요량은 세계시장에서 매년 증가추세에 있으며 외국에서는 대규모 공장에서 체계적인 생산이 이루어지고 있다.

건조화의 주성분은 섬유소로 건조화의 표백과 염색은 일반적인 섬유소 섬유의 표백, 염색과 비슷한 점이 많다. 표백에 적합한 건조화 재료는 풍부한 섬유가 함유되어 있어야 하고 쉽게 끊어지거나 탈락되지 말아야 하며 양호한 상태로 자신의 형태를 잘 보존할 수 있어야 한다. 꽃(사철쑥, 모란, 백당나무, 장미, 해당화), 과지(메밀, 수수, 통, 조, 밀, 아마, 참깨), 야생식물(쑥류, 야생아마, 독말풀, 황촉규, 향유, 토끼풀, 붉은 토끼풀, 매발톱꽃, 도라지, 솔방울 등), 줄기(솔새, 마타리, 물억새, 엉겅퀴, 댑싸리, 덩굴, 버들가지, 명아주 등), 잎(호랑가시, 포인세티아, 소철, 감, 공작고사리, 아디안텀 등)이 좋은 소재들이다(송원섭, 1997).

표백제는 여러 가지가 있지만 $NaClO_2$(아염소산나트륨, sodium chlorite)가 가장 효과적인 것으로 알려져 있다. 화본과 식물, 야자잎, 오크라, 고사리, 소철, 탱자나무 등은 물 90-94 : 아염소산나트륨 5-9 : 빙초산 1의 비율로 80℃를 유지하며 10-30분간 표백한 후 물로 세척한다.

20-2-9. 염색

국내의 건조화 염색(染色)기술은 색상조절에 있어 아직 부족한 편이다. 대량으로 염색시 삶는 방법을 이용하고 있으며 이 방법은 보통 80-90℃의 물 100㎤ : 염료 1g : 10% 초산 4g을 혼합하여 식물에 따라 10-30초간 담구어서 염색시킨다. 표백 후 염색하는 것이 좋으며 염료 혼합시에는 증류수를 이용하는 것이 좋다.

소재는 종류에 따라 담그는 시간이 다양한데 스타플라워, 아킬레아, 다복쑥, 유채, 라그라스, 천일홍, 익모초 등은 10-30초 정도, 오크라, 방크시아, 프로티아, 루카덴드론 등은 30-60초 정도 담구었다 꺼내 말린다. 그러나 위의 방법은 일반적인 방법일 뿐 실제로 원하는 색상을 얻기까지 염료의 선택과 배합 비율, 용액의 온도, 소재에 따른 염색시간, 염색 후의 건조방법 등에 대한 많은 경험이 요구된다(허북구, 월간원예. 1991). 현재 수입 건조화와 국내에서 생산된 건조화 모두 각각 독특한 색상을 가지고 있는데 이는 생산자마다 경험의 축적에 의한 노하우(know-how)를 갖고 있기 때문이다(그림 20-11).

소량일 경우에는 건조화 전용 염료를 스프레이해서 염색시키기도 한다. 그 외에 가정용 도료인 락카를 뿌려 착색시키거나 페인트에 신나를 타서 묽게 한 후 분무하기도 한다.

그림 20-11. 건조소재의 염색. (Trendsetters in dried flowers, p3.)

20-2-10. 박피

박피(剝皮)는 삼지닥나무나 탱자나무, 곱슬버들 등과 같은 나뭇가지의 껍질을 벗겨 하얀 수피가 보이도록 하는 것이다. 이렇게 박피된 나뭇가지는 염색시켜 이용되기도 한다. 국내에서 박피된 삼지닥나무는 매우 일반적으로 생산되는 품목이다.

20-2-11. 피막처리(皮膜處理)

특히 동결건조나 매몰건조로 생산된 건조화는 습도가 높을 때 습기를 쉽게 흡수하여 형태가 쭈그러지고 변색되기 쉬워, 표면에 왁스(wax)나 파라핀(paraffin) 등의 피막제를 살포하여 수분방지와 광택효과를 동시에 본다. 벨지움제 dried flower spray, 일본의 Neo Rcir 경화액, 미국의 semi-drying spray, No.1310과 같은 피막용 스프레이가 있으나 국내에서는 아직 이런 제품이 개발되어 있지 않아 수입에 의존한다. 또 표면에 방부제 처리를 하면 쉽게 부패하는 것을 막을 수 있다.

그림 20-12. 인위적으로 만든 거베라 꽃.

20-2-12. 변형(變形)

해바라기 종자나 솔방울 인편과 같은 건조재료를 이용하여 자연에서는 볼 수 없는 꽃이나 형태를 인위적으로 만들어 장식에 이용할 수 있다. 외국의 건조화 회사에서는 모양이 아름다운 큰 꽃의 건조화를 자연에서 구하기 힘들기 때문에, 식물 재료나 목재, 종이, 천 등 다양한 재료로 인위적인 꽃과 공, 별, 고리 등의 다양한 형태를 만들어 건조화와 같이 장식할 수 있도록 하고 있다(그림 20-12).

20-2-13. 포푸리 제조

'단지속에 든 향기' 라는 의미를 가진 포푸리(potpourri)는 방향성식물의 꽃, 잎, 줄기, 열매, 뿌리 등의 방향성 부위를 건조시킨 것으로 용기에 담거나 주머니에 넣어 여러 용도의 공간에 배치하고 몸에 지니기도 하는 장식물이다. 포푸리는 향기로 질병과 스트레스를 치료해 주는 향기치료(aromatherapy)의 소개와 함께 국내에서도 인기가 있으나 대부분 수입품에 의존하고 있다. 포푸리는 향이 곧 날아가버리므로 정유(精油, essential oil)가 잘 흡착되는 고정제(固定劑, fixatives)에 정유를 떨어뜨려 버무린 후 건조된 방향성 꽃잎과 잎, 향신료 등의 재료에 섞어 밀폐시킨 뒤 암소에서 한달 정도 숙성시킨 후 이용한다. 포푸리는 외국에서는 오래 전부터 이용하던 장식물 겸 질병을 쫓아주는 일종의 민간 약품이다.

포푸리는 향기, 색, 질감을 잘 어우러지게 만들어야 한다. 고정제로는 저먼 아이리스 중 플로렌티나(*Iris germanica* 'Florentina)의 뿌리를 가루로 낸 오리스(orris)가 가장 많이 이용되는데 국내에서 재배되지 않아 수입하거나 대용품을 이용한다. 차후 국내용 고정제를 개발하거나 오리스를 재배할 필요가 있다. 포푸리에 많이 이용되는 방향성 소재는 표 20-1, 2와 같다.

표 20-1. 포푸리의 식물부위에 따른 재료와 정유.

포푸리의 주요 재료	식물명
꽃	장미, 국화, 라벤더, 원추리, 수국, 클레마티스, 아스틸베, 수레국화, 니겔라, 금잔화, 패랭이, 델피니움, 향유 등
잎	로즈마리, 세이지, 다임, 민트, 센티드 제라니움, 오레가노, 배질, 버베나, 향유, 쑥 등
뿌리	오리스(orris), 아코러스(acorus), 엘리켐페인, 안젤리카 등
종자	캐러웨이 등
수피	향나무, 계피 등
열매	찔레, 애기사과, 청미래덩굴 등
침엽수류	소나무 등
시트러스류	오렌지, 레몬, 라임, 그레이프 푸룻 등
향신료	정향(clove), 팔각향(star anise), 육두구, 안식향, 유향 등
고정제	오리스, 계피, 육두구 가루 등
정유	장미, 라벤더, 로즈마리, 쟈스민, 라일락, 레몬, 패촐리, 배질, 베가모트, 마조람, 네롤리, 로즈우드, 샌달우드, 티 트리, 일랑 일랑, 소나무, 페퍼민트, 제라니움, 캐모마일 등

표 20-2. 장미꽃잎이 주 소재인 포푸리의 구성재료.

포푸리의 재료	식물명	용량
꽃잎	장미꽃잎	1 quart (=1.14ℓ)
꽃	라벤더(lavender)	1 oz (=28g)
잎	레몬 버베나(lemon verbena)	2 oz
향신료	정향(clove)	1/2 ts
	바닐라(vanilla bean)	1/4 조각
고정제	계피(cinnamon)가루	2 ts
	오리스(orris)뿌리가루	1 oz
정유	장미 오일	5 방울(drops)
	라벤더 오일	2 방울
	패촐리(patchouli) 오일	1 방울(=1/20 cc)

20-3. 화훼가공식품 생산

우리 나라에서는 오래 전부터 진달래꽃이나 국화꽃을 올린 화전(花煎)과 진달래화채, 국화주, 유채꽃김치, 호박꽃탕, 원추리국, 매화차 등의 꽃음식들이 이용되었다. 최근에 꽃을 이용하는 서양요리의 소개로 꽃을 부소재나 장식용으로 이용하는 요리가 이용되기 시작하고 있으며 장식과 동시에 식용으로 가능한 요리 첨가물들이 만들어지고 있다. 샐러드에 넣어 바로 먹을 수 있는 많은 식용화(食用花, edible flowers)가 있으며(그림 20-13), 캔디꽃(chrystallizing flowers), 꽃꿀, 꽃잼, 꽃이나 허브류를 담근 식초나 기름, 꽃이나 허

그림 20-13. 꽃덮밥. 〈월간이던, 구자익 사진〉

표 20-3. 식용화의 종류.

일반명	학 명	일반명	학 명
진달래	Rhododendron mucronulatum	쟈스민	Jasminum officinale
안개꽃	Gypsophila paniculata	라벤더	Lavandula vera
금잔화	Calendula officinalis	목련	Magnolia grandiflora
보리지	Borago officianalis	국화	Chrysanthemum
카네이션	Dianthus caryophyllus	한련화	Tropaeolum majus
클로버	Trifolium spp	야생팬지	Viola tricolour
프리뮬라	Primula veris	프리뮬라	Primula veris
데이지	Bellis perennis	장미	Rosa gallica
민들레	Taraxacum officinale	제라늄	Pelargonium graveolens
물망초	Myosotis alpestris	석죽	Dianthus barbatus
프리지아	Freesia x kewensis	팬지	Viola odorata
인동	Lonicera periclymenum	원추리	Hemerocallis fulva
수국	Hydrangea macrophylla	수레국화	Centaurea cyanus

브를 이용한 차와 술 등은 손쉽게 제조할 수 있으며 상품으로도 판매되고 있다. 이들의 주 목적은 식용이지만 선반에 보관시 장식효과가 크며 화원에서 식물의 판매와 곁들이면 효과적이다. 식용화는 표 20-3과 같은 종류가 있으며 대부분의 허브류는 꽃을 포함한 식물체 전체의 식용이 가능하다.

20-4. 화훼가공 화장용품 생산

그림 20-14. 스팀용 꽃과 허브.

우리의 조상들은 단오날 창포를 삶은 물에 머리를 감고 목욕을 하며, 봉선화로 손톱에 붉은 물을 들였으며, 여름에는 홍화탕에, 섣달 그믐날엔 동백꽃을 우려서 목욕을 했다. 고대 이집트사람들은 부드러운 피부와 빛나는 머리카락, 좋은 향수를 위한 식물들을 잘 알고 있었으며, 헤나(henna)로 머리를 감고 몰약(myrrh)과 향나무(juniper)의 향으로 몸을 감싸며, 허브 오일(herbal oil)을 피부에 바르거나 목욕물에 넣어 이용하였다. 그리스에서는 알카넷(alkanet)을 이용하여 입술과 볼을 붉게 보이도록 하였고, 민트와 장미, 카모마일, 그리고 마조람, 러비지를 목욕물에 넣어 이용한 기록이 보인다(그림 20-14).

꽃을 직접 첨가하거나 꽃을 주 소재로 만든 로션, 크림 등의 화장용품이나 목욕용품에 대한 관심도가 높아지고 있으나 아직 국내에서는 이러한 제품이 생산되지 않아 외국의 수입품이 이용되고 있다. 꽃과 허브를 이용한 화장용품은 간단하게 만들 수 있는 것이 많으며 이용되는 꽃이나 허브는 식용에 이용되는 것과 크게 다르지 않다. 꽃과 허브에 포함되어 있는 성분은 식물에 따라 제각각 다르며 그 성분에 따라 다양한 효능을 보이므로 필요한 용도와 성분에 따라 식물을 선택하는 것이 중요하다(표 20-4). 꽃과 허브를 이용한 화장용품에는 허브 워터(herbal water) 또는 허브 차(herbal tea), 허브 오일(herbal oil), 목욕제(bath herbs), 비누, 토너(toner), 세척제(cleaner), 보습제(moisturizers), 샴푸(shampoo), 린스(rinse), 로션(lotion), 크림(cream), 스팀용제, 팩용 화장용품(mask), 향수 등이 있다.

표 20-4. 식물의 종류에 따른 피부에 대한 효능.

식 물	효 능
금잔화(calendula)	부드러운 수렴, 진정, 금발과 갈색 머리의 샴푸와 린스
캐트닙(catnip)	안정
카모마일(chamomile)	가벼운 수렴, 진정, 피부 세척, 금발과 갈색 머리의 샴푸와 린스
캄프리(comfrey)	상처·화상·부풀어 오른 부위의 치유
엘더(elder)	치유, 세척, 약간의 표백효과
휀넬(fennel)	원기 돋굼, 가벼운 수렴, 세척
호프(hops)	수면 유도
쥬니퍼(juniper)	상처나 근육 통증 완화
레이디스 맨틀(lady's mantle)	치유, 약간의 수렴
라벤더(lavender)	자극, 항 공급, 지성피부에 좋음
레몬밤(lemon balm)	진정, 수렴, 부드러운 세척, 항 공급
레몬 버베나(lemon verbena)	자극, 항 공급
라임 플라워(lime flowers)	안정, 순환 도움
러비지(lovage)	탈취
마죠람(marjoram)	피로회복
네틀(nettle)	세척, 순환 자극, 머리카락 윤기 줌, 비듬 제거, 지성피부에 좋음
파슬리(parsley)	지성피부에 좋음, 검정머리에 헹구면 윤기를 줌
페퍼민트(pepermint)	상쾌하게 함, 치유, 자극, 수렴
장미	피부를 젊어 보이게 하는 보습효과, 항, 약간의 수렴
로즈마리(rosemary)	자극, 활력소 줌, 지성피부용, 검정머리 윤기 줌
세이지(sage)	자극, 강한 수렴, 지성피부에 좋음, 근육통증 완화, 짙은 색머리에 영양 공급
제라늄(sented geranium)	항
다임(thyme)	자극, 탈취, 방부
발레리안(valerian)	신경안정, 최면효과
야로우(yarrow)	강한 수렴, 지성피부에 좋음, 세척

20-5. 꽃과 허브류를 이용한 염색

꽃이나 허브(herb)류와 같은 식물을 이용한 염색은 아름다운 색을 낼 수 있을 뿐만 아니라, 식물의 다양한 성분이 천에 스며들어 여러 가지 기능적인 역할을 해 주며, 염색 후 환경오염물을 배출하지 않아 선호하는 사람이 많아지고 있다. 장미, 팬지, 튤립, 카네이션, 복숭아꽃, 벚꽃, 양귀비, 수국, 시네라리아, 봉선화, 붓꽃, 홍화, 철쭉 등의 꽃과 쪽, 쑥, 레몬그래스, 오레가노, 타임, 카모마일, 민트, 탠지, 라벤더, 로즈마리 등의 허브류로 면, 실크, 나

일론, 한지 등을 염색할 수 있다.

장미 꽃잎을 이용한 염색법을 살펴보자. 장미 50g을 용기에 담고 염재(染材)가 잠길 정도의 물을 부어 80℃에서 30분간 색소를 추출한다. 같은 방법으로 2-3회 추출하여 추출액을 모두 모은다. 추출액 속의 염재를 여과하여 제거하고 염액으로 사용한다. 피염물 5g을 미리 온수에 담가 두었다가 가볍게 탈수하고 염액에 넣어 80℃에서 30분간 염색한 다음 그대로 염액에 담근 채 하룻밤 두었다가 꺼내어 탈수한다. 2%의 매염제(媒染劑)와 소량의 구연산(citric acid)을 각각 물 200ml에 녹이고, 염색물을 담가 60℃에서 10분동안 매염하고 물에 씻는다. 염액을 다시 끓이고 1차 매염한 염색물을 담가 60℃에서 20분간 처리한 후 염액에 다시 하룻밤 정도 담가 둔다. 물로 충분히 수세한 후 건조한다. 철, 구리 등의 매염제와 천에 따라 다른 색상을 낸다.

허브는 대개 끓이는 것만으로 색소를 추출할 수 있다. 염색 가능한 색으로는 노랑색, 카키색, 회색이 중심이 되지만 어떤 허브로도 염색할 수 있으며 각각 고유의 색을 가지고 있다. 허브 염색의 기본적인 방법은 ① 용기에 물과 허브를 넣고 끓인다. ② 허브를 꺼내어 물을 추가한 뒤 명반액(매염제)과 천을 넣고 다시 끓인다. ③ 어느 정도 식힌 후 헹구어 말린다. 허브에 따라 다소 차이는 있으나 100g의 천을 염색하는데 생허브는 100g 이상, 건조 허브는 50g 이상이 기준이다. 진하게 염색하기 위해서는 허브의 양을 늘리거나 염색 시간을 길게 하고 2-3번 반복하여 염색하면 된다. 매염제와 피염물에 따라 색이 달라진다.

20-6. 정유 추출

방향성 꽃잎이나 허브류에서 추출한 정유(精油, essential oil)는 식용, 약용, 향장용, 장식용 등에 다양하게 이용된다. 장식용에 있어서 정유는 향기치료 효과를 보여 주는 포푸리, 향초의 제조에 중요하며 향기가 나지 않는 생화의 첨가향으로도 이용된다. 국내에서 정유의 생산은 거의 이루어지지 않고 있는데 이는 경제성있는 방향성식물의 재배가 어려우며 추출기술의 낙후 등 여러 가지 문제점으로 인하여 현재 정유는 거의 전량 수입에 의존하고 있으며 수입액은 연간 1000만 달러에 육박하고 있다.

정유의 추출방법은 식물의 종류에 따라 또 그 향기성분의 특성에 따라 달라진다. 정유는 대부분 재배농장에 추출시설을 설치하여 수확후 즉시 수증기증류법(steam distillation)으로 추출해내지만(그림 20-15) 국내에서는 거의 이루어지지 않고 있다. 또한 알코올이나, 팬탄(pentane)과 같은 용매에 담궈 향성분을 추출하는 용매추출법(溶媒抽出法)이 있으며 이 방법에 의해 추출된 향은 에브슬루터(absolut)라는 용어가 정확하지만 통상 이것도 정유라고 불린다. 일부 국내 향료회사에서 이 방법으로 필요한 향을 소량 추출해서 이용하고 있다. 화원용으로 소형 수증기증류기(그림 7-6 참고)를 구입하여 정유를 직접 추출할 수 있다.

그림 20-15. 라벤더의 수증기 증류법을 이용한 정유추출 과정
(1. 6월 중순부터 약 6주간 라벤더 채취
2. 1에이커 면적에서 라벤더의 꽃과 줄기는 약 1.5톤이 생산되고 약 20파운드의 정유가 생산된다
3. 트루 라벤더(*Lavandula angustifolia*)가 가장 향기로운 정유를 생산한다. 추출후 찌꺼기는 퇴비로 이용된다
4. 구리로 만들어진 증류기
5. 증류기에서 증기는 냉각되어 정유와 물이 분리된다). 〈Garden Design, 1994. 6-7. p69.〉

21. 소매화원

　화원(花園, floral shop)은 화훼생산물을 생산자로부터 소비자에게로 이동시키는 유통시스템의 한 연결고리로서 소비자에게 편리함을 제공함은 물론 화훼장식가(floral designer) 혹은 플로리스트(florist)를 위한 직업의 기회를 제공해 준다. 화원은 구매, 디자인, 가격 매기기, 진열, 판매, 배달, 통신서비스, 그리고 판매촉진 등의 다양한 기능으로 이루어지는데, 화원의 특징적인 기능은 판매를 위한 물품의 가치를 높이는 것으로 이러한 부가가치(附加價値)는 디자인에 한정되지 않고 배달과 사후관리를 비롯한 다양한 서비스를 포함한다. 서비스가 세련되고, 독특하고 호감 가는 것일수록 소비자는 화원의 가치를 높이 평가한다. 화원 경영자의 경영 형태와 목표는 시장에서 화원의 스타일과 위상을 제시해주며, 화원의 유형(類型)에 따라 외부 화훼장식 공사를 겸하고 있는 곳이 많다.

21-1. 화원의 유형

　국내의 화원은 판매방식, 취급상품, 경영방식, 소유권에 따라 여러 유형으로 나누어 볼 수 있다(허북구, 1996).

21-1-1. 판매방식에 따른 유형

　전통적인 화원은 위치가 좋은 점포에서 꽃을 파는 것이 일반적이지만 최근에는 다양한 장소에서 화훼상품의 판매가 이루어지고 있다. 시설물 없이 통행량이 많은 도로나 시장근처에서 판매하는 노점형, 가장 일반적 형태인 점포형, 위치나 점포형태에 크게 구애받지 않고 특정 품목을 전문적으로 대량 취급하는 농장형, 매장 없이 전화 주문에 의한 판매나 부가가치를 상품으로 하는 사무실형, 그리고 이들의 복합형으로 나눌 수 있다(그림 21-1, 2).

21-1-2. 취급상품에 따른 유형

　전문점, 일반점, 종합원예점으로 나누어 볼 수 있다. 전문점은 절화, 분식물 혹은 건조소재, 조화와 같은 특정 품목만 전문적으로 취급하는 화원, 또는 연회, 결혼식 등의 행사공간이나 디스플레이 등 특정한 장소의 장식 공사를 전문으로 하는 전문점이 있다. 꽃다발 전문점과 꽃바구니 전문점도 있으며 장미 전문점, 난 전문점, 수입꽃 전문점 등이 있다. 현재 국내 전문점의 비율은 낮은 편이나 외국의 경우 상당히 높은 편이다. 전문점은 한정된 상품을 제공하기 때문에 같은 시장을 다른 방법으로 겨냥하는 사업체들과 위치적으로

그림 21-1. 독일의 노점형 화원.
그림 21-2. 한국의 점포형 화원.

7부 화훼장식 관련 산업

가까운 것도 성공의 비결이다. 예를 들면, 결혼식을 겨냥하는 화원은 음식공급업체, 결혼식장, 미용실, 사진관 근처에 위치한다. 연회를 겨냥하는 화원들은 도심지의 호화스러운 호텔이나 컨벤션 센터(convention center) 근처에 위치한다.

일반점은 대부분의 화원에서 볼 수 있는 형태로 매장은 중간 크기이며 절화, 분식물, 건조소재, 조화 등 다양한 화훼장식 상품과 카드, 고급식료품, 과일바구니, 풍선, 향수, 케익 등으로 구색을 갖추고 있는 상점이다. 그리고 이러한 화훼장식물과 관련된 상품의 배달, 특히 통신배달과 같은 다양한 서비스를 해 준다(그림 21-3).

종합원예점은 규모가 크고 꽃백화점이라 할 수 있는 형태의 상점으로서 화훼식물이나 화훼장식물뿐만 아니라 원예자재 판매는 물론 쇼핑과 곁들여 휴식을 취할 수 있는 공간을 마련해 놓은 곳으로서 외국에서는 가든 센터(garden center)라 불린다. 국내에서는 아직 드문 형태이지만 앞으로 발전 가능성이 있는 화원의 형태이다(그림 21-4, 5, 6, 7).

그림 21-3. 일본의 화원.
그림 21-4. 네덜란드의 가든센터.
그림 21-5. 독일의 가든센터.
그림 21-6. 일본의 가든센터.
그림 21-7. 일본의 가든센터 내부 매장.

21-1-3. 경영방식에 따른 유형

경영방식에 따라 직영점(直營店), 프랜차이즈 체인점, 협력점(協力店), 총판점(總販店)으로 나눌 수 있다. 직영점은 독자적으로 경영되는 화원으로 가장 일반적이며 동일한 상호로 여러 군데 분점을 차리고 직영하는 경우도 있다. 국내에서는 다중 점포를 가진 경영주는 많지 않은 편이지만 일본이나 미국의 경우 10개 이상은 일반적이고 100개 이상의 직영점을 갖는 다중 점포가 상당수 있다.

프랜차이즈 체인은 프랜차이저(franchiser)인 본부와 가맹점인 프랜차이지(franchisee)로 종적인 연대를 갖는 체계이다. 본점과 가맹점들이 서로 소유주가 다른 독립기업이면서도 본점과 동일한 상표의 상품과 상호로 영업을 하고 본점으로부터 경영지도를 받으며 그 대신 가맹점들은 본점에 대해 로열티(royalty)를 지불함으로써 공생 관계에 있는 사업결합체이다.

협력점은 동등한 입장에서 특정의 심볼을 중심으로 통신배달과 같은 서비스 등으로 협력관계를 유지해 가면서 경영하는 방식이다. 현재 일부 지역에서 특정의 로고(logo)를 중심으로 연합체를 형성하여 상호간에 협력하면서 경영하는 방식 및 통신 배달업체에 가맹한 화원들이 상호간의 협력에 의해 화원을 운영하는 방식이 대표적이다. 총판점은 특정한 노하우(know-how)가 있는 상품을 가진 회사가 특정의 화원과 계약을 맺고 상품의 판매권이나 서비스를 제공하는 형태이다.

21-1-4. 소유권에 따른 유형

화원은 개인에게 소유권이 있는 경우가 가장 많으며, 둘 이상의 사람들이 소유하고 운영하는 합자회사(合資會社), 합법적으로 등록이 가능한 형태인 주식회사(株式會社)의 형태로도 존재한다. 국내에서 주식회사의 형태로 운영되는 화원은 적은 편이다.

21-2. 화원의 위치

어떤 화원경영자들은 화원이 성공하는데 위치가 가장 중요하다고 생각하는 반면 다른 화원은 고객에게 다른 곳과 구분되는 유익한 상품과 서비스를 제공하는 것에 승부를 건다. 그렇지만 가장 중요한 것은 임대료와 가격의 관계이다. 소비자는 집 주변에서 상품을 구입하는 경향을 보이기 때문에 화원이 독특한 이미지와 평판을 갖는다면 단골손님을 쉽게 확보할 수가 있다. 화원경영자가 디자인에 초점을 맞추면서 전화 판매를 한다면 위치가 별로 중요하지 않을 수도 있다. 최근 꽃의 용도가 다양해지고 판매방식도 변화됨에 따라 다양한 위치에서 화원이 이루어지고 있다(그림 21-8, 9).

21-2-1. 중·대도시의 중심상가 지역과 외곽지역

중심상가 지역은 비교적 판매량이 많은 지역이나 임대료가 비싸고 주차 및 배달에 문제가 있다. 임대료가 비싸 진열 공간이 충분하지 않으며 즉

그림 21-8. 독일 주유소의 간이 꽃다발 판매장.
그림 21-9. 미국 뉴욕 거리 모퉁이의 화원.

홍적인 구입을 하는 고객이 많으며 유행의 영향을 많이 받아 디자인이 훌륭한 상품이 중요하다. 판매량은 인맥 관계의 영향을 받고 있지만 광고나 기술만 있으면 어느 정도 이를 극복할 수 있다.

외곽지역은 임대료가 싸기 때문에 넓은 매장을 구비할 수 있어 진열공간과 주차공간의 확보가 쉽다. 그러나 통행량이 적기 때문에 단기간에 홍보하는 것이 어렵다. 외곽지역에 위치함으로서 가격이 교통비 이상이 나올 정도로 싸다든지 또는 낮은 임대료를 충분히 활용하여 분식물같이 부피가 큰 상품을 구비하고 원스톱 쇼핑이 이루어질 수 있도록 상품의 구색을 갖추어 놓은 사실을 홍보하는 것이 중요하다. 보통 도소매 복합기능을 갖고 있는 곳이 많으며 중심가의 화원과 연대관계를 맺고 운영되는 경우도 많다(허북구, 1996).

21-2-2. 시골 및 소도시 지역

인구 10만 이하의 소도시에서는 신부꽃다발과 같은 특수한 상품을 제외하고는 화원의 위치에 따라 판매품목이나 영업대상이 달라지는 경우는 많지 않다. 소도시에서는 지연(地緣), 혈연(血緣), 학연(學緣), 소속단체 등을 중요시하기 때문이다. 그래서 특수한 상품을 제외하고는 화원의 모양이나 크기, 위치, 기술 수준보다는 얼마만큼 지역사회에 적극적으로 참여하고 좋은 인간관계를 맺느냐가 중요시되는 경우가 많다.

21-2-3. 주택가

주택가의 구입자는 주로 주부로서 분식물의 수요가 가장 많고 그 외 절화, 종자, 농약, 화분, 비료 등 원예용구의 수요가 증가하고 있어 관리자는 포장이나 장식기술에 비해 식물 관리요령이나 절화의 장식 요령에 대한 지식이 필요하다.

21-2-4. 사무실건물 지역

사무 지역은 전화주문에 의한 판매가 많다. 따라서 전화 주문시의 편리성을 돕기 위해 각 품목의 사진과 가격이 실린 카탈로그(catalog)를 배포하는 경우가 많다. 인사이동시기에는 주로 난이나 경조화환(慶弔花環), 꽃바구니 등의 선물이 많다.

21-2-5. 학교 주변 지역

학교 지역은 학교의 환경 정리에 필요한 절화와 분식물의 소비가 일정하게 이루어지는 곳이지만 방학기간에는 판매량이 줄어드는 단점이 있다. 오전에는 환경정리에 필요한 절화가 많이 판매되고 오후에는 친구들의 생일선물이라든가 사랑의 선물용으로 간편한 꽃다발이 많이 판매된다. 학교 구성원의 밀집도가 높기 때문에 화원에 대한 평판도 빠르게 이루어지므로 디자인이나 서비스를 만족스럽게 잘하도록 해야 한다.

21-2-6. 백화점, 쇼핑센터, 수퍼마켓

백화점, 쇼핑센터, 수퍼마켓 등의 화원은 직영 또는 분양된 것으로 장식이나 포장을 하기보다는 완성품을 파는 경우가 많다. 이러한 장소는 이용객이 많기 때문에 일정 수준의 판매량을 확보할 수 있는 이점이 있으며 판매원이 꽃에 대한 지식이 없어도 판매에 불편이 적고 판매원이 없는 경우도 많이 있다. 외국에서는 수퍼마켓과 같은 형식으로 꽃다발이나 분식물을 진열해놓고 디자이너의 서비스 없이 판매하는 화원이 있다(그림 21-10).

21-2-7. 호텔

호텔의 화원은 호텔의 직영점이거나 분양된 화원으로서 호텔의 객실장식, 연회장 장식, 내부장식 등의 업무를 보거나, 고객들에게 판매하기 위한 절화나 분식물로 구성된 상품이 진열되어 있다. 홍보나 영업활동에 많은 비중을 두지 않아도 일정액의 수익이 보장되는 이점이 있으나 수준높은 장식기술이 필요하다. 아울러 외국인의 내방이 많은 호텔의 경우는 각국의 꽃문화 특성을 이해하고 그에 맞출 수 있는 능력이 요구된다.

그림 21-10. 독일의 수퍼마켓형 화원

21-3. 화원의 공간 배치

화원은 전시공간, 판매공간, 작업공간, 저장공간, 사무공간, 주차공간으로 구성된다. 화원 구성에는 고객이 상품을 둘러보는데 편리하고 고용인이 효율적으로 작업과 판매를 할 수 있는 효과적인 공간 설정과 동선에 대한 철저한 계획이 필요하다.

고객의 관심을 끌고, 흥미와 구매욕구를 일으켜 판매를 유도하는 상품진열은 매우 중요하다. 화원의 이미지를 보여주는 상품진열이나 창조적이고 예술적인 상품전시는 고객들에게 좋은 인상을 주게 되며 구매욕구(購買慾求)를 일으킨다(그림 21-11, 12, 13). 창가전시는 밝고 대담한 형태와 색상으로 짧은 순간에 강인한 인상을 심어주어 지나가는 사람들이 상점 안으로 들어오도록 디자인하며(그림 21-14, 15) 화원의 전체 이미지를 고려한 눈에 띄고 읽기 쉬운 이름의 간판과 조화되도록 한다. 실내전시는 동선의 흐름을 방해하지 않도록 하여 가능한 다양한 용도와 주제의 상품을 보여준다. 전시된 상품에는 가격과 꽃이름을 표시해주고, 분식물일 경우 관리요령도 첨부되어 있으면 좋다. 다양한 가격대의 상품을 진열하여 소비자의 선택의 폭을 넓혀준다. 전시용 냉장고의 아름다운 절화장식물도 효과적이며 과일바구니나 포도주바구니 등의 아이디어 상품이나, 조화나 건조화를 이용한 장식물의 전시도 판매를 촉진할 수 있다.

시각적인 상품전시로 성공적인 판매촉진 효과가 달성되었다면 다음 단계는 판매서비스이다. 판매 공간은 상담과 계산이 이루어지는 곳이지만, 한국의 대부분의 화원은 이러한 서비스구역을 따로 마련할 정도로 넓지 못하다. 계산대에서 포장과 계산이 이루어지고, 상담은 전시공간에서 이루어진다. 전화판매를 위해서는 사무공간이 필요하지만 보통 계산대나 작업공간에서 이루어진다. 화원을 설계할 때 작업공간의 계획을 잘 세우면 작업을 효율적으로 할 수 있으며 여러 가지 비용도 절감할 수 있다. 작업공간은 디자이너를 위한 공간으로서 원활한 작업의 흐름을 고려하여 씽크대가 설치된 작업대와 냉장고, 선반, 쓰레기통 등이 적절하게 배치되어 있어 손쉽게 도구와 재료들을 이용할 수 있도록 하며(7장 화훼장식을 위한 작업시설과 기기 참조) 저장공간과도 쉽게 연결되어야 한다. 필요한 물품을 보관할 수 있는 저장공간은 소규모 화원일 경우에는 선반이나 냉장고 정도로 이루어지지만 대형 화원일 경우에는 사용하지 않는 여분의 소재나 계절물품 등을 보관하여 작업을 할 수 있도록 화원 뒤쪽의 창고와 같은 저장공간이 필요하다. 냉장고는 저장용과 전시용이 있다. 규모가 큰 저장용 냉장고에는 보존용액을 처리한 양동이, 생화 상자, 배달할 상품 등을 보관한다. 전시용 냉장고는 시각적 판매촉진을 위한 것으로 절화 뿐만 아니라 판매할 꽃꽂이나 배달용 상품을 전시한다.

대부분의 국내 화원은 규모가 작기 때문에 특별한 사무공간을 확보하지 못하고 있다. 사무공간은 작업공간과 계산대를 겸하고 있다. 규모가 큰 화원일 경우 사무공간을 분리하여 고객관리와 통신 서비스 등이 원활하게 이루어지도록 한다.

그림 21-11. 일본 화원의 상품전시.
그림 21-12. 일본 가든센터 내부의 전시공간.
그림 21-13. 독일 화원의 창가전시.
그림 21-14. 독일 화원의 상품전시.
그림 21-15. 한국 화원의 창가전시. 〈플라워 갤러리〉

21-4. 구매와 가격 책정

화훼식물의 구입은 고객을 만족시킬 수 있는 상품을 구매(購買)하는 활동으로 화원의 성공 여부는 상품의 매입에 달려 있다고도 할 수 있다. 상품구성은 목표로 하는 고객층에 맞춘다. 구입처는 도매상, 이동 차량, 농장 등이 있지만 대부분 도매상을 많이 이용한다. 가장 적절한 구입처의 선정이 중요하며, 미리 시장, 상품, 재고에 대한 충분한 정보와 구매계획을 가지고 품질, 신선도, 가격 등을 따져 구입한다. 화원의 운영시 절화 11%, 관엽식물 7%, 동양란 9%, 서양란 9%가 재고로 발생한다는 보고가 있으므로 재고의 처리 문제는 매우 중요하다(허북구, 1996).

구매를 끝내면 적절한 가격을 책정해야 한다. 소매화원은 이윤을 근거로 상품의 가격을 정하게 된다. 화원의 상품은 원래의 재료비에 노동비와 함께 디자인비를 포함해서 결정한다. 국내 화원은 가격표시가 없는 경우가 많은데 이것은 소비자의 입장에서 서비스의 부재이므로 가격 표시를 할 필요가 있다. 화원은 그 유형과 운영방식에 따라 외부 장식공사를 포함하는 경우가 많아 이런 경우에는 미리 계획을 하여 공사비를 책정한 후 필요한 정확한 양의 재료를 주문하고, 목적에 맞는 디자인을 하여 장식물을 만들거나 설치하게 된다.

21-5. 디자인

화원의 경영에 있어서 독창적이고 아름다운 디자인(design)은 가격만큼 중요한 요인이다. 디자이너는 적절한 가격의 범위에서 고객이 선호하는 디자인 요소를 지닌 상품을 만들거나 의뢰 받은 공간을 디자인한다. 고객에 따라 선호하는 디자인은 다르며, 같은 가격에 크고 화려한 디자인을 선호하는 경우도 있고, 매우 우아한 디자인을 선호하는 경우도 있다. 화원의 디자이너들은 이러한 고객의 기대를 만족시켜 주어야 한다.

21-6. 판매

고객이 화원에 발을 들여놓는 순간, 고객에 대한 서비스는 시작되어 고객이 만족하는 순간까지 계속된다. 고객에 대한 고용인의 긍정적이고 친절한 태도는 실제 서비스보다 강한 인상을 줄 수 있으므로 화원경영자는 고객에 대한 서비스가 사업의 성공비결이라는 것을 알아야 한다. 판매원(販賣員)은 화원의 상품과 서비스를 전문적이고 효과적으로 제공하도록 교육을 받아, 친절하고 열정적이며 대인기술이 뛰어나고 상품에 대해 잘 알고 있어야 하며, 디자인 제안, 화원이 제공하는 서비스, 적절한 가격대 등을 고객에게 알려 주어야 한다. 특히 진열된 상품마다 가격표를 붙여주면 고객의 상품 구입이 쉬워진다(그림 21-16).

많은 화원의 판매주문이 80%이상 전화로 이루어지며

그림 21-16. 독일 화원 상품의 가격표.

65%가 배달을 요구한다. 이럴 경우 구매자의 화원에 대한 이미지는 통신판매원과의 관계에서 이루어진다. 판매원은 전화상으로 상품의 종류, 가격, 배달 등의 서비스 내용을 잘 설명해 주고, 주문서를 작성하며 계산방법에 대해 설명해 준다.

21-7. 배달

화원은 주문을 받아 상품을 디자인하고 배달(配達)한다. 최근 전화주문에 의한 구매비율이 증가하고 있어 배달은 판매의 기본이 되어가고 있다. 판매원과 마찬가지로 배달원은 중요한 역할을 하게 되며 화원의 평가는 상품의 품질과 서비스, 배달원의 태도, 배달차량에 의해서도 평가된다(그림 21-17). 또한 배달은 자연스러운 화원의 홍보역할을 하게 되므로 화원의 로고(logo)와 주소, 전화번호가 인쇄된 카드나 인수증, 카탈로그(catalog) 등을 최대한 활용하며, 화원

그림 21-17. 배달 차량.

의 이름과 전화번호가 적혀있는 배달차량은 홍보와 함께 신뢰감을 주게 된다.

우리나라의 화원 종사자수는 평균 2.5명으로 직원이 적어 상품 구입이나 배달이 애로사항인 것으로 조사되고 있다. 이와 같은 문제는 배달전문업체를 이용함으로써 해결할 수 있다. 이 경우 직접 배달하는 경우보다 비용절감효과가 있으나 교통난, 주말의 주문쇄도 등으로 쉽지 않을 때도 있다. 꽃배달 대행업체의 수요는 증가할 것으로 생각되나 화원은 배달차량을 한 대 정도는 구비하고 있어야 한다(허북구, 1996).

21-8. 통신배달 서비스

멀리 있는 사람에게 꽃을 보내고 싶을 때 이용하는 것이 통신배달(通信配達) 서비스이다. 한 도시의 화원에 주문을 하면 다른 도시 또는 다른 나라의 화원으로 전화, 컴퓨터, 팩시밀리를 이용하여 주문서를 보내게 되고 그 화원에서 배달을 하게 된다. 대금(代金)은 화원끼리 또는 협회 본부의 정산기구를 통해 정산하게 된다. 꽃선물이 귀찮았던 사람에게 또는 교통문제가 심한 오늘날의 사정을 감안할 경우 매우 편리한 체계이다. 통신배달은 약 100년 전 미국에서 시작되었으며, 일본에서는 1953년, 한국에서는 1980년 초에 도입되었다. 우리나라의 한국화원협회(KFTD), 한국화원통신배달협회, 한국생화통신배달협회 등에 소속된 많은 화원들이 이러한 통신 서비스를 하고 있으며, 미국은 FTD (Florists' transworld delivery), AFS (American floral service) 등, 일본은 일본생화통신배달협회(JFTD) 등의 통신서비스가 있다.

이러한 통신배달 서비스는 화원 형식의 점포없이도 가능하고 지속적인 상품 요구물량으로 안정적인 화원 운영이 가능하게 되었다. 그러나 신용문제와 상품의 질이 저하될 가능성도 배제할 수 없다.

21-9. 판매촉진 관리

목표로 삼는 고객을 대상으로 알리거나 설득하거나 정보내용을 상기시키는 정보제공활동을 판매촉진 활동이라고 한다. 이러한 판매촉진 활동에는 광고(廣告), 홍보(弘報), 선전(宣傳), 인적판매(人的販賣) 등이 있다.

홍보(弘報)는 전단(傳單), 카탈로그, 편지, 신문, 라디오, TV, 인명부, 방문, 상품의 샘플 등의 매체를 통해 화원이나 꽃에 대한 일반적인 인식을 만들어 가는 모든 활동으로 화원과 꽃에 대한 이미지를 알리는 것으로 소비자로 하여금 구입하도록 하지는 않는다. 고객들에게 꽃이나 식물의 효과와 이용방법에 대한 설명으로 꽃에 관심을 가지도록 하는 과정에서 소비를 촉진시킬 수 있다. 광고(廣告)는 특별한 아이디어, 이유, 특정 가격 등을 알려 소비자가 상품을 구입하도록 유도한다. 화원 대부분의 광고는 전화서비스에 관한 것으로, 전화서비스를 통해 꽃을 구입하도록 유도한다. 선전(宣傳)은 특별행사나 상품전시회를 통해 화원과 상품, 서비스에 대해 알리는 작업으로, 크리스마스나 봄의 개업행사는 일종의 선전이 된다.

인적판매(人的販賣)는 고객과의 대화과정에서 고객의 상품구입을 도와주는 소비자 지향적인 구매환경의 조성활동이다. 이 외에 계절이나 날씨에 대한 소비자의 심리를 이용한 판매 촉진 활동도 상당히 효과적이다.

21-10. 고객 관리

화원의 성장은 새로운 고객의 개발과 기존 고객의 화원에 대한 지속적인 만족 없이는 어렵다. 고정고객을 증가시키기 위해 꾸준한 정성으로 고객관리(顧客管理)를 해야 한다. 고객관리를 위해서는 빠른 속도로 다양하게 변하는 소비자의 욕구에 즉각적으로 대응해야 하며 이를 위해 고객정보 관리시스템을 구축하여 고객에 대한 정보를 체계적으로 수집하여 분석해서 구체적인 영업활동과 연결시킬 수 있도록 항상 관리해야 한다.

고객에 대한 서비스는 우편물로 광고나 감사의 표현을 하거나 무료 강의 등과 같은 일반적인 서비스와 상품을 구입했을 경우 반품 서비스나 사후관리 서비스, 자동대금 서비스, 배달 서비스, 포장 서비스 등의 서비스와 신용카드 사용과 같은 다양한 서비스가 있으며 그 외 다양한 새로운 서비스를 개발할 필요가 있다.

21-11. 직원 관리

화원은 소유주와 관리자가 있으며 디자이너와 판매원, 회계, 배달원이 있다. 규모가 작은 상점은 여러 가지 역할을 한 사람이 맡아서 하게 되지만, 규모가 커질수록 담당분야의 사람이 많아진다. 화원은 고객이 선택적인 소비를 하며 이용기술과 관리 등에 대한 자문을 구하는 경우가 많아 이러한 서비스의 수준에 따라 고객은 많아질 수도 적어질 수도 있다. 따라서 직원들의 자질과 업무수행 능력이 중요하므로 화원의 직원관리는 중요한 의미를 지닌다.

관리자는 적절한 사람을 고용하여 일을 생산적으로 수행하도록 교육시키며 노동력을 통제하여 생산비용간의 관계가 수익성있는 균형을 맞추도록 해야 한다. 인건비를 조절하기 위해서 직원은 임금을 충당할 만큼 유능해야 하며, 이러한 직원의 생산성을 측정하기 위해 관리자는 그들이 무엇을 하는지 체크한다. 작은 화원에서는 일이 뚜렷하게 구분되어 있지 않지만 나름대로 적절한 기준을 마련하여 업무수행 능력을 평가해야 한다.

능숙한 관리인은 직원의 기대, 평가, 보상에 명확한 의사전달을 하며 직원의 용기를 북돋우고 자극을 주며 능력을 개발하도록 한다. 직원의 교육을 위해 관련 잡지를 구독하거나 주기적으로 세미나, 연수 등에 참가할 수 있도록 충분한 배려를 하는 것도 관리자의 중요한 역할이다.

21-12. 상품과 자금 관리

성공적인 화원 관리인은 직원들을 감독하고, 상품의 구매, 사용, 판매를 통제하며 자금의 흐름을 관리한다. 화원은 상하기 쉬운 식물과 오래가는 두 가지 유형의 상품을 취급한다. 적절한 상품을 구입하는 것이 관리의 시작이며, 구입된 상품은 적절한 가격을 매겨 빠르게 판매되도록 한다. 모든 상품의 구입은 투자이다. 이러한 투자의 첫째 목표는 이윤을 남기는 것이며 화원은 이러한 이윤을 위한 물품관리 명세서에 대한 책임 있는 관리를 필요로 한다. 화원에서는 상하기 쉬운 상품 때문에 이러한 물품명세서에 대한 책임이 상당히 중요하다.

화원이 잘 운영되기 위해서는 충분한 자금이 있어야 한다. 화원은 물품대금을 지불하고 경영비용을 충당하기 위해 적절한 자금이 회전되어야 하는데 자금에 대한 관리를 위해서는 재정적인 계획서가 작성되어야 한다. 디자이너는 좋은 경영인이 아닌 경우가 많다. 화원이 재정 관리자를 직원으로 고용할 정도로 충분히 크지 않다면 외부 회계사의 도움을 받는 것이 좋으며 이러한 일은 매달 적절하게 이루어져야 하며 충분히 투자할 가치가 있다.

22. 화훼장식 교육

경제발전으로 인한 생활수준의 향상과 환경에 대한 높은 관심, 21세기를 맞아 인간의 정신활동에 대한 새로운 관심이 대두되고 있는 상황에서 화훼장식의 요구는 매우 높아지고 있다. 이러한 시점에서 꽃소비의 증가는 화훼장식 관련업 종사자의 비율을 높게 만들었으며, 보다 학문적인 체계를 갖춘 화훼장식가의 필요성 또한 절실해졌다. 이러한 이유로 국내의 화훼장식 교육(教育)에 대한 관심은 매우 높아졌으며 현재 대학을 비롯한 다양한 기관에서 발전된 교육이 이루어지고 있다.

화훼장식 교육은 개인의 직업능력을 개발하는 것이 첫째 목표이다. 화훼장식 관련산업은 다른 산업과 마찬가지로 숙련된 전문가를 필요로 하고 있으며, 전문인으로 성공하기 위해 지속적인 교육은 매우 중요하다. 새로운 아이디어에 관심을 갖고, 새로운 기술과 지식을 습득하여 자신을 향상시킨다면 전문인으로 성공할 수 있다. 화훼장식 교육에 대한 국내외 현황을 살펴보자.

22-1. 한국의 화훼장식 교육

화훼장식이란 화훼식물을 주 소재로 인간의 창의력과 표현능력을 이용하여 기능과 미적 효율을 높여주는 장식물을 제작하거나 설치하고 유지, 관리하는 기술이다. 이러한 화훼장식을 위한 직업을 가지기 위해 필요한 지식과 기술은 화훼식물소재, 장식기술, 디자인 능력의 세 가지로 나누어 볼 수 있으며 이러한 능력을 갖추었을 경우 화훼장식가를 비롯하여, 화원종사자, 실내조경가(室內造景家), 화훼장식교육자, 화훼장식소재업자, 화훼가공업자, 화훼생산자, 화훼유통업자, 경매사, 원예치료사 등의 직업에 종사할 수 있다. 이러한 직업을 경영자와 고용인의 두 가지 측면에서 고려해 볼 경우, 화훼식물소재, 장식기술, 디자인 능력을 기본으로 경영, 마케팅, 회계, 법학, 원예, 유통, 판매기술, 대인관리, 화훼가공, 조경, 원예치료, 교육 등에 대한 다양한 지식과 기술이 필요하다.

최근까지 국내의 화훼장식 교육은 절화와 분식물의 특성에 따라 분리되어 이루어져 왔다. 지속적이거나 영구적인 이용을 목적으로 하는 분식물장식은 식물의 생리적 특성에 대한 지식의 필요로 대학의 원예학과에서 교육되는 경우가 많았고, 일시적인 이용이 목적인 절화장식은 장식기술의 습득과 디자인에 중점을 두는 교육의 특성상, 꽃꽂이관련협회 소속의 학원에서 이루어져 왔다.

그러나 경제성장으로 인한 꽃소비가 증가하는 오늘날, 화훼장식의 학문적인 체계를 갖춘 전문직업인을 양성하기 위해 2년제 대학의 화훼장식과, 화훼디자인과, 도시원예과의 플로리스트전공 등의 학과가 설립되기 시작하였다(표22-1). 외국의 다양한 양식의 플로럴 디자인(floral design)의 도입과 절화장식에 대한 디자인 개념의 발전과정에서 대학원에서는 디자인대학원에 소속된 화예디자인 전공과 디스플레이 앤 플로랄디자인(display and floral design)학과, 꽃예술디자인학과도 신설되기 시작하였다. 또 학점은행제로 이루어지는 4년제 과정인 꽃예술학과가 개설되는 등, 국내 대학의 화훼장식 교육에 대한 관심도는 매우 높아지고 있다.

한국의 학원 교육은 꽃꽂이를 비롯한 절화장식 분야의 선두주자 역할을 해왔으며 일본, 미국, 유럽 등, 외국 플로랄 디자인의 지속적인 도입으로 눈부신 발전을 이룩해 왔다. 정규 교육 외 꽃꽂이 관련협회(표 22-2)를 중심으로 각종 경연대회, 외국 유명 플로랄 디자이너의 초청 데몬스트레이션 쇼(demonstration show) 개최, 외국 연수 과정 등 다양한 행사가 이루어지고 있다. 최근 학원 교육에도 분식물장식과 조형디자인의 개념, 그리고 원예치료의 한 분야로서 꽃꽂이의 이용에 대한 관심이 높아지면서 단순한 절화장식에서 그 영역이 확대되고 있으며 대학의 화훼장식과나 원예과 또는 디자인대학과의 교류가 활발하게 일어나고 있다.

일종의 유행산업으로서 변화하는 소비자의 요구에 앞서가야 하는 화훼장식 관련산업에서 전문인이 되기 위해서는 대학과 같은 정규 교육기관뿐만 아니라 대학의 사회교육원, 학원, 협회에서 주관하는 다양한 단기 교육, 학회, 데몬스트레이션 쇼, 국내외 연수, 출판물 등을 통한 지속적인 교육이 중요하다. 현재 국내 대부분의 화훼장식가는 독자적으로 활동하기도 하지만 소매 화원을 경영하거나 직원으로 종사하는 경우가 가장 많으며, 결혼식장, 파티장, 백화점, 호텔 등의 공간연출 또는 실내정원 공사를 수주하는 화훼장식공사업체에서 근무한다. 또 꽃꽂이학원을 경영하거나 화훼장식소재 생산에 종사하고 있으며, 최근에는 건조소재 생산과 가공, 정유추출, 포푸리 제조, 허브가공 및 장식, 화훼장식상품 제작, 화훼장식 관련 관광농원 등과 같은 신종 업종이 발전하고 있으므로 미리 관련된 지식과 기술을 연구하여 새로운 업종에 진출할 수 있도록 준비해야 한다.

표 22-1. 화훼장식 관련학과가 개설되어 있는 한국의 대학(2002).

2년제 대학	4년제 대학	대학원
천안연암대학 화훼장식과	대구 가톨릭대학교 화훼학과	숙명여대 디자인대학원 화예디자인 전공
계원조형예술대학 화훼디자인과	삼육대학교 원예환경디자인학과	경희대학교 퓨전디자인대학 디스플레이 앤 플로랄 디자인학과
신구대학 도시원예과		수원대학교 디자인대학원 꽃예술디자인학과
		대구 가톨릭대학교 디자인대학원 플로랄디자인학과

표 22-2. 한국의 화훼장식 관련 협회.

절화장식 관련 협회	화원 관련 협회	기타 관련협회
(사)한국꽃꽂이협회	한국생화통신배달협회	(사)실내조경협회
(사)한국플라워디자인협회	(사)한국플로리스트협회	(사)실내원예협회
(사)한국꽃예술작가협회	한국화원경영자협회	(사)한국화훼전문가협회
(사)한국생활꽃꽂이협회	(사)한국화원협회	(사)한국화훼협회
(사)한국꽃문화진흥협회	씨티플라워협회	
(사)세계화예작가친선협회	아시아 생화서비스협회	
(사)한국국제꽃기예개발협회	한국 화훼유통단체 연합회	
(사)한국전통꽃예술연구회		
(사)대한꽃문화협회		
(사)서라벌꽃예술협회		

22-2. 일본의 화훼장식 교육

일본은 절화 뿐만 아니라 분식물의 이용과 정원조성이 생활화되어 있다. 일본의 1인당 꽃소비량은 세계 10위 권에 들고 있으며 이러한 이유로 꽃을 이용하는 화훼장식 관련업종에 종사할 수 있는 고용의 기회는 매우 많으며 이러한 화훼장식 관련 직업인을 양성하기 위한 교육기관도 상당히 많은 편에 속한다.

일본의 화훼장식 교육은 대부분 전문학교(專門學校)와 일반 학원에서 이루어지고 있다. 전문학교는 한국의 학원에 해당하지만 2년제 대학에 훨씬 더 가까운 특성을 가지고 있다. 교육기간은 1년제, 2년제, 3년제가 있으며 졸업 후 취업과 직결되는 직업교육을 시행하고 있다. 전문학교에는 플라워비지니스학과(flower business dept.)나 플라워 앤 가더닝 전공(flower arrangement & gardening course)이 개설되어 있는 내츄럴 그린과(natural green dept.), 플로랄 디자인(floral design) 등의 학과가 있으며, 일본플라워디자인 전문학교와 같이 플라워 디자인과 가든 디자인(garden design)만을 교육하는 학교도 있다. 절화장식 외에 분식물장식과 정원설계, 화원경영, 판매사 자격 등에 대한 교육과 경영자나 판매원으로서 필요한 교육이 이루어지는 전문학교도 있다.

일본에는 전문학교 외에도 다양한 스타일의 절화장식기술과 디자인에 대한 교육을 받을 수 있는 수많은 학원이 있다. 일본의 학원 교육은 한국과 비슷한 경향을 보이며 절화장식의 기술과 표현에 대한 교육이 중점적으로 이루어진다. 일본 화훼장식 관련협회는 표 22-3과 같다.

일본의 화훼장식 관련 자격증은 이원화되어 있다. 노동성 1, 2급 플라워장식기능자격검정은 1983년 지방자치단체나 직업개발능력원 등에 위임되어 시행되고 있으며, 1, 2급 NFD 자격검정은 노동성의 공인을 받고 있다.

표 22-3. 일본의 화훼장식 관련 협회.

협 회
JFTD(일본생화통신배달협회)
NFD(일본플라워디자이너협회)

22-3. 미국의 화훼장식 교육

미국의 화훼장식 교육은 4년제 대학과 2년제 대학의 관상원예과(dept. of ornamental horticulture) 혹은 플로리스트리과(dept. of floristry) 또는 플로랄 디자인 스쿨(floral design school), 플로랄 아트 스쿨(floral art school)과 같은 학원에서 이루어지고 있다. 경우에 따라 대학의 원예학과(dept. of horticulture)에서도 관련과목을 많이 개설하고 있는 경우도 있다.

미국 대학의 관상원예학과는 2년제와 4년제에 많이 개설되어 있는 학과로서 화훼식물 생산과 관련된 교과과목과 절화장식, 분식물장식, 실내조경, 조경과 같은 화훼식물의 이용과 식물관리에 관한 과목으로 이루어져 있다. 2년제 대학의 플로리스트리과는 화훼장식에 관한 기술과 디자인뿐만 아니라, 화원경영, 회계, 판매, 화원실습 등의 교과과목들로 이루어져 졸업후 화원에 취업하거나 화원을 경영할 수 있도록 교육과정이 이루어져 있으나 미국에서도 흔한 학과는 아니다.

미국의 학원은 한국과는 달리 4주의 단기과정으로 이루어지는 경우가 많으며 절화장식에 대한 철저하게 상업적이고 실용적인 교육이 이루어진다. 이것은 한국이나 일본에서와 같이 일반인들이 교양과 취미생활로서 장식기술을 배우는 경우는 적기 때문이다. 대부분의 학원에서는 장식기술의 숙달 과정이라기보다는 장식기술에 관한 실례와 새로운 디자인 경향을 보여주면서 직업인으로 종사하는데 도움이 되도록 한다.

학원 외에도 협회(표 22-4)를 통한 1일에서 몇 주에 걸친 다양한 교육과정이 이루어지고 있으며 미국의 AIFD 회원 자격을 얻기 위해서는 전문 능력을 검증 받아야 하는데, 1차로 포트폴리오 심사과정을 거친 후 2차에 디자인 시험을 치러 통과해야 한다.

표 22-4. 미국의 화훼장식 관련 협회.

협 회
American Institute of Floral Designers (AIFD)
Society of American Florists (SAF)
American Academy of Floriculture (AAF)
American Floral Marketing Council (AFMC)
Professional Floral Commentators International (PFCI)
Redbook Master Consultants (RMC)
Allied and State Florists' Associations
National Florist Association (NFA)

22-4. 독일의 화훼장식 교육

독일은 세계 제1의 꽃 소비국가이다. 꽃 이용의 생활화로 일반 주택에서부터 거리마다 꽃이 이용되지 않는 곳은 찾아볼 수 없을 정도이다. 이러한 이유로 독일의 플로리스트(florist) 교육은 세계 최고의 권위를 자랑하고 있다. 독일의 플로리스트는 플로리스트직업학교와 실습장에서 3년간 교육을 받은 후 국가에서 실시하는 시험에 합격하면 플로리스트 자격이 주어진다. 플로리스트 자격시험은 플로랄 디자인 이론, 색채학, 형태학, 식물학, 꽃양식사의 이론시험과 테이블 장식, 꽃다발의 실기시험으로 이루어져 있다. 그 후 플로리스트 마이스터(florist meister)가 운영하는 화원에서 4년간 일을 하여 전체적으로 7년의 경력이 쌓이면 플로리스트 마이스터 학교에 입학할 수 있다.

플로리스트 마이스터 학교는 독일 전체에 9개가 있으며 1년, 1년 6개월, 2년 과정으로 이루어져 있다. 총 14과목의 수업을 받게 되고 졸업 후 시험을 치루어 합격하면 플로리스트 마이스터 자격이 주어진다. 플로리스트 마이스터 과정은 장식학, 색채학, 예술사, 재료학, 형태학, 원예학, 식물보호학, 정치학, 사회학, 경영학, 통계학, 법학, 마케팅, 전공실기의 교과과목으로 이루어져 있다.

이러한 과정은 모두 하나의 협회인 FDF(Fachverband Deutscher Floristen e.V.)에서 주관하여 철저하게 이루어진다. 독일의 플로리스트 과정은 분식물장식도 많이 다루지만 절화장식에 치중되고 있다.

22-5 영국의 화훼장식 교육

영국은 대부분 2년제 대학에서 풀타임(full time), 혹은 시간제로 플로리스트리(floristry) 코스를 마련하고 있으며 대학에 따라 1년 과정, 2년 과정, 3년 과정 등으로 다양하게 개설되어 있다. 대부분 코스를 이수하면 국가자격증(National Certificate of Professional Floristry)을 취득할 수 있도록 하고 있으며, 교육과정은 졸업 후 화원을 운영할 수 있는 실무와 관련된 교과과목으로 이루어져 있다. 한국의 관련학과들은 플로리스트가 되기 위한 실무교육이라기 보다는 실무와는 약간 동떨어진 예술적인 측면이 많이 강조되어 있는 경우가 많으며 대부분 교육이 플로리스트보다는 교사를 양성하기 위한 교육으로 치우친 편이다. 영국에서도 대학 교육 외에 일반 학원(School)이나 관련 협회(Association)에서 교육이 이루어지는데, 대학은 기초적이고 포괄적인 지식을 위한 교과과목이 많이 포함되어 있는 것에 비해 학원은 세부적인 플로랄디자인 기술 교육이 강하게 이루어진다.

22-6. 관련 자격증

국내의 화훼장식 관련 자격증 부여는 꽃꽂이 관련 협회에서 주관하고 있는 경우가 가장 많다(표 22-5). 각 꽃꽂이협회에서 수여하는 꽃꽂이사범 자격증을 비롯하여 특정 협회에서 실시하고 있는 화훼장식사, 플로리스트, 꽃장식기능사 등의 자격증을 취득하기 위해 이론과 실기시험에 합격해야 한다. 꽃꽂이사범 자격증과 함께 이들 자격증은 현재 모두 절화장식에 대한 내용으로 이루어져 있다. 절화장식과 분식물장식을 포함한 공간연출에 대한 전반적인 화훼장식 내용을 포함하고 있는 자격증은 연암화훼장식기사 자격증이 있으나 대학 내에서 이루어지고 있으며, 2004년부터 한국산업인력공단에서 국가기술자격인 화훼장식 기능사와 기사자격증 시험을 치를 예정이다. 이 자격시험은 절화장식과 분식물장식의 기술과 지식이 통합되어 이루어질 예정이다. 어느 시점에서 여러 자격증들은 통합되어 시행될 것으로 생각된다.

독일과 네덜란드 등, 외국의 자격증을 국내에서 취득할 수 있는 기회가 있으나 대부분 특정 교육기관과 독점계약을 맺고 있는 경우가 많다. 독일의 국가 자격인 플로리스트 시험과 네덜란드의 자격증인 C.E.F.(Certificate of European Floristry) 시험이 국내에서 이루어지고 있다.

표 22-5. 한국의 화훼장식 관련 자격증.

시행기관	자격증	비고
천안연암대학 화훼장식과	연암화훼장식기사	
각 꽃꽂이협회	꽃꽂이사범	
(사)한국꽃예술작가협회	화훼장식사(florist)	
(사)한국플라워디자인협회	플로리스트(florist)	
(사)한국플로리스트협회	꽃장식기능사	
(사)한국화훼장식자격검정관리협회	플라워디자인 기능사·지도사	
한국산업인력공단	조화(造化)기능사	국가기술자격
한국산업인력공단	화훼장식기능사(2004년 이후 시행)	국가기술자격
한국산업인력공단	화훼장식기사(2004년 이후 시행 예정)	국가기술자격

22-7. 각종 경연대회

최근 국내에서 다양한 양식의 경연대회가 열리고 있는데 절화장식을 위한 대회이다. 이 중 가장 큰 규모로 이루어지는 경연대회는 세계 2대 대회인 Interflora world cup competition과 Teleflor international floral fiesta(그림 22-1)의 예선전이다. Interflora world cup competition을 위한 예선대회로 국내에서 치루어지는 Korean cup 대회(그림 22-2)가 있으며 각 나라의 대표들은 지역별로 아시아컵, 유럽컵 등의 대회에 출전하게 되며 마지막으로 월드컵 대회에서 세계 최고의 디자이너를 뽑게 된다. 대회마다 운영방식이 조금씩 다르지만 통상 두 가지 방식으로 진행된다. 참가자가 정해진 주제에 맞게 준비한 소재로 이루어지는 디자이너의 선택(designer's choice) 방식과 주최측에서 준비한 소재로 이루어지는 서프라이징(surpring) 방식이다. 디자이너의 선택방식에는 테이블 디자인(table design), 신부 부케(bridal bouquet)가 일반적인 종목이며, 서프라이징 방식에는 핸드타이드 부케(hand-tied bouquet)와 꽃꽂이(flower arrangement) 종목이 있다. 각 종목마다 주제와 시간이 정해져 있다. Korean cup 대회의 심사 기준은 기술 및 기량, 디자인 형태 및 균형, 색채, 독창성 및 적합성 등이다.

또한 국제 기능올림픽의 화훼장식종목을 위한 국내 대회가 있으며, 이 외에도 다양한 경연대회가 있다.

그림 22-1. 2000년 Teleflor International Floral Fiesta의 신부꽃다발 우승작품(호주의 D. Berger). 〈화인, 2000, 8, p26.〉

그림 22-2. 2003년 Interflora Worldcup 출전 한국선수 선발대회. 〈플로랄 투데이 2003, 10, p11. 은상 박경민〉

References

참고문헌

참고문헌

Anderson, Tage. 1998. Tage AndersonⅡ. Borgen.

Assmann, Peter. 1989. Floristik. Donau-Verlag Günzburg.

Assmann, Peter. 1992. Objects: floral and non-floral. Donau-Verlag Günzburg.

Assmann, Peter. 1993. Floral designs. Donau-Verlag Günzburg.

Auboyer, Jean L. 1998. Masters of flower arrangement France. Stichting Kunstboek.

Austin, Richard L. 1985. Designing the interior landscape. Van Nostrand Company Inc. New York.

Black, Penny. 1988. The book of pressed flowers. Simon and Schuster. New York.

Black, Penny. 1989. The book of potpourri. Simon and Schuster. New York.

Black, Penny. 1992. A passion for flowers. Simon & Schuster. New York.

Bremness, Lesley. 1990. Herbs. Dorling Kindersley.

Briggs, George B. and C.L. Calvin. 1987. Indoor plants. John Wiley & Sons, Inc. New York.

Brinton, Diana. 1990. The complete guide to flower arranging. Merehurst. London.

Brookes, John. 1989. The indoor garden book. Dorling Kindersley.

Conder, Susan, S. Phillips, and P. Westland. 1993. The complete flower craft book. North Light Books. U.S.A.

Greenoak, Francesca. 1996. Water features for small gardens. Conran Octopus.

Hammer, Nelson. 1991. Interior landscape design. McGraw-Hill Architectural & Scientific Publications, Inc. New York.

Hammer, Patricia R. 1991. The new topiary. Longwood gardens Inc. England.

Hatala, Kym. 1994. The dried flower arranger's companion. Chartwell Books, Inc.

Hendy, Jenny. 1997. Balconies & roof garden. New Holland Ltd.

Herwig, Rob. 1992. Growing beautiful houseplants. Facts On File.

Hillier, Malcolm and C. Hilton. 1986. The book of dried flowers. Simon and Schuster. New York.

Hillier, Malcolm. 1996. Herb garden. Dorling Kindersley.

Holzschuh, Dieter. 1994. A study of colour for florists. Donau-Verlag.

Hunter, Margaret K. 1978. The indoor garden. A Wiley-Interscience Publication. New York.

Hunter, Norah T. 1994. The art of floral design. Delmar Publishers Inc. New York.

James, Christiane, K. Kerstjens, und A. Kalbe. 2000. Grabgestaltung und grabpflege. Dumont.

Joiner, Jasper. N. 1981. Foliage plants production. Prentice-Hall. New Jersey.

Lersch, Gregor. 1995. Bridal bouquet vernissage. Donau-Verlag.

Lersch, Gregor. 1996. Adventure Christmas. Gregor Lersch Edition.

Lersch, Gregor. 1996. Form of nature. Gregor Lersch Edition. Germany.

Lersch, Gregor. 1997. Standing ovations. Gregor Lersch Edition.

Lersch, Gregor. 1998. Trends. Donau-Verlag.

참고문헌

Lersch, Gregor. 1999. Principles of floral design. Donau-Verlag.

Leuven, Bart V. 1998. Floral masterpieces. Belgium. Stichting Kunstboek.

Leuven, Bart V. 1998. Floral masterpieces. The Netherlands. Stichting Kunstboek.

MacDaniel, Gary L. 1981. Floral design and arrangement. Reston Publishing Company, Inc. Virginia.

Manaker, George H. 1987. Interior plantscapes. Prentice-Hall, Inc. New Jersey.

McDaniel, G.L. 1981. Floral design and arrangement. Reston Publishing Com.

Nicole, Deine. 1997. Florever 2. Stichting Kunstboek.

Niizuma, Naomi. 1998. Flower arrangement Ⅰ·Ⅱ·Ⅲ. 유니프.

Niizuma, Naomi. 2000. World flower artists Ⅰ·Ⅱ. 월드기획.

Ortiz, E. Lambert. The encyclopedia of herbs, spices & flavourings. 1992. Dorling Kindersley. London.

Ost, Daniel. 1990. Daniel Ost. Rekad Produkties N.V.

Ost, Daniel. 1998. Ostentatief. Lannoo.

Pierceall, Gregory M. 1987. Interiorscapes: planning, graphics, and design. Prentice-Hall, Inc. New Jersey.

Profil floral. 1998. Christmas time. Thalacker Medien.

Raffel, Friedhelm. 1997. Floral collagen 3. Donau-Verlag Günzburg.

Reuschenbach, Michael. 1996. Sympathy and floristry. Donau-Verlag Günzburg.

Tolley, Emelie and C. Mead. 1991. Gifts from the herb garden. Clarkson Potter. New York.

Umlauf, Elyse and P. Schreiner. 1990. Building design. The Library of Applied Design.

Wagener, Klaus. 1998. Floral design. Thalacker Medien. Deutschland.

Wegener, Ursula. 1997. Floral art in Germany. Stichting Kunstboek.

Wundermann, Ingeborg und F. Stobbe-Rosenstock. Der florist 1·2·3. Ulmer. Deutschland.

Zuidgeest, Koos and X. Zijlmans. 1998. Flowers on earth. China Floral Art Foundation.

고하수. 1993. 한국의 꽃예술사 Ⅰ·Ⅱ. 하수출판사.

곽병화. 1994. 화훼원예각론. 향문사.

김광수, 박학봉, 송경용, 송죽헌. 1994. 화훼장식과 꽃꽂이. 아카데미 서적.

박윤점, 서정근, 손기철, 이인덕, 한용희, 허북구. 2003. 알기 쉬운 장식원예총론. 중앙생활사.

서수옥. 1999. 플라워디자인교본. 알라딘.

손기철. 2002. 절화·절엽·드라이 플라워의 수확 후 관리 및 활용. 중앙생활사.

손기철. 2002. 원예치료. 중앙생활사.

손숙영. 1997. 향기요법. 글이랑.

송원섭. 1997. 건조화의 이론과 실제. 서일.

심우경. 2000. 옥상정원. 보문당.

참고문헌

양정인, 박윤점, 채상엽, 허북구. 2002. 압화예술원론. 중앙생활사.
오홍근. 1997. 아로마건강법. 도솔.
이상희. 1998. 꽃으로 보는 한국문화 2. 넥서스.
이순봉, 진재성, 한용희, 허북구. 1995. 경조화환의 이론과 실제. 화연출판부.
이영무. 1995. 실내조경. 기문당.
이종석, 방광자, 원주희. 1993. 실내조경학. 조경.
이지언. 1998. 유러피안 플라워디자인 교재. 청아플라워즈.
조경래 외. 2000. 전통염색의 이해. 보광출판사.
진미자. 1998. 화예디자인. 미진사.
최영전. 1988. 실내원예. 민서출판사.
최영전. 1992. 향료 약미 향신료 식물 백과. 오성출판사.
하순혜. 1999. 한국화재식물도감. 광진.
한국플라워디자인협회. 1998. 정석 플라워 디자인. 인아.
한국화훼연구회. 1998. 화훼원예학총론. 문운당.
한석우. 1991. 입체조형. 미진사.
허북구. 2002. 화훼유통과 플라워샵 비지니스. 중앙생활사.
홍성옥. 1992. 아름다운 여성의 꽃꽂이 기초레슨. 한림출판사.
황수로. 1990. 한국꽃예술문화사. 삼성출판사.
ヤスタヨリコ. 1991. 電子レンジで自然の美しさドライフラワーの本. ハンドクラワトツリズ. グラフ社. 日本.
杉野押花硏究所. 1994. 押花ブック part 3. ヴォーグ社. 日本.
水谷昭美. 1997. 小さな庭 花仕事. 世界文化社. 日本.
伊藤孝己. 1999. Hanging baskets. 講談社. 日本.
眞子やすこ. 1991. ウェディング・フラワー. 主婦と生活社.

참 고 잡 지

Architectural digest. A Cond Nast Publication. London.
Bloemschikken. (주)한국 스미더스 오아시스.
Bloom's. Floristik Marketing Service GmbH. Germany.
Country home. Better homes and gardens. Meredith Corp. Iowa. U.S.A.
Fleur kreativ. Rekad Verlag. Belgien.

참고문헌

Floral art. Media Effect. The Netherlands.

Florist. Donau Verlag. Germany.

Floristik international. Eugen Ulmer GmbH & Co. Germany.

Florists' review. Florists' Review Enterprises, Inc. U.S.A.

Flower shop. 草土出版. 日本.

Flowers & decorations. Uitgeverij Flowers & Decoration. Germany.

Garden design. Meigher Communications. New York.

Garden, deck & landscape planner. Better homes and gardens. Special Interest Publication, Meredith Corp. Iowa. U.S.A.

Gardens illustrated. John Brown Publishing Ltd. London.

Garten, Homes & Gardens. Germany.

Grü'ne Welt. OZ Verlag GmbH. Germany.

Homes & gardens. Special garten. Ipm magazin-verlag GmbH. Germany.

House & garden. A Cond Nast Publication. London.

House beautiful. The Hearst Corporation. New York. U.S.A.

Interior landscape. American Nurseryman Publishing Co. U.S.A.

Interiorscape. Brantwood Publication. U.S.A.

Metropolitan Home. Hachette Filipacchi U.S.A. Inc. U.S.A.

Professional Floral Designer. American Floral Services. U.S.A.

Profil floral. Floristik Marketing Service GmbH. Germany.

The English garden. Romsey Publishing Company Ltd. London.

Wedding flowers. Bride to be's. IPC magazines. Australia.

공간사랑. LG데코빌. 한국.

랑비. (주)진흥미디어. 한국.

월간원예. 월간원예. 한국.

플라워저널. 월간 플라워저널. 한국.

플레르. 유니프. 한국.

플로라. (주)소리들. 한국.

플로랄투데이. Kokogi. 한국.

한국의 야생화. 한국자생식물협회. 한국.

세이플로리. 팀디자인. 한국

환경과 조경. 환경과 조경사. 한국.

ウエディングブ-ケのすべて. ベストフラワ-アレンヅメント. フォ-シ-ズンズブレス. 日本.

フロ-リスト. 誠文堂新光社. 日本.
私の 部屋ビズ. 婦人生活社. 日本.
花のある家. 同朋舎出版. 日本.
花時間. (株)同朋舎. 日本.

참고논문

김양희, 고하수, 이정식. 1991. 한국 전통 꽃꽂이의 역사적 고찰. 한국원예학회지 32:560-567.
백진주, 박천호, 곽병화. 1995. 우리나라 꽃장식의 화재 이용에 관한 연구. 한국화훼연구회지 4(2):63-71.
손기철, 나선영, 류명화. 1998. 녹색이 인간생활에 미치는 영향. 한국원예치료연구회 p. 65-81.
이정민. 1998. 화예디자인의 현대적 개념과 기능에 관한 연구. 한국꽃예술디자인학회 p. 85-112.
이정민. 2001. 환경친화 가치를 위한 화예디자인의 정체성 확립과 표현에 관한 연구. 숙명여자대학교 디자인대학원 석사학위논문.
이종섭, 손기철, 송종은, 이손선. 1998. 실내식물이 인간의 뇌파변화에 미치는 영향.
    한국원예치료연구회 p. 57-64.
조근호, 박영숙, 변재면, 서정남. 1998. 한국 꽃예술작품의 자생식물 이용에 관한 연구.
    한국화훼연구회지 7(2):27-38.
최은경, 박학봉, 박병모, 박정선. 1996. 최근 꽃꽂이에 이용되는 건조, 가공, 이질소재에 관한 연구.
    한국화훼연구회지 5(2):43-52.
최은경, 박학봉, 박병모. 1996. 최근 우리나라 꽃꽂이 화재의 이용 경향에 관한 연구.
    한국화훼연구회지 5(2):31-42.
허북구, 한용희, 이순봉, 강종구, 김훈식. 1994. 한국 전통 꽃꽂이의 형식과 내용에 관하여.
    한국화훼연구회지 3(1):61-72.

참고카탈로그

Dried materials. 1994. Knud & Nielsen company, Inc. U.S.A.
Trendsetters in dried flowers. W. Hogewoning B.V. The Netherlands.

중앙생활사
중앙경제평론사

Joongang Life Publishing Co./Joongang Economy Publishing Co.

중앙생활사는 건강한 생활, 행복한 삶을 일군다는 신념 아래 설립된 건강·실용서 전문 출판사로서 치열한 생존경쟁에 심신이 지친 현대인에게 건강과 생활의 지혜를 주는 책을 발간하고 있습니다.

아름다운 생활공간을 위한 화훼장식

초판 1쇄 발행 | 2004년 3월 10일
초판 6쇄 발행 | 2014년 3월 15일

지은이 | 손관화(Kwanhwa Sohn)
펴낸이 | 최점옥(Jeomog Choi)
펴낸곳 | 중앙생활사(Joongang Life Publishing Co.)

대　표 | 김용주
편　집 | 한옥수
기　획 | 이원희
디자인 | 김영희
마케팅 | 최기원
인터넷 | 김희승

출력 | 케이피알 종이 | 한솔PNS 인쇄 | 케이피알 제본 | 은정제책사

잘못된 책은 바꾸어 드립니다.
가격은 표지 뒷면에 있습니다.

ISBN 89-89634-60-1(04520)
ISBN 89-89634-54-7(세트)

등록 | 1999년 1월 16일 제2-2730호
주소 | ㈜ 100-826 서울시 중구 다산로20길 5(신당4동 340-128) 중앙빌딩 4층
전화 | (02)2253-4463(代) 팩스 | (02)2253-7988
홈페이지 | www.japub.co.kr 이메일 | japub@naver.com

♣ 중앙생활사는 중앙경제평론사·중앙에듀북스와 자매회사입니다.

Copyright ⓒ 2004 by 손관화

이 책은 중앙생활사가 저작권자와의 계약에 따라 발행한 것이므로 본사의 서면 허락 없이는 어떠한 형태나 수단으로도 이 책의 내용을 이용하지 못합니다.

▶ 홈페이지에서 구입하시면 많은 혜택이 있습니다.

※ 이 도서의 국립중앙도서관 출판시도서목록(CIP)은 e-CIP 홈페이지(www.nl.go.kr/cip.php)에서 이용하실 수 있습니다.(CIP제어번호: CIP2004000128)